中等职业教育化学工艺专业系列教材

炼焦工艺及设备

LIANJIAO GONGYI JI SHEBEI

董树清　主编　　郗向前　郑月慧　副主编
赵新法　主审

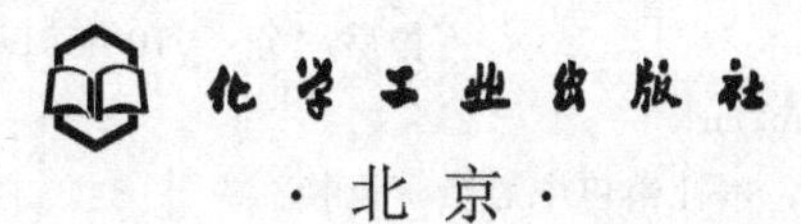

·北京·

《炼焦工艺及设备》是根据教育部制定的《中等职业学校化学工艺专业教学标准》，由全国石油和化工职业教育教学指导委员会组织编写的全国中等职业学校规划教材。

《炼焦工艺及设备》采用项目教学方式进行编写，内容包括：炼焦原料煤的预处理，炼焦炉设备、加热工艺、生产操作，炼焦炉砌体日常维护，炼焦炉机械的联锁与定位，成品焦炭的性质及其用途，以及炼焦过程中的环境保护等方面。

本教材可作为中等职业化学工艺专业教学用书，也可作为焦化企业的员工培训用书，还可作为化学工程技术人员参考用书。

图书在版编目（CIP）数据

炼焦工艺及设备/董树清主编. —北京：化学工业出版社，2017.7（2024.8重印）

中等职业教育化学工艺专业系列教材

ISBN 978-7-122-29662-7

Ⅰ.①炼… Ⅱ.①董… Ⅲ.①炼焦-生产工艺-中等专业学校-教材②炼焦-化工设备-中等专业学校-教材 Ⅳ.①TQ520

中国版本图书馆CIP数据核字（2017）第100594号

责任编辑：旷英姿　林　媛　　装帧设计：王晓宇

责任校对：王素芹

出版发行：化学工业出版社（北京市东城区青年湖南街13号　邮政编码100011）

印　　装：北京虎彩文化传播有限公司

787mm×1092mm　1/16　印张13½　字数331千字　2024年8月北京第1版第4次印刷

购书咨询：010-64518888　　售后服务：010-64518899

网　　址：http://www.cip.com.cn

凡购买本书，如有缺损质量问题，本社销售中心负责调换。

定　　价：35.00元

前 言

《炼焦工艺及设备》是根据教育部制定的《中等职业学校化学工艺专业教学标准》，由全国石油和化工职业教育教学指导委员会组织编写的全国中等职业学校规划教材。

《炼焦工艺及设备》具有如下特点：

1. 注重机械设备与炼焦工艺的紧密结合，在知识体系上进行了优化。本书详细介绍了炼焦炉、炼焦炉机械与设备、炼焦炉加热工艺及设备、炼焦炉砌体、炼焦炉机械自动化。

2. 突出知识的实用性，注重学生的能力培养。全书在内容上以实用性为原则，简明扼要地介绍了原料煤的预处理、炼焦炉的生产操作和成品焦炭的性质等知识。

3. 重视环境保护，专门介绍了炼焦工艺过程中的环境保护问题。

通过学习，可使学生具有炼焦炉生产操作能力，能为今后从事炼焦生产操作、炼焦炉的维护、生产管理、工艺改进、设备改进等工作打下基础。

本书由山西省工贸学校董树清任主编，山西省工贸学校郗向前、郑月慧任副主编，陕西能源职业技术学院赵新法主审。具体编写分工如下：项目一由山东化工技师学院张星编写，项目二由郑月慧编写，项目三、项目八、项目十由董树清和郑月慧编写，项目四由云南化工高级技校霍靓靓、张星编写，项目五由郗向前、霍靓靓编写，项目六由郗向前编写，项目七和项目九由山西省工贸学校李润秀编写。

本书在编写过程中得到了中国化工教育协会、全国中职教育化学工艺专业教学指导委员会、化学工业出版社、山西省工贸学校及相关学校的领导和同行的大力支持和帮助，太原焦化厂炼焦车间副主任李建宏同志提供了许多有价值的图片和资料，提出了许多宝贵意见和建议，在此，谨向有关单位和作者深表谢意。由于编者水平有限和时间仓促，书中难免有不妥及疏漏之处，祈望广大读者和同行赐教指正。

编 者

2017 年 4 月

前言

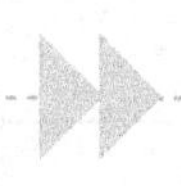

目 录

项目一 炼焦原料煤的预处理 —— 1

任务一 了解煤的洗选、干燥及设备 …… 1
任务二 了解炼焦备煤 …… 5
任务三 了解炼焦配煤 …… 12
习题 …… 25

项目二 炼焦炉 —— 27

任务一 了解炼焦炉 …… 27
任务二 认识炭化室 …… 30
任务三 认识燃烧室 …… 31
任务四 认识蓄热室 …… 33
任务五 认识斜道区 …… 34
任务六 认识基础平台与烟道 …… 35
任务七 认识炉顶区 …… 37
课后阅读 炼焦炉的突然塌毁 …… 38
习题 …… 39

项目三 炼焦炉设备 —— 40

任务一 认识护炉设备 …… 40
任务二 认识保护板与炉门框 …… 41
任务三 认识炉柱、拉条和弹簧 …… 42
任务四 认识炉门 …… 44
任务五 认识荒煤气导出设备 …… 47
习题 …… 51

项目四 炼焦炉加热工艺及设备 53

任务一 熟悉炼焦炉加热工艺 …… 53
任务二 认识加热煤气设备 …… 75
任务三 认识废气设备 …… 79
任务四 了解交换设备 …… 80
习题 …… 82

项目五 炼焦炉的生产操作 84

任务一 学习装煤操作技术 …… 85
任务二 了解炼焦工艺原理 …… 98
任务三 学习推焦技术 …… 106
任务四 交流熄焦与筛焦的相关知识 …… 116
课后阅读 大型炼焦炉 …… 125
习题 …… 126

项目六 炼焦炉砌体的日常维护 127

任务一 识读对炼焦炉生产的要求 …… 127
任务二 学习炼焦炉砌体的日常维修 …… 130
任务三 学习护炉设备的维护与管理 …… 155
课后阅读 中国炼焦行业协会简介 …… 158
习题 …… 159

项目七 炼焦炉机械的联锁与定位 160

任务一 收集炼焦炉机械联锁的相关资料 …… 160
任务二 四大车联锁控制 …… 161
任务三 四大车自动定位 …… 162
习题 …… 164

项目八 焦炭的性质及用途分析 165

任务一 认识焦炭的性质 …… 165

任务二　讨论焦炭的用途 …… 171
习题 …… 178

项目九　注重炼焦工艺过程环境保护问题 —— 180

任务一　了解主要污染源及其污染物 …… 180
任务二　控制装煤和出焦过程中的烟尘 …… 181
习题 …… 186

项目十　国内外炼焦工艺及其设备现状 —— 187

任务一　认识炼焦炉类型 …… 187
任务二　了解现代炼焦炉 …… 189
任务三　了解炼焦新技术 …… 195
习题 …… 205

参考文献 —— 207

项目一

炼焦原料煤的预处理

学习目标

1. 能对煤的洗选和干燥的意义、技术及条件有所了解，认识常见的煤的洗选、干燥设备；
2. 能进行炼焦备煤的工艺流程的解读，认识备煤的设备并能进行简单的操作；
3. 了解炼焦配煤的要求，会进行配煤试验，了解配煤设备。

任务一 了解煤的洗选、干燥及设备

一、煤的洗选及设备

1. 煤炭洗选的意义和目的

原煤在生成过程中混入了各种矿物杂质，在开采和运输过程中不可避免地又混入顶板和底板的岩石（矸石）及其他杂质（木材、金属及水泥构件等），随着采煤机械化程度的提高和地质条件的变化，原煤质量将越来越差，表现在混入原煤的矸石增加、灰分提高、末煤及粉煤含量增长、水分提高。为了降低原煤中的杂质，同时把煤炭按质量、规格分成各种产品，就要对煤炭进行机械加工，以适应不同用户对煤炭质量的要求。

煤炭洗选是利用煤和杂质（矸石）的物理性质、化学性质的差异，通过物理、化学或微生物分选的方法使煤和杂质有效分离，并加工成质量均匀、用途不同的煤炭产品的一种加工技术。按选煤方法的不同，可分为物理选煤、物理化学选煤、化学选煤及微生物选煤等。

煤炭洗选的目的主要体现在以下几个方面：

（1）除去原煤中的杂质，降低灰分和硫分，提高煤炭质量，适应工业生产的需要。

（2）将煤炭分成不同质量、规格的产品，以便有效合理地利用煤炭，节约用煤。

（3）煤炭经过洗选，可去除大量杂质，减少无效运力浪费，同时为综合利用煤矸石创造条件。

（4）煤炭洗选可以除去大部分的灰分和50%～70%的黄铁矿硫，减少燃煤对大气的污染，这也是洁净煤技术的前提。

2. 我国现阶段主要选煤方法及工艺

我国地域广阔，煤炭资源丰富，煤种齐全，煤质变化较大，各种选煤方法在我国均有应用，主要有跳汰选煤、重介选煤、浮选以及干法选煤等。

由于煤质、煤种、厂型、市场、环境及历史的原因，我国现行的选煤厂主要有以下几种工艺：①大于0.5mm级的煤，一般用跳汰选煤、重介选煤或跳汰重介组合分选；②小于0.5mm级的煤，一般用浮选或煤泥重介选煤；③特大块煤一般采用手选或动筛选，或者重筛选。

(1) 重介选煤技术　重介选煤是一种高效率的重力选煤方法，属于物理选煤法。此方法具有可高效率地分选难选煤和极难选煤、分选密度调节范围宽、适应性强、分选粒度范围宽、处理能力大、实现自动控制等特点。我国的重介选煤技术始于1958年，在解决了设备的耐磨、介质回收和高效泵设备问题后，重介选煤技术得到了迅速的发展，先后研制成功了各种类型的重介分选机、两产品及三产品有压和无压给料的重介旋流器、多产品低下限重介分选系统、微细介质重介旋流器分选煤泥等并投入工业应用，为重介选煤技术的进一步发展奠定了雄厚的技术基础。目前，我国重介选煤的旋流器及其工艺明显地向两极方向发展：一是提高入料上限；二是明显降低分选下限，利用小直径旋流器，在高离心力场下分选0.5mm以下的煤泥，使旋流器的有效分选下限达0.45mm。在工艺流程方面，重点发展原煤不脱泥入选和小直径重介旋流器处理细粒煤，以及将上述两种工艺加以综合的复选工艺。今后重介分选技术的发展重点和趋势主要表现在对介质的改进，以及开发新型选煤介质方面。

(2) 跳汰选煤技术　跳汰选煤是主要的煤炭分选工艺，属于物理选煤法。它的优点在于工艺流程简单、设备操作维修方便、处理能力大且有足够的分选精确度。另外，跳汰选煤入料粒度范围宽，能处理15～150mm粒级原料煤。跳汰选煤的适应性较强，主要应用于洗选中等难选到易选的煤种。是否采用跳汰方法选煤关键在于原煤的可选性，原则上中等可选、易选的和极易选原煤都应采用跳汰选煤方法。难选煤是用跳汰选还是用重介选，应通过技术经济比较来确定；对极难选煤，应采用重介选煤方法，以求得高质量和高效益。在我国使用较多的国产跳汰机有SKT系列、X系列筛下空气室跳汰机。X系列跳汰机采用液压托板排料方式，跳汰面积为4～45m^2；SKT系列跳汰机跳汰面积为40～60m^2，采用无溢流堰深仓式稳静排料方式，可避免已分层物料撞击或翻越溢流堰造成二次混杂。总的来看，跳汰技术的发展方向是设备大型化、降低制造和运行成本以实现更加精确的分选、提高单机及系统的自动化程度等。因此，未来一段时间内，跳汰选煤仍将在我国选煤行业中居优势地位。

(3) 浮选技术　浮选工艺是利用矿物表面的物理化学性质的差别分选矿物颗粒的作业过程，属于物理化学选煤法。它是一种应用非常广泛的选煤方法。生产实践证明，不同粒级的煤泥在浮选中的速度和可浮性存在较大的差异。因此，浮选工艺的一个发展方向是：采用分级浮选方式处理可使不同粒级的煤泥得到合理有效的处理，一般可将煤泥分为3个级别，即粗粒级（>0.25mm）、中等粒级（0.25～0.045mm）和高灰细泥（<0.045mm）。近年来我国研制成功的筛网旋流器为煤泥分级浮选或分级处理创造了条件。另外，对浮选剂的研发也得到了一定的发展，浮选剂的主要作用是提高煤粒表面疏水性和煤粒在气泡上黏着的牢固度，在矿浆中促使形成大量气泡，防止气泡兼并和改善泡沫的稳定性，使煤粒有选择性地黏着气泡而上浮，调节煤与矿物杂质的表面性质、提高煤泥的浮选速度和选择性。近年来对煤泥浮选的药剂进行了很多研究，除了各类捕收剂和起泡剂以外，主要致力于两个方面：一是煤泥浮选促进剂；二是复合浮选药剂。在这两个方面，国内外的专家学者通过不懈努力已经取得了丰硕成果。

二、煤的干燥及设备

脱水和干燥是固体和液体分离的过程。绝大多数选煤厂分选过程是在水中进行的，因而选煤产品在出厂前需进行脱水，以满足生产和运输要求。我国现行产品目录规定精煤水分一般不超过12%～13%，个别用户煤、出口煤和高寒地区湿煤冬运要求精煤水分在8%～9%以下。水是煤中的杂质，不仅对用户使用和冬季运输有害，而且占用货运量和浪费运输能力。因此，选煤厂的出厂产品应尽量降低水分含量。

干燥脱水是利用热能降低煤中水分的过程，即利用热能将煤中水分蒸发进行脱水。选煤厂13mm以上的块精煤经过筛分机脱水后，产品水分一般为6%～8%；0.5～13mm的末精煤经过离心机脱水后，产品水分一般为6%～10%；浮选精煤经过真空过滤机脱水后，产品水分一般为24%～28%。块精煤和末精煤经过机械脱水，产品水分基本上可以满足冬运和用户水分8%～9%的要求；但浮选精煤经过机械脱水不仅单独达不到这一水分要求，而且与块精煤及末精煤混合后，往往使总精煤的水分超过规定。为了满足用户要求节约运输能力，特别是防止冬运煤冻结，选煤厂还应设置干燥车间，利用热能进行脱水。

干燥方式可分为浮选精煤单独干燥和浮选精煤与末精煤混合干燥两种。干燥设备类型较多，国内目前使用的有滚筒式、管式、井筒（洒落）式和沸腾床层式干燥机。

1. 滚筒式干燥装置

滚筒式干燥装置结构如图1-1所示，它由燃料给料斗、湿煤给料斗、燃烧室、烟囱、干燥滚筒、卸料室、旋风集尘器、引风机及集尘装置构成。

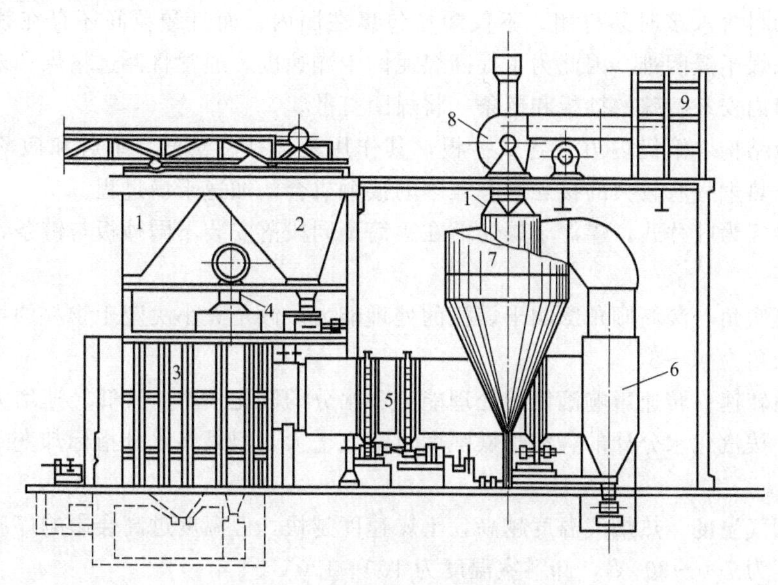

图1-1 滚筒式干燥装置

1—燃料给料斗；2—湿煤给料斗；3—燃烧室；4—烟囱；5—干燥滚筒；6—卸料室；7—旋风集尘器；8—引风机；9—集尘装置

干燥滚筒是一个倾斜安装的钢制长圆筒，筒上箍着两个轮圈，由两对辊子支承并可在辊子上滚动。在筒上装有与传动机构齿轮啮合的齿圈，由电动机带动旋转。在滚筒内设有松散和搅拌物料的金属抄板，如图1-2所示。

湿煤从给料斗经给料机进入干燥滚筒，随滚筒旋转，被抄板松散并向着卸料端移动。这时由燃料室送入筒中的热烟气将物料烘干，向后移至卸料室经闸门排出，由胶带输送机运走。

燃料煤由料斗进入燃烧室，由鼓风机供给燃烧用的一次空气，并将空气经喷嘴引入混合室，与热烟气混合，以得到温度适宜的干燥气体。

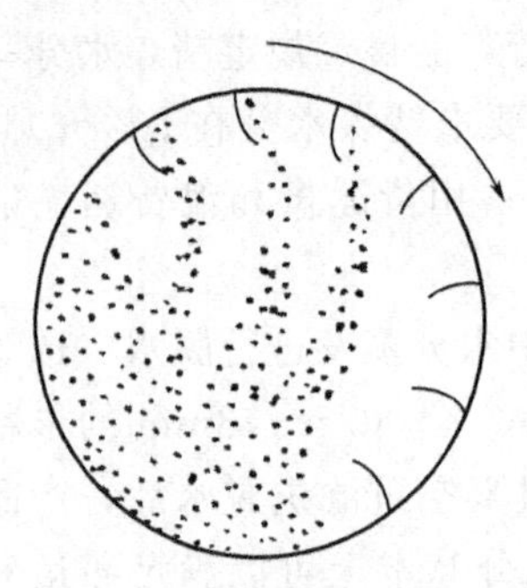

图 1-2　滚筒内金属抄板

随废气排出的煤尘，由旋风集尘器收集下来与干燥产品混合。旋风集尘器后装有引风机，用于抽真空，干燥滚筒和旋风集尘器在负压条件下工作，各处给料和排料闸门应严密，以防吸入冷空气，燃烧室装有烟囱用于点火以及停车时维持燃烧室内燃烧状态。

干燥系统是在高温、密闭的条件下工作，为了掌握各处的温度和压力，以便安全而有效地工作，在燃烧室、混合室、卸料室、风机和集尘装置的出入口设测试装置，并将仪表装在指示板上，以便观察操作。

滚筒式干燥机的规格见表 1-1。其中管径 2.8m 的干燥筒，处理能力为 30～50t/h。

表 1-1　滚筒干燥机的规格列表

直径/m	2.2	2.4	2.8
长度/m	14.0	18.0	14.0

影响滚筒式干燥机干燥效果的因素主要有以下几个方面。

(1) 入料粒度和水分　干燥过程中水的汽化发生在颗粒的表面上。粒状物料易散开，易干燥。粉状物料含水多时易打团，不仅颗粒包裹在团内，而且颗粒间还存在残存水分。因此，煤泥较末煤干燥困难。因此为了提高煤泥的干燥速度，通常将浮选精煤和末精煤混合干燥，或在滚筒内安装特殊的抄板和链条，将煤团打散。

(2) 抄板结构　滚筒内可装各式抄板，其作用是搅拌、松散、举起和撒落被干燥的物料，使湿煤与热烟气有较大的接触面和较多的接触机会，加速干燥过程。

常用的抄板为叶片式，煤泥干燥还需在滚筒不同段落安装不同抄板与链条，促使煤团散开并干燥。

(3) 滚筒倾角　滚筒倾角影响干燥机的处理能力。倾角大小决定于物料的特性、粒度和密度，一般倾角为 4°～5°。

(4) 滚筒转速　转速影响滚筒的处理能力和水分的汽化效率。滚筒转速增大时，处理能力随之增大，按汽化水分计的容积干燥强度也随之增大，但最终水分指标却变差。一般转速为 2～3r/min。

(5) 热烟气温度　热烟气温度越高，干燥速度越快，但温度过高会影响煤质。通常干燥机混合室温度为 700～800℃，卸料室温度为 100～120℃。

2. 沸腾床层干燥机

沸腾床层干燥是湿煤进入干燥室后，即被通过箅子的高温、高速气流吹起而呈悬浮或沸腾状态。固体颗粒在干燥室内为高温气流所包围，其表面压力高于周围介质压力，形成压差，使水分蒸发。沸腾层的体积比不动层的体积大，这两个体积之比称为沸腾层的膨胀度。膨胀度与物料的组成、物理性质等有关。膨胀度越大，热交换越充分，蒸发速度越快。

沸腾床层干燥机由干燥室和燃烧室两部分构成，结构如图 1-3 所示。燃烧室为一圆筒结构，外部用不锈钢板围焊而成，内部为耐火砖砌成的耐火墙，钢板与耐火墙之间充有耐火泥。燃烧室底部铺有耐火砖和隔热耐火衬里，底盘由钢板制成。燃烧室中部有连接鼓风机的风圈，风圈上有 70 个进风孔（ϕ30mm），使空气均匀地进入燃烧室以助燃和调节温度。

燃烧室以粉煤作燃料。粉煤燃烧装置包括鼓形给煤机、粉碎机、分配器、喷射器、点火

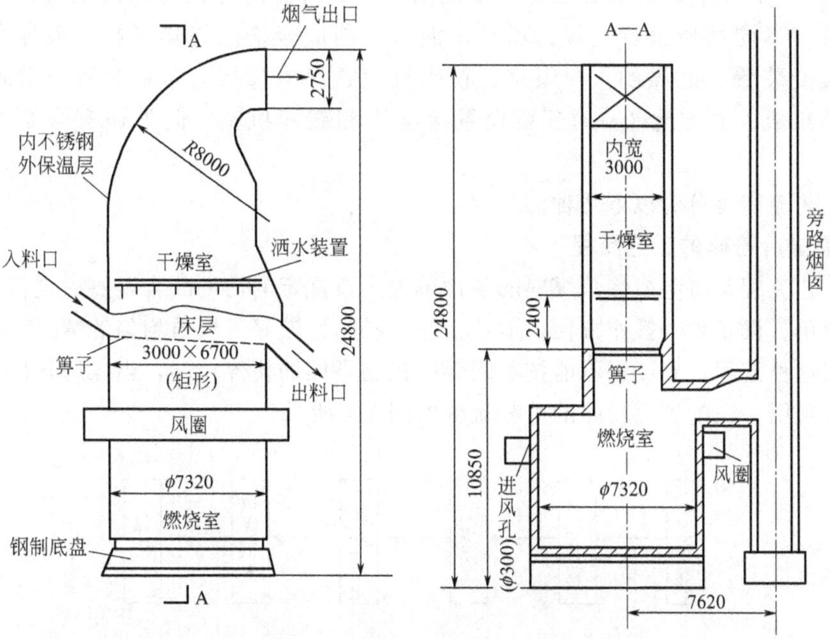

图 1-3 麦克纳里沸腾床层干燥机结构示意图

器、供油站等。粉碎后的燃料有 98%小于 50 网目。这种燃烧室的优点是：热效率高、热损失小、热分布均匀、燃烧完全以及不需采用除渣设备等。

干燥室的床箅为一矩形平面，箅条为直径 22mm 的不锈钢棒。缝隙在 2～2.5mm 之间，开孔率为 7%，入料端比出料端略高，斜度为 2.5°。

湿煤由振动给煤机给入干燥室后，在高速气流的冲击作用下沸腾并沿箅子前进。干燥室内部压力接近箅子处为 0，在床层上部一般为－250～－300Pa。床层温度在 65℃左右。一般情况下，小于 1.2mm 的游离状态的粉煤颗粒被风带走，由集尘器收集并由螺旋输送机送至胶带输送机上，和干燥后经鼓形旋转闸门排出的煤一起运出。集尘器收集的部分粉煤经粉碎机粉碎后作为燃烧室的喷粉燃料。由引风机带走的微粉经文丘里湿式集尘器净化后，分离成水蒸气和煤泥水，煤泥水送至澄清装置。

干燥室装有洒水装置，其作用是降温灭火。在干燥过程中，参数失调，床层温度突然升高，甚至引起火灾或燃烧室温度超过 530℃以上时，自动控制系统会停车洒水、降温灭火。

沸腾床层干燥机的入料粒度为 0～300mm，入料水分为 10%～15%，产品水为 5%～6%，箅床面积为 2.7m×5.4m 时，处理能力为 400t/h，具有热分布均匀和热效率高等优点。

任务二 了解炼焦备煤

一、备煤工艺

焦炭质量的高低取决于炼焦用煤的质量、煤的预处理技术和炼焦过程三个方面。一般情况下，运入焦化厂的各单种煤无法达到现代化炼焦炉所需的炼焦煤料的质量标准，需要把各单种煤按其不同性质进行配煤、粉碎、混合，制成合格的炼焦煤料。备煤车间一般由原料煤的接受装置、贮煤场、配煤室、粉碎机室、煤塔顶层、布料装置、带式输送机通廊和转运站组成。北方地区有时还要设置解冻库和破碎机室。此外还有煤制样室等车间辅助设施。

备煤工艺流程可分为以下几种。

1. 先配煤后粉碎的工艺流程

这种工艺流程是将组成炼焦煤料的各种单煤先按规定的比例配合，然后进行粉碎。这种工艺流程简单、设备少、操作方便，适用于煤料黏结性较好、煤质均匀的情况，我国大部分焦化厂采用这种流程。此流程不能按不同煤种控制不同的粉碎粒度，当煤质条件差、岩相不均匀时不宜采用。先配煤后粉碎的工艺流程如图1-4所示。

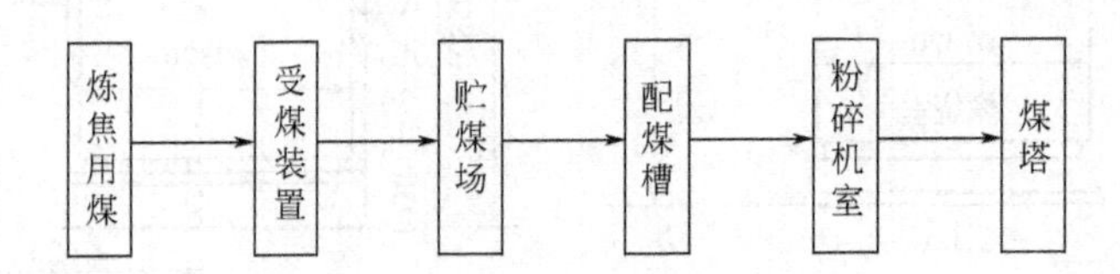

图1-4　先配煤后粉碎的工艺流程

2. 先粉碎后配煤的工艺流程

这种工艺流程是将组成炼焦煤料的各种单煤先根据其性质按不同细度分别粉碎，然后按规定的比例配合，最后进行混匀，该流程又称为分别粉碎流程。此工艺过程复杂，需要多台粉碎机，配煤以后需要有混合装置，因此投资大、操作复杂。由于各单种煤的结焦性和粉碎性各不相同，该流程可以按各单种煤的性质分别控制不同的粉碎粒度，保证煤料的最佳粒度范围，有助于提高焦炭质量。为了简化流程，可采取只对一部分单种煤进行单独粉碎，然后再与其他煤配合、粉碎的方法。一般进行预粉碎的煤种粉碎性差，如气煤，所以往往只对气煤进行预粉碎。这样可以改善煤料的粒度分布，对于不同的配煤比选择适宜的预粉碎细度和配合煤细度有助于提高焦炭质量。有实验表明：对气煤预粉碎炼焦后，焦炭抗碎强度指标提高2%以上，耐磨性指标降低0.5%以上。图1-5为这种流程示意图。

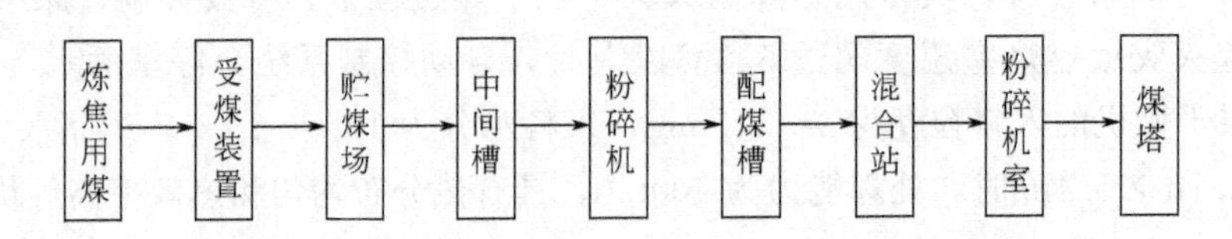

图1-5　先粉碎后配煤的工艺流程

3. 选择粉碎工艺流程

按参与配煤炼焦的各种煤种的岩相组成的硬度不同，以及要求粉碎的粒度不同，将粉碎与筛分相结合。煤料经过筛分装置，大颗粒的筛上物进入粉碎机再粉碎。这样既消除了大颗粒，也防止了黏结性好的煤种的过细粉碎，从而改善了结焦过程。单种组分，如无烟煤、焦粉等，先粉碎后再配入到煤料中，再进行混合粉碎也属于这种流程。图1-6为往煤料中配入焦粉的工艺流程，图1-7为往煤料中配入无烟粉煤生产铸造焦的工艺流程。

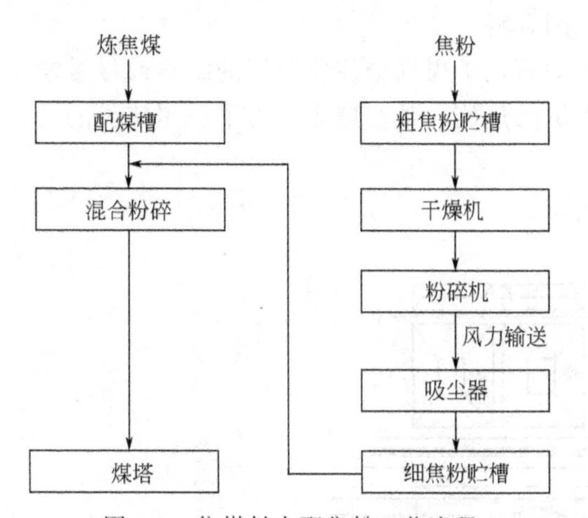

图 1-6　往煤料中配焦粉工艺流程

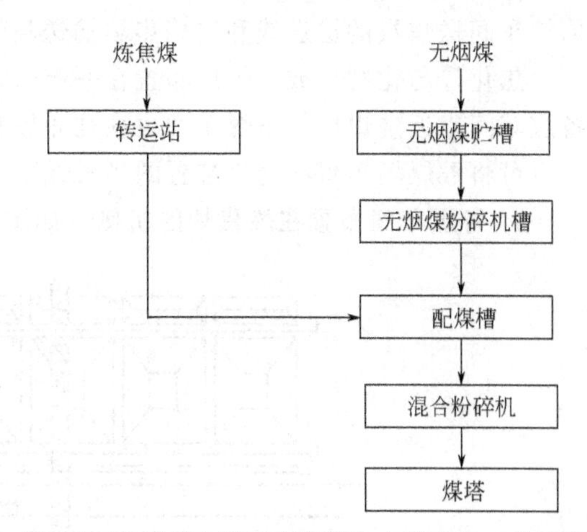

图 1-7　往煤料中配无烟粉煤生产铸造焦工艺流程

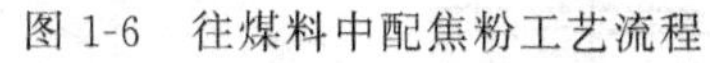

二、备煤车间的平面布置

备煤车间为焦化厂的组成部分，它的布置决定于全厂总图的布置。备煤车间的平面布置与焦化厂所属性质有关，比如它是钢铁联合企业的一部分还是单独的焦化厂。备煤车间的布置如同焦化厂一样，在确定布置时，不仅要从本车间的要求着想，而且要考虑到全面规划。

在符合生产工艺流程的要求下，应使布置紧凑，充分利用地形，因地制宜，并适当留有余地以便发展；减少土方量，减少地下或半地下作业，改善劳动环境。在确定备煤车间各工段的相互位置时，应尽量简化煤料输送线，使转运点少，操作管理方便。备煤车间煤料的运输量大，应合理安排路线，既要满足所运行的机车和车辆的要求，又应避免大量土方工程和修建大型桥涵构筑物。靠近江河时应充分利用水运条件。

备煤车间通常与炼焦炉平行布置，主要有以下三种。

1. 备煤车间布置在炼焦炉的焦侧（如图 1-8 所示）

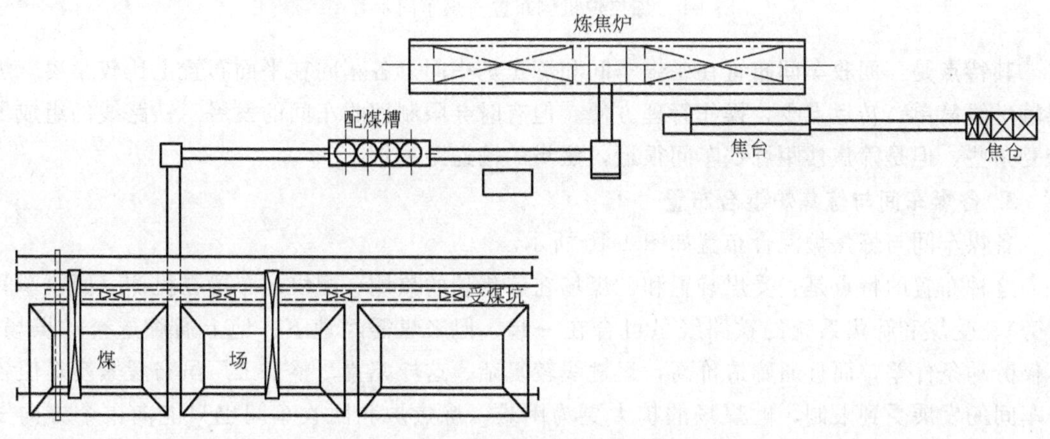

图 1-8　炼焦炉焦侧布置备煤车间示意图

这种布置的特点是：由于贮煤场靠近受煤、配煤而使由贮煤场往配煤槽送煤，或由受煤装置往贮煤场送煤输送距离缩短，同时由于贮煤场靠近筛焦楼，因此可以利用贮煤场的场地和设备来堆放焦炭，并使得运输距离变短。此外，备煤和筛焦可以集中在一个地区。但是这种布置正是由于煤场靠近筛焦楼，因此使得炼焦炉和筛焦楼到炼铁车间距离增大，延长了往炼铁车间送焦炭的输送线和往炼焦炉输送高炉煤气的管路。

焦化厂与化肥厂或洗煤厂布置在一起时，为了缩短焦炉煤气送往化肥厂的距离或尽量使备煤车间靠近洗煤厂，备煤车间也往往布置在炼焦炉的焦侧。某些焦化厂为了利用狭长的场地也可将贮煤场布置在受煤装置的延长线上。

2. 备煤车间布置在炼焦炉的机侧（如图 1-9 所示）

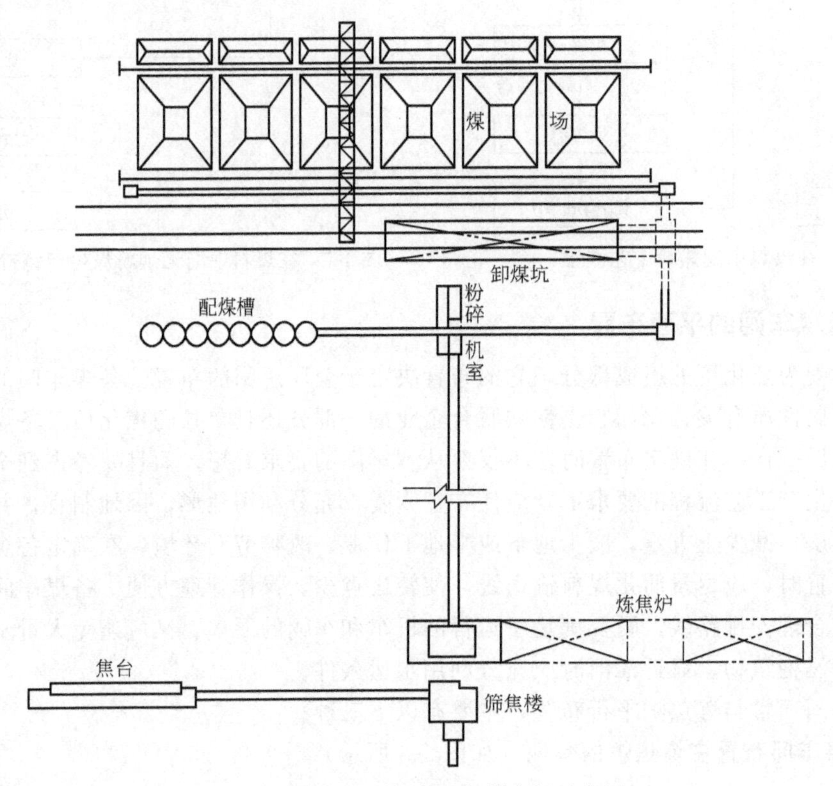

图 1-9　炼焦炉机侧布置备煤车间示意图

其特点是：回收车间布置在备煤车间和炼焦炉中间。各车间在平面布置上比较紧凑，煤料输送线简单，转运点少，操作管理方便。但有时会限制回收车间的发展。铁路线的组成虽较复杂些，但是筛焦楼距炼铁车间很近，焦炭的输送距离短。

3. 备煤车间与炼焦炉混合布置

备煤车间与炼焦炉混合布置如图 1-10 所示。

这种布置的特点是：受煤装置和贮煤场在炼焦炉的焦侧，配煤却布置在机侧（回收车间近旁）。受煤和筛焦系统的铁路线虽可合在一起，但来煤需经地下、地上通廊送至贮煤场，不仅劳动条件差，而且通廊造价高，运输线较复杂。这样配置，整个工厂虽布置紧凑，但各个车间的发展受到限制，贮煤场的扩大更为困难，炼焦炉和回收车间也只能向一个方向发展，而且炼焦炉发展时，需建立独立的备煤车间。近年来设计的焦化厂很少采用这种布置。

以上介绍的三种类型，由于地形、交通、地质、水源、排水等具体情况不同，必须因地制宜、统筹兼顾地考虑平面布置。

三、备煤车间的开停工操作和过程联锁

备煤的生产过程是连续进行的，在整个备煤工艺过程中，大体分为从卸煤到贮煤场，从

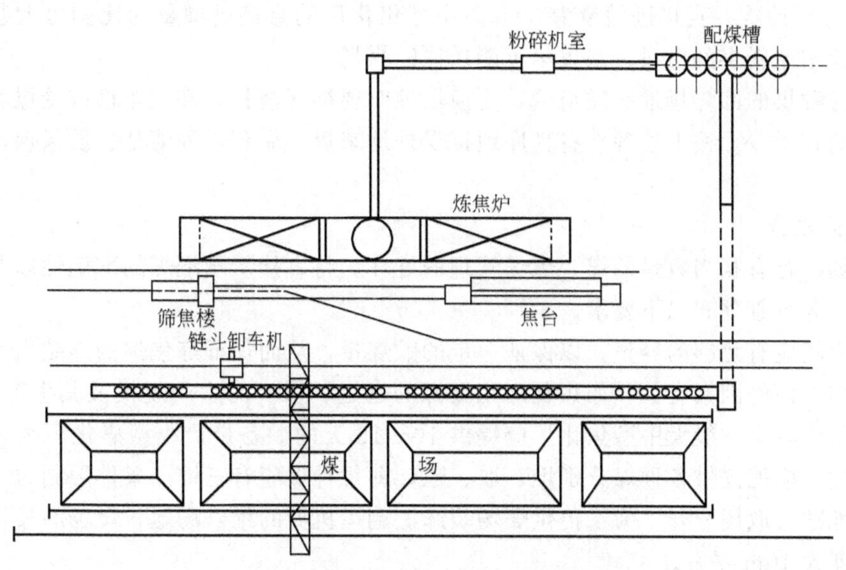

图 1-10 备煤车间与炼焦炉混合布置示意图

贮煤场到配煤槽顶部，从配煤槽底部到贮煤塔顶部这三个过程。各段工艺过程的连续性很强，全部设备的启动和停止必须按一定的顺序进行。设备的启动顺序，按逆工艺流程进行，即从后往前启动。停止的顺序按顺工艺流程进行。在停止每个运转设备时，必须做到该设备上不残留煤料，然后再停止。生产中各机械设备均会出现故障或损坏，当某一设备发生损坏时（故障），该段生产工艺的连续性就被破坏，此时该设备之前的全部设备的运转均应停止，否则将造成大量煤料堆积于该设备之前，甚至造成设备损坏。为了防止上述情况发生，备煤工艺过程的各运转设备间均需建立一套联锁装置，以保证当某一设备发生故障时，该设备之前的全部运转设备自行停止运转。因此，备煤车间应设有集中控制室。一般年产 20 万～60 万吨冶金焦的焦化厂备煤车间采用按钮集中自动操作，分别在贮煤场、配煤槽顶部和底部设集中操作室，分别控制由受煤到贮煤场，由贮煤场到配煤槽顶部及由配煤槽底部到贮煤塔顶部的工艺系统。年产 60 万吨以上冶金焦的焦化厂备煤车间，则应设有计算机自动控制的模拟生产过程的操作盘集中操作，以保证工艺过程各设备的联锁。

四、来煤的接受与贮存

焦化厂不论规模的大小，均设有贮煤场，并贮存一定的煤量。贮存一定量煤的目的，一是保证炼焦炉的连续生产，不致因采煤短期中断，使炼焦炉被迫停产保温；二是稳定装炉煤的质量，同一牌号的煤可能来自不同矿井和煤层，其质量也有所不同，通过贮煤场可以混匀单种成分，以使质量稳定，还有利于煤的沥水，使装炉煤的水分稳定。

1. 来煤的接受

原料煤的接受简称受煤，它是备煤车间的第一道工序。为了保证煤料质量，接受来煤时应注意以下几点。

（1）每批来煤应按规程取样分析，并与来煤单位的煤质分析数据对比，煤种核实后方可接受。如来煤质量不合要求，应做相应处理。

（2）来煤按使用煤种分别接受，并卸到指定地点，防止不同煤种在卸车过程中互混。

（3）备煤车间的来煤，可送往贮煤场，也可以直接送往配煤槽，设计贮煤场的容量通常按来煤的70%计算，直接进槽量为30%。小型焦化厂的直接进槽量的比例可大些。生产上为改善和稳定原料煤的质量，来煤尽可能送往贮煤场。

(4) 各种煤的卸煤场地必须清洁，更换场地时要彻底清扫，卸煤斗槽或受煤坑更换煤种时，也应清扫干净。按上述各点有秩序地接受外地来煤，做到煤种清楚、质量保证、配煤质量稳定。

2. 煤的贮存

在煤场贮存有相当数量的煤，煤场管理的好坏，将直接影响配煤的准确性以及焦炭的质量。因此，煤场管理有以下要求。

(1) 煤场应有足够的容量，以保证一定的贮煤量，从而保证炼焦炉的连续生产。贮煤场的容量与多方面的因素有关，如焦化厂距煤源的远近、煤矿的生产规模及其生产的稳定性、交通运输条件等。一般大中型焦化厂应提供10～15天的贮备量，小型焦化厂则更高些。贮煤场的长度，应能提供各种煤分别堆、取、贮，即每种煤应有三堆。条件限制时，也应有两堆，以便堆贮与取用分开。为了提供煤场装卸、倒运机械的维修场地，煤场的长度应比煤堆的有效长度大10m左右。

(2) 煤场的地坪应当处理。根据地下水位的高低，煤场土质其他条件，可采用自然地坪，煤渣夯实，碎石夯实灌浆，原土打夯、素土夯填及混凝土等方式。对地下水位较高、土质较差的地坪最好采用混凝土方式。虽然地坪处理投资高些，但可防止煤土混杂。对于混凝土地坪必须考虑坡度排水沟以解决雨季排水问题，否则地坪积水，煤堆容易塌落。煤场地坪排水一般由中部向两侧坡向，并应考虑设回收煤的沉淀池。此外煤场地坪的标高应高于周围地表，防止煤场成为坑凹地而积水。

(3) 煤场占地面积很大，装卸、倒运等作业量繁重，为了节约用地，缩减操作人员，改善劳动条件，保证煤料质量，煤场的作业工艺系统力求简化，因此必须因地制宜地提高煤场的机械化程度。

(4) 要确保不同煤种的煤单独存放。而同一种煤，为了消除或减少由于不同矿井和矿层来煤所造成的该种煤的煤质差别，在贮煤场存放过程中应尽量混匀，通常采用“平铺直取”的操作方法，即在存煤时，沿该种煤的整个场地由低向高逐渐地平铺堆放；取煤时，沿该煤堆的一侧由上而下直取。

(5) 贮煤场的煤堆应保持一定的高度。煤堆过低，煤场占地面积过大，又增加运输距离，雨天时煤的水分过大。煤堆高度与使用的煤场机械有关，斗轮式堆取料机的堆煤高度一般为10～12m，装卸桥和门式起重机一般为7～9m，桥式抓斗起重机一般为7～8m。

(6) 煤的存放时间不能太长，因为煤在空气中能吸收氧气形成煤氧络合物使煤温升高，随着温度的升高，络合物分解生成CO、CO_2和H_2O等。低变质程度的煤气孔率高，吸附氧多，更易被氧化。煤中矿物质中含有FeS_2，它与空气中的氧和水汽可发生如下反应：

$$2FeS_2+7O_2+2H_2O \longrightarrow 2FeSO_4+2H_2SO_4+Q$$

该反应使煤块破碎，煤的表面积增加并放出热量，加速了煤的氧化。煤氧化后，其结焦性变坏，挥发分、碳和氢的含量降低，氧和灰分增加，燃点降低，煤质变坏，对炼焦不利。如存放的时间过长，煤氧化所产生的热量不能很快散发，将引起煤的自燃。因此各种煤应规定允许的堆放时间，并按计划取用。煤的氧化除和煤种有关外，还和气温及煤场的通风条件有关。根据生产实践，各种煤允许的贮存时间见表1-2。

表 1-2 某焦化厂来煤贮存时间

煤种	露天煤场/d				室内煤场/d			
	季度				季度			
	一	二	三	四	一	二	三	四
气煤	60	50	50	60	60	50	50	60
肥煤	80	70	70	80	120	80	80	120
焦煤	100	90	90	100	120	120	120	120
瘦煤	100	90	90	100	120	120	120	120

此外为控制氧化，还应定期检查煤堆温度，发现温度迅速升高接近50℃时，应尽快取用。高于50℃的煤不能随便配用，应及时将煤堆散开以防自燃。为避免空气在煤堆中流通，煤堆表面应压实，并消除煤杂物及残煤。煤堆堆放时，不在一点放煤，以免造成偏析现象，使大块煤堆在下面形成风道。煤堆表面应有小斜坡用以排水。炎热的雨季尽可能不堆煤。总之必须加强煤场管理，防止煤在贮存过程中氧化变质。

3. 煤场管理

从焦化厂的整个工艺流程来看，煤场的管理是十分重要的。它对于给炼焦炉均衡地提供质量稳定的煤料，其中包括来煤调配、合理堆放和取用、质量检验、环境保护等方面有重要作用。

（1）来煤调配　贮煤场应保持各种煤都有一定的贮煤量。如果因煤矿或运输部门的原因，煤未能及时运到，虽然贮煤场的存煤可补足这一部分煤料，但是当这种煤波动较为严重时，必然影响煤场必须进行的均匀化作业，对煤质的稳定性带来不利。因此在煤场管理中，必须根据各类煤的配用量，煤场上各类煤的堆放和取用制度及煤场容量，向煤矿和运输部门提出各类煤的供煤计划，并及时组织调运。要建立各煤种的日进量和日送出量指示图表，及时掌握贮煤情况，以利于对煤料的调配工作。要避免煤场用空后来煤直接进配料槽，使煤质发生波动，同时也要避免来煤过多，煤场难以容纳，造成管理混乱。

（2）堆放和使用　焦化厂的来煤，最好全部先进入煤场堆贮，经过煤场作业实现煤质的均匀化和脱水，以保证煤料质量的稳定。这是因为：一方面，各种牌号的煤，由于矿井和煤层的不同，而存在结焦性能的不同；另一方面，在煤的洗选过程中，各种煤的可洗性不同，洗精煤的灰分和硫分也不同。因此，来煤的质量是有很大波动的，必须在煤场进行均匀化作业。抓斗类起重机作为煤场机械时采用“平铺直取”，堆取料机在煤场可采用“行走定点堆料”和“水平回转取料”的方法进行均匀化作业。

根据统计数据表明，在经煤场均匀化作业后，水分、挥发分、灰分、硫分等多项指标的偏差值都有所降低，其中以灰分的均匀化效果最为明显。统计数据还表明，经过煤场堆贮10天左右的煤料，平均水分降低2.33%，由于水分的降低和稳定，减少了炼焦炉的耗热量，改善了焦炭质量和炼焦炉操作，对延长炼焦炉寿命有利，同时还有利于配煤槽均匀出料。

（3）质量检验　对来煤必须称量，并按规定进行取样，分析来煤的水分、灰分、硫分和结焦性，以核准和掌握煤种和煤质，并考虑该煤的取用和配用。为加快卸车或卸船速度，我国多数焦化厂是采取边取样分析、边进场的方法。对铁路运输来煤一般在车厢取样，也有的是在翻车机皮带上取样。对船运来煤一般是在卸船机后送往煤场的皮带上取样。刚进煤场的煤料应单独贮放，不得与已混匀的煤料或正在取用的煤料混合。目前国内外都十分注重取样、分析的合理、快速、高效和高准确性，并在这些方面有较大进展。

五、原料煤的粉碎

配合煤由各种不同牌号、不同细度和不同粒度的煤料组成，煤料细度对焦炭质量和炼焦炉的操作有很大的影响，因此炼焦前必须对煤料进行粉碎处理，才能使煤质和粒度组成较为均匀，保证焦炭质量。煤的粉碎细度应根据煤质和炼焦炉的装煤方式等因素综合考虑，我国焦化厂一般将配合煤粉碎至小于3mm的占75%～85%。当采用捣固炼焦时，可将煤的细度提高到85%以上。在此范围内，煤料的粉碎细度可以满足焦炭质量和炼焦炉操作的要求。煤料的过细粉碎会降低装炉煤的黏结性和体积密度，从而影响焦炭质量。

1. 粉碎比

煤料的粉碎程度用粉碎比 i 表示，它是指物料粉碎前后平均直径的比值。对于一定性质的煤料，它是选择粉碎机械类型和尺寸的主要依据。

(1) 粗粉碎　入粒直径为500～1500mm，$i=3\sim4$ 的粉碎过程称为粗粉碎。如北方的一些焦化厂，在冬季气候寒冷的情况下，煤冻结成大块，必须先将大的煤块粉碎到80～100mm以下，才能送去配煤。此时一般使用粗碎机械如双齿辊粉碎机。

(2) 细粉碎　入粒直径为20～100mm，$i=5\sim7$ 的粉碎过程称为细粉碎，锤式、反击式、反击锤式粉碎机属于细碎机械。

2. 煤的粉碎工艺

选择合理的粉碎工艺对实现煤料的最佳粒度分布、改善焦炭的质量影响很大。由于煤料最佳粒度分布因煤种、煤的岩相组成而异，因此，对不同煤料的配合煤应采取不同的粉碎工艺。

按粉碎加工的方式不同，除常规的先配后分工艺和先粉后配工艺外，主要还有以下几种粉碎工艺。

(1) 气煤预粉碎工艺　此工艺先将气煤粉碎到一定细度后，再与其他煤配合并进行混合粉碎，又称硬质煤预粉碎工艺。

采用气煤预粉碎工艺，能使煤料粒度组成更加合理，大颗粒级含量减少，并使黏结性较好的煤不致粉碎过细。因此可提高焦炭质量，也可多配气煤或其他硬质煤。

(2) 分组粉碎工艺　此工艺是将组成炼焦煤料的各种单煤，按不同性质分成几组进行配合并分组粉碎到不同细度再混合均匀的炼焦煤粉碎工艺。

这种工艺可根据各种煤的不同性质进行合理粉碎，使炼焦煤料粒度适当，从而提高焦炭质量；但是此工艺配煤槽和粉碎机数量多，还需设置混合机，工艺复杂，投资大。分组粉碎工艺一般适用于生产规模大、煤种较多而且煤质有较明显差别的焦化厂。

(3) 选择粉碎工艺　此工艺是根据炼焦煤料中煤种和岩相组成在硬度上的差异，按不同粉碎粒度要求，将粉碎和筛分结合在一起的一种炼焦煤粉碎工艺，又称岩相粉碎工艺。采用这种工艺可使煤料粒度更加均匀，既消除了大颗粒又能防止过细粉碎，并使惰性组分达到适当细度。

任务三
了解炼焦配煤

一、炼焦配煤的意义与原则

1. 炼焦配煤的重要意义

配煤炼焦就是把几种牌号不同的单种煤，按一定的比例配合起来炼焦。采用配煤炼焦的方法可以充分利用各种煤的结焦特性，相互之间取长补短，以生产优质的焦炭；也能合理利用煤炭资源，增加炼焦化学产品。因此国内焦化厂普遍采用配煤炼焦的方法。其重要意义主要体现在以下几个方面。

(1) 节约优质炼焦煤，扩大炼焦煤源。采用配煤炼焦，将部分黏结性好的炼焦煤和其他黏结性中等或较差的煤配合在一起炼焦，以扩大各种不同牌号炼焦煤的使用。

(2) 充分利用各单种煤的结焦特性，改善焦炭质量。不同煤种的结焦性不同。从结焦性来说，焦煤最好，但我国焦煤储量较少，单用焦煤炼焦不能满足工业发展的需要。此外，我国大部分焦煤都有灰分高、硫分高、膨胀压力较大、收缩性小的缺点，这也会影响焦炭质量和造成炼焦炉炉体损坏。如果采用配煤炼焦，配入适当的低灰、低硫气煤，就可以克服焦煤的缺点。这样既使焦炭的质量得到了改善，又使许多煤种能得到合理的利用。

(3) 在保证焦炭质量的前提下，增加炼焦化工产品的产率和焦炉煤气的发生量。在炼焦过程中得到的一些化学产品如焦油、焦炉煤气等，是国防、工业以及农业生产所必需的重要原料。化学产品的产率与挥发分产率有密切关系，采用挥发分产率高的气煤炼焦能增加这些产品的产率，但气煤焦炭强度较差，如配入适当数量的强黏性煤，能在保证焦炭强度的前提下提高化学产品产率。

(4) 充分利用本地资源，因地制宜发展焦化工业。我国煤源丰富，各地区煤质情况各不相同，因而结合本地区特点，采用不同煤种配合，不但可以扩大资源的有效利用，还可以减少运输费用，降低成本。

采用合理的配煤方案，可以炼出优质焦炭。单种煤的结焦性取决于其本身的性质，而配煤的结焦性则取决于各配入煤种的性质及其配入比例。配煤的结焦性是各配入煤种结焦性综合作用的结果。

2. 煤的黏结性与结焦性

煤的黏结性是指煤在干馏时黏结其本身或外加惰性物的能力。它是煤干馏时所形成的胶质体显示的一种塑性。显示软化熔融性质的煤叫黏结煤，不显示软化熔融性质的煤叫非黏性煤。黏结性是评价炼焦用煤的一项重要指标，是煤结焦的必要条件，与煤的结焦性密切相关。炼焦煤中以肥煤的黏结性最好。

煤的结焦性是煤在焦炉或模拟焦炉的炼焦条件下，形成具有一定块度和强度的焦炭的能力。结焦性是评价炼焦煤的主要指标。

炼焦煤必须兼有黏结性和结焦性，两者密切相关，煤的黏结性着重反映煤在干馏过程中形成塑性体并固化黏结的能力。测定黏结性时，加热速度较快，一般只测到形成半焦为止。煤的结焦性全面反映煤在干馏过程中软化熔融直到固化形成焦炭的能力。测定结焦性时加热速度一般较慢。炼焦煤中以焦煤的结焦性最好。

3. 炼焦配煤的原则

为了保证焦炭质量，又利于生产操作，配煤应遵循以下原则：

(1) 保证焦炭质量符合要求；

(2) 焦炉生产中，不能产生过大的膨胀压力，在结焦末期要有足够的收缩度，避免推焦困难和损坏炉体；

(3) 充分利用本地区的煤炭资源，做到运输合理，尽量缩短煤源平均距离，降低生产成本；

(4) 在满足生产要求的情况下，适当多配一些高挥发分的煤，以增加化学产品的产率；

(5) 在保证焦炭质量的前提下，应多配气煤等弱黏结性煤，尽量少用优质焦煤，努力做到合理利用我国的煤炭资源。

我国大多数地区煤炭有以下几个特点。

(1) 肥煤、肥气煤黏结性好，有一定的贮量，但灰分和硫分较高，大部分煤不易洗选；

(2) 焦煤黏结性好，在配煤中可以提高焦炭强度，但贮量不多，且大部分焦煤灰分高、难洗选；

(3) 弱黏结性煤贮量较多，灰分、硫分较低，且易洗选。

因此在确定配煤比时，应以肥煤和肥气煤为主，适当配入焦煤，尽量多利用弱黏结性煤。按此原则确定的配煤方案，结合我国煤炭资源的实际，为合理利用资源和不断扩大炼焦煤源开辟了新的途径。

各焦化厂在确定配煤比时，应结合本地区的实际情况，尽量做到就近取煤，防止南煤北运及对流，避免重复运输，尽可能缩短运输距离，降低炼焦成本。此外应考虑焦炉炉体的具体情况，回收车间的生产能力，备煤车间的设备情况等。如炉体损坏严重时，配煤的膨胀压力应小些；回收车间生产能力大时，可适当多配入高挥发分的煤。

总之，制定配煤比应遵循上述原则，因地制宜，根据单种煤的特性，通过配煤试验，拟订初步配煤方案，然后进行试生产。若更换煤种，更改配煤比或遇炉体严重损坏时，都应通过配煤试验进行调整，以试验结果指导生产，炼出合格的焦炭。

二、炼焦配合煤的质量指标要求

高炉冶炼要求焦炭低灰、低硫、高强度，热性能稳定，为了保证焦炭的质量，配合煤的质量应符合以下质量指标。

1. 水分

配合煤的水分多少和其稳定与否，对焦炭产量、质量以及焦炉的寿命有很大影响。其影响主要体现在以下方面。

(1) 水分影响煤料堆密度。干煤堆密度最大，水分在7%～8%时，堆密度最小。

(2) 水分汽化消耗大量热，影响热量在煤料内的传递。配合煤水分每增加1%，煤焦耗热量增加30kJ/kg，结焦时间延长10～15min。

(3) 装煤初期，炉墙迅速传热，本身温度剧降。配合煤水分越大，炭化室墙面温度下降越多，当炉头的炭化室墙面温度下降到600℃以下，就会显著损坏硅砖，影响炉体使用寿命。

(4) 煤料水分低，会使操作条件恶化，装煤时冒烟着火加剧，上升管、焦油中焦油渣含量增加，炭化室墙面石墨沉积加快。

综上所述，生产中应控制配合煤的水分，操作时，来煤应避免直接进配煤槽，应在煤场堆放一定时期，通过沥水稳定水分，也可通过干燥稳定装炉煤的水分。一般情况下，配合煤水分控制在10%左右较为合适。

2. 灰分

成焦过程中，配合煤的灰分几乎全部转入焦炭，一般成焦率为70%～80%，因此焦炭灰分为配煤灰分的1.3～1.4倍。因此应严格控制配合煤的灰分。

灰分是惰性物质，灰分高则黏结性降低。灰分的颗粒较大，硬度比煤大，灰分中的大颗粒在结焦过程中，形成裂纹中心，会降低焦炭强度，而且灰分中的碱金属在焦炭的降解过程中起催化剂的作用，加速焦炭降解。

高灰分的焦炭在冶炼中，一方面在热作用下，裂纹继续扩展，焦炭粉化，影响高炉透气性；另一方面在高温下，焦炭结构强度降低，热强度差，使焦炭在高炉内进一步破坏。焦炭灰分高，高炉炼铁时焦炭和石灰石消耗增多，高炉生产能力降低。

降低配合煤的灰分有利于降低焦炭的灰分，可使高炉、化铁炉等降低焦耗，提高产量；但是降低灰分会使洗精煤产率降低，提高了洗精煤成本。因此灰分的控制应从经济效益、资源利用等方面进行综合考虑。我国的煤炭资源中，多数的焦煤和肥煤含灰分高，属于难洗煤，而高挥发分弱黏结性的气煤则储量较多，且灰分较低，易洗，因此可将灰分较高的焦煤、肥煤和灰分较低的气煤相配合。

我国规定，一级冶金焦的灰分不大于12%，按成焦率75%计算，配合煤灰分应不大于9%。

3. 硫分

硫在煤中以黄铁矿、硫酸盐及硫有机化合物三种形态存在。其中黄铁矿、硫有机化合物中的硫在结焦过程中，可以部分析出，硫酸盐中的硫大部分转入焦炭。煤中的硫约60%～70%转入焦炭，所以焦炭硫分约为配合煤硫分的80%～90%。配合煤中的硫分可以由单种煤加和计算。

我国华北和东北地区的煤含硫较低，中南和西南地区的煤含硫较高。硫在煤中是一种有害物质，在配煤炼焦中，可通过控制配煤比以调节配合煤的硫分含量，使硫分控制在1.1%左右。而且在确定配煤比时，必须同时兼顾对焦炭灰分、硫分、强度的要求。降低配合煤硫分的根本途径是降低洗精煤的硫分或配用低硫洗精煤。

4. 挥发分

配合煤挥发分高低，决定煤气和化学产品的收率，同时对焦炭强度也有影响。挥发分过高使焦炭强度降低。

配合煤的挥发分可以按加和性近似计算，也可以直接测定。

对大型高炉用焦炭，在常规炼焦时，配合煤料适宜的挥发分为26%～28%，此时焦炭的气孔率和比表面积最小，焦炭强度最好。

5. 黏结性

黏结性是煤在炼焦时，能形成塑性物的能力。煤在加热过程中形成的胶质体的质量和数量，就决定了煤的黏结性。

为了获得熔融良好、耐磨性较好的焦炭，配煤就保证足够的黏结性。在我国经常采用的黏结性指标是胶质层最大厚度Y和黏结指数G。

膨胀压力是黏结性煤成焦的特征，可以使胶质体均匀分布于煤粒之间，有助于煤料的黏结。若膨胀压力过大，可能对炉墙产生损害。

我国生产配合煤的Y值一般为16～20mm，G值为58～72。配合煤的G值和Y值可按加和性计算得出，但最好经实际测定后再应用。

6. 细度

细度是煤料经粉碎之后，小于3mm的煤料占全部煤料的质量分数，目前国内焦化厂一般控制在75%～85%，相邻班组细度波动不应大于1%；捣固炼焦细度一般大于85%。

细度过低，煤种之间混合不均匀，造成焦炭内部结构不均一，使焦炭强度降低；细度过高，增加粉碎机动力损耗，生产能力降低；装炉困难，煤尘的增多造成上升管堵塞，焦油含渣量增多；细度过高使黏结性煤产生“破黏”现象，并使得装炉煤的堆密度下降，影响焦炭的质量。

对入炉细度要求的同时，还应关注其粒度组成。对大于5mm（一般不超过10%）的煤料和小于0.5mm（一般不超过40%）的细粉加强控制。

在具体的配煤操作中，从焦炭质量出发，不同的煤种应有不同的要求。比如，对于强黏结煤，细度过高所造成的损害是主要的，应粗粉碎；而对弱黏结煤，细度过低所造成的不利是主要的，应细粉碎。肥煤、焦煤较脆易碎，而气煤硬度较大，难破碎。所以肥煤、焦煤宜粗粉碎，气煤应细粉碎。配煤时，除选择合适的粉碎机械外，还应根据煤种特点，考虑合适的工艺流程。

三、配煤试验

1. 配煤试验的目的

在实际生产中，要获得优质焦炭，确定配煤方案，需要通过配煤试验来确定。新建焦化厂要寻求供煤基地，并确定合理的配煤方案，同时新建煤矿为试验其煤质情况，评定在配煤中的结焦性能，必须进行配煤试验。对已经进行生产的炼焦炉，为提高焦炭质量、降低炼焦成本、扩大炼焦煤源、调整生产配煤方案，也需要进行配煤试验。同时配煤试验还是检验炼焦煤准备和炼焦工艺效果的基本手段。

2. 配煤试验的基本步骤和方法

进行配煤试验的基本步骤和方法如下。

(1) 进行煤炭资源调查，了解煤矿的设计文件、生产规划、采矿和洗选能力，落实煤炭资源情况。

(2) 根据煤炭资源情况，初步确定用煤方案。

(3) 制订采样计划。由煤矿采集的原煤煤样要先进行洗选并做浮尘试验，然后再制样，若采集的是洗精煤则可直接制样。

(4) 对煤样进行煤质分析。分析过程一般包括煤的工业分析、岩相分析、全硫测定、黏结性指标的测定等。

(5) 根据分析结果，对煤质进行初步鉴定并拟订配煤方案。

(6) 按照拟订方案对洗精煤粉碎，配合后在实验室试验焦炉中和半工业试验焦炉中进行炼焦试验。

(7) 整理试验数据，判断未来生产时的产品产率、质量及有关操作指标。

(8) 组织工业炉孔和炉组试验，以便最终确定较为稳定的配煤方案。

四、配煤主要设备

1. 配煤斗槽

配煤斗槽是通用的配煤设备之一。主体为槽体结构，其顶部一般采用移动皮带输送机装料，下部设有定量配煤设备。

配煤斗槽主要由卸煤装置、槽体和锥体三部分组成。槽体可做成方形或圆形。方形斗槽由于挂料严重，目前一般不采用。圆形斗槽单位截面、周长最小，槽体侧壁和底部压力分布比较均匀，煤的挂料和偏析现象得到改善，同时施工便利、投资省，因此被国内企业普遍采用。

为了防止挂料，还需采取各种措施，如将斗嘴部分做成不对称，即下料口中心偏离槽体中心；将斗嘴部分做成等截面收缩率的双曲线形，斗嘴内壁衬瓷砖或其他耐磨材料；斗嘴下料口处做成活连接，并安装振动器；斗嘴内壁安设风力振煤装置等。

斗槽的数量取决于用煤企业生产能力大小和用煤的种数。一般情况下一个煤种使用一个斗槽，配用量大的煤种使用2～3个斗槽。条件允许的情况下，还可设有备用槽，供清扫和更换煤种时使用。斗槽容量需根据装炉煤的用量、备煤车间操作班次、煤场机械化程度以及从煤场到配煤槽的运输条件而定。为保证连续稳定生产，配煤斗槽总容量一般相当于炼焦炉一昼夜的用煤量。斗槽根据槽数可布置成单排或多排。一般情况下，当槽数不超过8个时，应单排布置；槽数超过10个时，为双排布置。

2. 配煤盘

配煤盘是配煤设备之一，又称圆盘给料机。设在配煤斗槽下部，通过调节圆盘转速和料流截面积实现定量连续给煤。

配煤盘结构如图1-11所示，由圆盘、调节套筒、刮煤板和驱动装置等组成。煤从配煤斗槽放料口，经装在斗槽下部可升降的调节套筒落到旋转着的配煤圆盘上，被可调节角度、逆圆盘转动方向的刮煤板刮到配煤胶带输送机上。配煤盘通过以下三种方式调节配煤量：

(1) 调节套筒的高度，改变套筒与圆盘之间煤的堆积截面；

(2) 调节刮煤板角度，使截取煤量与要求配量接近；

(3) 通过调速电机调节圆盘的转速。

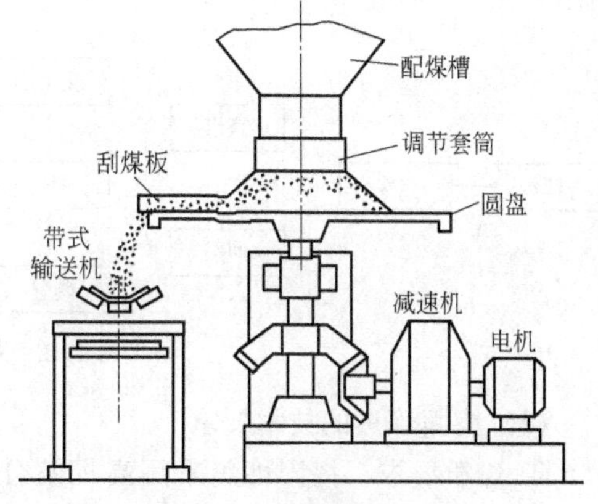

图1-11 配煤盘配煤示意图

配煤盘对水分大、含煤泥多的煤适应性强，操作可靠，维护方便，但设备笨重，耗电量大，刮煤板易挂杂物，从而影响配煤准确性，故需经常清扫。

五、扩大炼焦配煤的途径

我国炼焦煤分布不均匀，大部分地区高挥发分弱黏结性煤较多，肥煤和焦煤储量较少，要炼出符合高炉冶炼要求的高质量焦炭，就地取材往往品种不全。因此，针对当地煤质特点，改进炼焦配煤技术，扩大焦炭资源，对煤炭资源的综合利用和我国炼焦工业的发展有重要意义。

扩大炼焦配煤的基本途径主要有以下几个方面。

(1) 为了大量利用高挥发分弱黏结性煤，采用炉外干燥、预热、捣固的方法炼焦。对于岩相不均一的高挥发分弱黏煤，还可采用选择破碎的方法提高配比。

(2) 为提高化学产品的产率，改善焦炭质量，制取特殊用焦，可配入添加物炼焦。

(3) 为了利用高硫煤炼焦，可先脱硫或将煤中硫转化为比较容易熔入高炉炉渣的硫化物，如炼制缚硫焦等。

1. 捣固炼焦

捣固炼焦是利用弱黏结性煤炼焦的最有效的方法。该方法是将配合煤在入炉前在捣固机内捣实成体积略小于炭化室的煤饼后，从焦炉的机侧推入炭化室内的炼焦方法。煤饼捣实后堆密度可由散装煤的0.70～0.75t/m^{3}提高到1.00～1.15t/m^3。通过这种方法可以扩大气煤

用量，并保持焦炭符合强度要求。

（1）捣固原理　捣固炼焦工艺可以使捣固煤饼中煤颗粒间的间距缩小 28%～33%，由于具有较大的堆积密度，炭化过程中产生以下三方面的作用改善煤料的黏结行为。

① 配合煤料在入炉炼焦前压实，对弱黏结性煤的结焦性将产生好的影响。

② 煤粒间隙减小，膨胀压力增大，有利于煤热解产物的游离基和不饱和化合物进行缩合反应。

③ 对于弱黏结性和惰性组分百分比含量高的配合煤，采用捣固工艺生产出焦炭的机械强度有特别明显的提高。

（2）捣固炼焦的工艺流程　捣固炼焦工艺是在炼焦炉外采用捣固设备，将炼焦配合煤按炭化室的大小，捣打成略小于炭化室的煤饼，将煤饼从炭化室侧面推入炭化室进行高温干馏的过程。成熟的焦炭由捣固推焦机从炭化室内推出，经拦焦车、熄焦车将其送至熄焦塔，熄灭后再放置晾焦台，由胶带运输经筛焦分成不同粒级的焦炭。捣固炼焦工艺流程如图 1-12 所示。

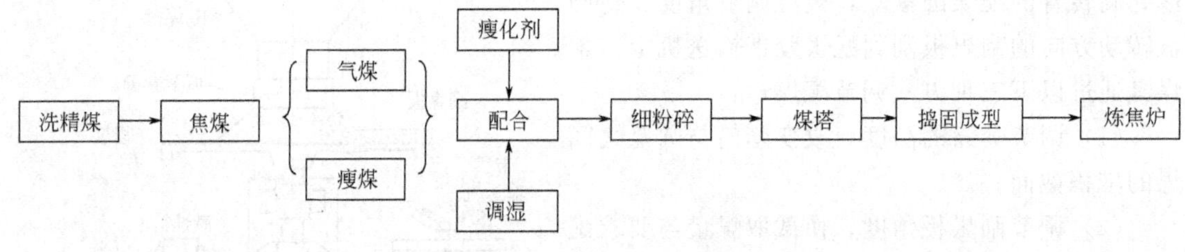

图 1-12　捣固炼焦工艺流程

（3）捣固炼焦的技术要求

① 煤质要求　捣固炼焦采用高挥发分弱黏结性煤或中等黏结性煤为配煤的主要组分，要求挥发分在 30%左右，黏结性指标 Y 值 11～14mm。如用 60%～70%的高挥发分气煤或 1/3 焦煤，配以适量的焦煤、瘦煤，则其捣固炼焦的效果更佳。

② 煤料粉碎　为了确保捣固焦饼的稳定性，捣固煤料的粉碎度应保持粒度≤3mm 的占 90%～93%，其中粒度<0.5mm 的应在 40%～50%之间。

③ 煤料水分　捣固煤料的水分是煤粒之间的黏结剂，水分少于 8%时，煤饼松散，不能黏结在一起；水分过高时，煤饼发软容易塌落，合适的水分应在 8%～11%，最好控制在 9%～10%。因此，在配煤之前，对煤料的水分应进行控制。

④ 煤料的捣固　煤料在煤箱内用捣固锤捣成煤饼。煤饼的尺寸应与焦炉炭化室尺寸相当，其长度应比炭化室有效长度小 250mm 左右，高度保证炭化室的顶部空间 200～300mm，宽度应较炭化室机侧宽度窄 40～60mm，如果装煤设备有自动对位设施，煤饼可以适当宽一些。

⑤ 捣固设备　由给料仓、给料机、捣固机和捣固煤箱构成。国外传统的模式是上述四个设备与推焦机组合在一起，称为捣固装煤推焦机。国内现有的模式均为分离式的，即料仓、给料机和捣固机组合成一个固定的地面捣固站，捣固煤箱与推焦机组合成装煤推焦机（称为移动机械）。

目前我国采用的捣固机有两锤、三锤、四锤、六锤为一组，也有 2×72 孔焦炉用的十八锤为一组的捣固机，称为微移动捣固机，走行采用液压传动的微移动，捣固一个焦饼仅需要 4～5min。

⑥ 增加瘦化组分　配煤过程中，为增加捣固炼焦的机械强度，需加入一定量和品种的瘦化组分可减少焦炭的裂纹组成。在相同条件下，往往用焦粉作瘦化剂优于瘦煤，但焦粉作瘦化剂时，需控制焦粉的配入比和粒度，并混合均匀，否则容易导致焦炭热性能变坏，并产生裂纹。

⑦ 捣固炼焦效果　采用捣固炼焦工艺使炼焦原料范围变宽，可多配入高挥发分煤和弱黏结性煤，为国家节约大量的、不可再生的优质煤炭资源。由于捣固炼焦增大了煤料的堆密度，故可以提高焦炭的冷态强度和反应后强度，同时使焦炭产量增加，可以使焦炉的生产能力提高 1/3 以上。此外，捣固炼焦还可以提高焦炭的筛分粒度。

捣固炼焦也有一定的缺点，主要是捣固设备比较庞大，操作复杂，投资较高。由于煤饼尺寸小于炭化室，因此炭化室的有效率低。此外，由于煤饼与炭化室墙面间有空隙，影响传热，使结焦时间延长。捣固炼焦技术具有区域性，主要适于在高挥发分煤和弱黏结煤储量多的地区。

总之，捣固炼焦是利用高挥发分弱黏结煤的有效措施之一。

2. 配型煤炼焦

配型煤炼焦是扩大炼焦煤源的有效方法之一，将一部分煤料加入黏结剂压制成型，然后将型煤同散状煤料按一定比例配合进行炼焦。配型煤炼焦能改善煤料的黏结性，提高焦炭强度。采用配型煤炼焦的方法，可以在煤料中多配 10%～15%的气煤，而不致降低焦炭质量。此法 1960 年首先由日本研制成功。

(1) 配型煤炼焦的基本原理　配型煤炼焦之所以能提高焦炭质量，或在不降低焦炭质量的前提下少配用强黏结性煤，是因为它改善了煤料的黏结性和结焦性能，其基本原理如下。

① 提高了装炉煤的堆密度　一般粉煤堆密度为 700～750kg/m^3，而型煤堆密度为 1100～120kg/m^3，配入 30%型煤后装炉煤料堆密度可达 800kg/m^3 以上。

② 增大了装炉煤的塑性温度区间　配有型煤的装炉煤中，型煤致密，导热性比粉煤好，故升温较快，较早达到开始软化温度，且处于软化熔融时间较长，因此有助于与型煤中的未软化颗粒及周围粉煤的相互作用，当型煤中的熔融成分流到粉煤间隙中时，促进粉煤煤粒间表面相结合，并延长粉煤的塑性温度区间，提高煤料的结焦性。

③ 增强了装炉煤内的膨胀压力　型煤和粉煤配合炼焦加热软化时，型煤内部的煤气压力比粉煤料大得多，型煤的体积膨胀率也比粉煤料大得多，因而增强了装炉煤内部的膨胀压力，促进了型煤和粉煤相互熔融，可生成结构致密的块焦。

④ 黏结剂的改质作用　型煤中配有一定量的黏结剂，增加了煤粒表面的熔融成分，改善了煤料的黏结性能。

(2) 配型煤炼焦的效果

① 对焦炭及化工产品产量的影响　装炉煤料的散密度和结焦时间是影响焦炭产量的直接因素。装炉煤料的散密度随型煤配比的增加而提高，但结焦时间随型煤配比的增加也相应延长。所以，型煤炼焦对增产焦炭的效果不明显。

由于型煤增加了黏结剂，焦油和煤气的产率比常规粉煤装炉有不同程度的改变。如当软沥青添加量为 6.5%的型煤按 30%配比混合炼焦时，比常规分煤炼焦按每吨干煤折算的焦油产量可增加 7～8kg，每吨煤煤气产量约减少 4～5m^3。

② 焦炭质量的提高　在配煤比相同的条件下，配型煤炼焦生产的焦炭与常规粉煤炼焦

生产的焦炭比较，抗碎强度增加0.5%～1%，耐磨强度降低2%～4%，反应性降低5%～8%，反应后强度提高5%～12%。同时焦炭筛分组分有所改善，大于800mm级产率有所下降，80～25mm级显著增加，小于25mm级变化不大，从而提高了焦炭的粒度均匀系数。

③ 在保持焦炭质量不变的情况下，配型煤炼焦较常规分煤炼焦，强黏结性煤用量可减少10%～15%。

3. 配入添加物炼焦

根据煤岩学观点，煤可分为活性组分和惰性组分两部分，当煤中活性组分与惰性组分的含量达到最优比时，焦炭强度为最好。因而配入添加物炼焦包括两种配入物，即添加活性组分如黏结剂炼焦和添加惰性组分如焦粉炼焦，其目的主要是扩大煤源炼焦和提高焦炭质量。

(1) 添加黏结剂炼焦　由于优质炼焦煤短缺，造成炼焦煤料中黏结组分的比例下降，惰性组分煤料相应增加，势必导致焦炭质量下降。若添加适当的黏结剂或人造煤来补充低流动度配合煤的黏结性，就能在现有焦炉上实现扩大弱黏煤的用量，添加黏结剂炼焦是一种很有前途的配煤炼焦技术。

① 黏结剂的种类　配入的黏结剂主要属于沥青类，按使用原料的不同可分为石油系、煤系、煤-石油混合系。如日本等国家使用的黏结剂类型和性质如表1-3所示。

表1-3　日本黏结剂的开发状况

类系	原始材料	处理方法概要	工艺名称	黏结剂代号
石油系	石油沥青	丙烷萃取后加入配煤		PDA
	石油沥青	经分馏、蒸汽热处理后配加	尤里卡-住金法	ASP和KRP
	石油沥青	真空裂解处理后配加	日本矿业法和日本钢管法	AC
煤系	焦油沥青	经热处理后配加	大阪煤气公司Cherry-T法	CT
	非黏结煤	溶剂加氢裂解处理后配加	SRC法	SRC
煤-石油混合系	煤-石油沥青	溶剂萃取分解处理后配加	九州工业研究所法	SP
	煤-石油沥青	溶剂萃取分解处理后配加	大阪煤气公司Cherry-T法	CP

以上各种改质黏结剂作为强黏结煤的代用品，在配煤炼焦时，都可得到一定的效果。

② 配入黏结剂的效果　通过实践表明，通过配入黏结剂的方式能够改善焦炭质量、焦炭强度和反应性，其中以KRP和ASP的配合效果较好。另外还可代替强黏结性煤或增加非黏结煤的用量。但是当黏结剂的使用超过一定量时，如对KRP和ASP添加量超过20%时，焦炭强度开始下降。这是由于此时煤料的流动度过大，挥发分过剩，超过了最佳的活性与惰性组分比。ASP等黏结剂主要提高了配合煤的流动度，因而对流动度较大的煤，焦炭强度无明显改善，但反应性都会得以降低。

(2) 添加惰性物炼焦　高挥发分、高流动度的煤料配入瘦化剂，如配入无烟煤粉、半焦粉或焦粉等含炭的惰性物质炼焦时，由于煤热解生成的液相物质可以被瘦化剂吸附，使流动度和膨胀度降低，炼焦过程中气体产物易于析出，黏结度提高，气孔壁增厚。同时减慢了结焦过程的收缩速度，减少了焦炭的裂纹（故也称为抗裂剂），故可提高焦炭的强度和块度。但胶质体的流动度和膨胀度只能降低到一定限度，否则会使黏结性降低，耐磨性降低。

惰性物的选择应根据配合煤性质的不同而采用不同的惰性添加剂，一般应遵循以下原则。

① 当配煤中挥发分和流动度均很高，加入瘦化剂的主要目的是降低配煤的挥发分，减弱气体析出量。增大块度和抗碎强度时，一般选用焦粉比用瘦煤好。

② 当配煤中挥发分和流动度中等，并且希望焦炭有较好的耐磨性时，可选用无烟煤粉或挥发分约15%的半焦粉。

③ 若要求降低焦炭气孔率，提高块度和抗碎强度，同时还希望降低焦炭的灰分、反应性，可选用延迟焦粉。

选择瘦化剂还要根据资源、经济等条件综合考虑，瘦化剂也可混合使用，也可配适量的黏结剂以调整装炉煤的黏结性。注意瘦化剂均应单独细粉碎，并与煤料充分混匀，以防混合过程在瘦化剂颗粒上形成焦炭的裂纹中心。

4. 干燥煤炼焦

干燥煤炼焦是将湿煤在炉外预先脱水干燥至水分含量6%以下，再装炉炼焦的工艺。此工艺有利于稳定焦炉操作、降低炼焦耗热量、提高焦炭机械强度和改善焦炭质量。

(1) 干燥煤炼焦的效果

① 提高炼焦炉的生产能力　入炉煤水分降低，堆密度提高，可以提高炼焦速度，缩短结焦时间。煤料所含水分越低停留在低温区的时间越短，生产周期相应就越短，从而使生产能力得到提高。

② 改善焦炭质量或增加高挥发分弱黏结性煤的配用量　经过干燥后的煤流动性提高，使装炉煤的堆密度增大，有利于黏结。选择合适的装炉煤水分含量，可增加入炉煤的堆密度。水分降低，还使炭化室内各部位的堆密度均匀化，有利于提高焦炭的机械强度。

③ 降低炼焦耗热量　一般情况下，装炉煤水分降低1%（绝对值），炼焦耗热量减少60～100kJ/kg。此外，装炉煤经过干燥后，可稳定煤料水分，便于炉温管理，使焦炉各项操作指标稳定。同时减轻炉墙温度波动，有利于保护炉体，减少了回收时的冷凝水消耗量，故有利于污水处理。

(2) 工艺过程　煤干燥工艺是炼焦煤准备工艺的一个组成部分，所用设备主要包括：煤干燥器、除尘装置和输送装置。有两种组合形式：一种是所用装置设置在炼焦配合煤粉碎之后，即对配合煤进行干燥处理；另一种是对单种煤进行干燥处理。由于在配合和粉碎过程中会产生大量粉尘，所以一般不采用单种煤处理的工艺。

煤干燥工艺常用的煤干燥器有转筒干燥器、直立管气流式干燥器和流化床干燥器。

转筒干燥器结构如图1-13所示。干燥器的主体是一个倾斜安装的长圆筒，靠传动机构的齿轮啮合固定在筒上的齿圈低速旋转，整个圆筒箍有两个滚圈，并支承在辊托上转动。旋

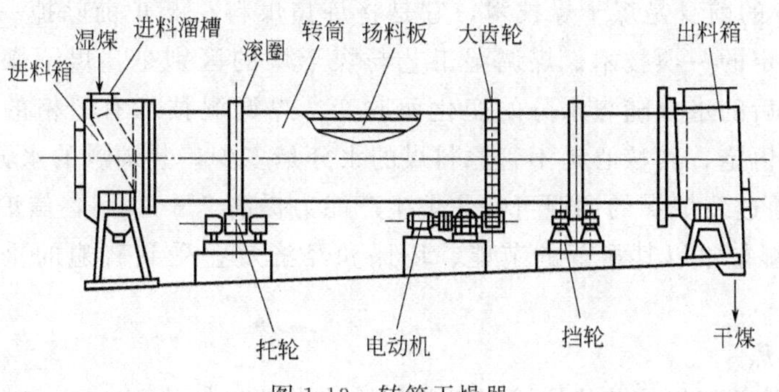

图1-13　转筒干燥器

转筒内设置的扬料板把送入转筒内的物料不断扬起而散落，被并流或逆流的热废气加热并蒸出水分，干燥后的煤料从转筒的低端卸出。

直立管气流式干燥器如图 1-14 所示，此干燥器属于流态化设备。在直立管中，热气流速度大于煤颗粒的扬出速度，热气流夹带湿煤粒上升的同时将湿煤迅速干燥，干燥后煤粒随气流一起离开直立管，经旋风分离器分出。

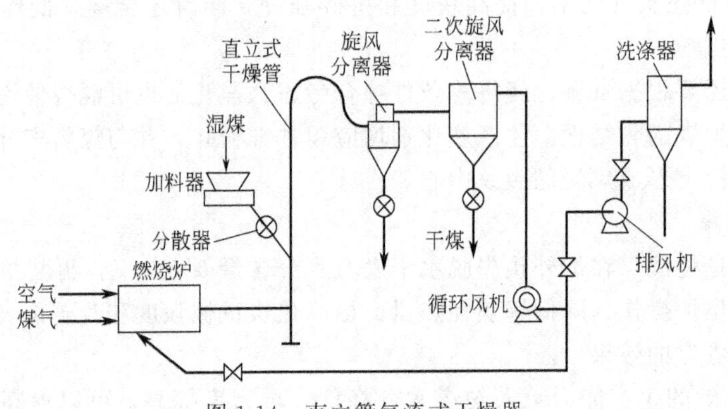

图 1-14　直立管气流式干燥器

流化床干燥器如图 1-15 所示。在流化床内，热气流经分布板上升，湿煤粒在分布板上呈沸腾状态而被热气流不断蒸出水分，大部分干燥煤在沸腾层表面出口溢出，少部分细颗粒被热气流带出流化床经旋风分离器分出。

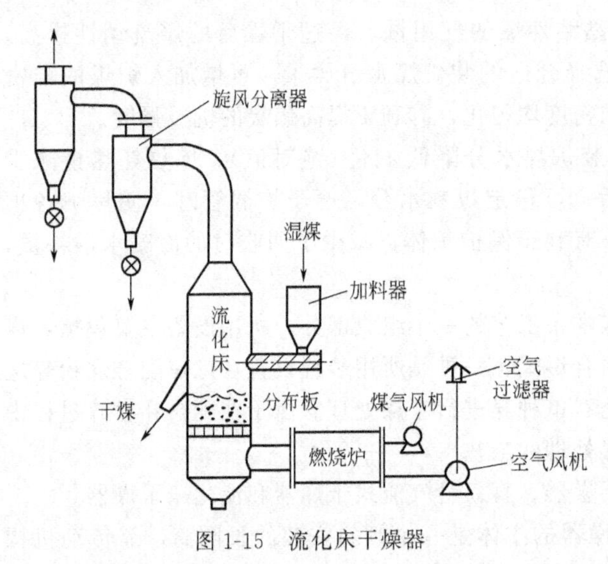

图 1-15　流化床干燥器

直立管气流式干燥器和流化床干燥器相比较而言，直立管气流式干燥器气流速度大，设备尺寸小，但器壁磨损较严重；流化床干燥器设备尺寸大，结构复杂，操作时较容易，干燥的生产能力大，效率高。在实际生产中，应根据实际情况和生产要求合理选择合适的干燥设备。

5. 装炉煤的调湿

炼焦炉入炉煤水分控制技术（简称煤调湿或 CMC）的前身是煤干燥技术，它是将炼焦煤料在装炉前除掉一部分水分，并保持装炉煤水分稳定的一项技术。煤调湿工艺与煤干燥的区别是：煤干燥没有严格的水分控制措施，干燥后的水分随煤水分的变化而改变，煤调湿技术有严格的水分控制措施确保入炉煤的水分恒定，其核心是不管原料煤的水分是多少，装炉煤的水分均控制在 5%～6%的范围内。通过装炉煤的调湿可使焦炉生产能力提高 7%～8%，焦炉加热煤气耗量减少约 1/3。煤调湿技术以其显著的节能、环保和经济效益受到普遍的重视，并得到迅速发展。

6. 预热煤炼焦

装炉煤在装炉前用气体载热体或固体载热体将煤预先加热到 150～250℃后，再装入炼焦炉中炼焦，称为预热煤炼焦。预热煤炼焦，可以扩大炼焦煤源，改善焦炭质量，提高焦炉的生产能力，降低炼焦耗热量，减轻环境污染。

(1) 预热煤炼焦的效果

① 增加气煤用量、改善焦炭质量　预热煤炼焦所得焦炭与同一煤料的湿煤炼焦相比，预热煤装炉后，炭化室内煤料的堆密度比装湿煤时的堆密度提高10%～13%，而且沿炭化室高度方向煤料的堆密度变化不大（预热煤为2%左右，而湿煤则可达20%），这使沿焦饼高度方向的焦炭的力学性能如气孔率、强度、块度等得到了显著改善。

另外，在200～550℃的温度范围内，预热煤的加热速度比装湿煤时快，这样可显著改善产品黏结性，得到高质量的焦炭。预热时，煤中部分不稳定的有机硫发生分解，使焦炭含硫量降低。而且当装炉煤中结焦性较差的高挥发分煤的配比较高时，对焦炭黏结性改善的幅度更大。

② 增大焦炉的生产能力　由于预热煤炼焦的周期缩短，装入炭化室内的煤量增多，因此使焦炉的生产能力得到显著提高，一般能提高20%～25%。实践表明，在相同燃烧室温度下，湿煤炼焦的结焦时间为18.5h，预热到200℃可缩至15h，预热到250℃的煤结焦时间可缩至12.5h，即焦炉生产能力可提高20%～30%，如预热煤装炉使堆密度提高10%～12%，则焦炉生产能力一般可提高30%～40%。

③ 减少炼焦耗热量　由于干燥和预热设备大多数采用了效率较高的热交换设备，如沸腾炉等流态化设备，使预热煤炼焦比传统的湿煤炼焦耗热量降低10%左右。

④ 其他　煤预热工艺使用了密闭的装炉系统，取消了平煤操作，消除了平煤时带出的烟尘，减少了空气污染。另外，预热煤炼焦时炉墙温度变化大为减小，可以延长硅砖炉墙的使用寿命。

预热煤炼焦工艺有以上所述的优点，因此越来越受到国内外的重视。但就目前的技术水平来看，在预热煤运输和装炉等方面存在一些问题。如：运输必须密封和充填惰性气体以防煤粒氧化以至引起爆炸；装炉时烟尘增大，夹带进入集气管的烟尘量增加，给集气管系统和煤气净化、冷凝系统的操作带来困难等。

(2) 国内外煤预热工艺的发展情况　早在20世纪20年代，美国人帕尔等人就进行了煤预热工艺的研究试验。研究结果表明，煤预热工艺炼出的焦炭强度大、密度高，其预热温度低于煤软化温度。50年代末，许多国家相继进行了大规模的煤预热工业生产技术的试验研究，并开发出生产能力很大的流态化快速预热器。我国研究者李恩业等人，1960年在太原钢铁公司焦化厂成立了生产能力为70t/h的双直立管气流式煤预热器，成功地处理了5000t装炉煤，炼出大约3500t焦炭。试验表明，与常规湿煤炼焦相比，煤预热工艺多用20%～50%的大同弱黏煤。70年代以来，由于高炉冶炼对优质焦炭需求量加剧，而优质炼焦煤源短缺日趋严重，这就促进了煤预热技术的发展，相继出现了西姆卡法、普列卡邦法、考泰克法等工业生产技术。

20世纪70年代末期，国外共建成二十多组工业生产装置。80年代以后，由于美国、英国大幅减少焦炭产量，加之预热煤出现了焦炉损坏较快等问题，许多预热装置已停止生产。

尽管煤预热工艺具有显著的社会效益和经济效益，但由于其存在的一些问题，发展缓慢乃至停止不前，但从合理利用资源、节约能源提高效益的角度看，这种工艺还是有非常广阔的发展前景。

7. 缚硫焦

在炼焦生产中，煤中的大部分硫转入了焦炭中。当煤中含有较高的难以脱除的有机硫以及细分散的无机硫时，难以制得合格的焦炭。近年来，我国的方式用高硫煤中加入缚硫剂进行炼焦，并进行了较长时间的试验，取得了较好的效果。这种在高硫煤中加入缚硫剂后炼出的焦炭称为缚硫焦。

在高炉冶炼过程中为了降低生铁中的硫分，要加入石灰石作助熔剂，若将粉末状的石灰石配入炼焦的高硫煤中，在炼焦条件下将有较多的硫以 CaS 的形式固定下来，在高炉冶炼过程中直接进入炉渣，以降低生铁含硫量，这样既满足了高炉冶炼的要求，又拓宽了高硫煤的应用范围。

(1) 缚硫焦的配比　生石灰（CaO）和石灰石（$CaCO_3$）都可以用作缚硫剂。生石灰作缚硫剂时，在炼焦过程中，易与本来可以进入气相的硫化物生成 CaS，这无形中增加了冶炼过程中的硫负荷，由于 CaO 吸水性强，使之在贮存、配料、混合时带来许多困难；石灰石作缚硫剂时，$CaCO_3$ 分解的产物 CO_2 易与 C 反应，此反应为吸热反应，导致炼焦耗热量增加，结焦时间有所延长，因而降低了生产能力。这两种缚硫剂比较，国内外都倾向于使用 $CaCO_3$。

缚硫效果和焦炭强度是评价缚硫焦质量的两个重要指标。细粒石灰石既起缚硫作用，又对黏结性煤料起瘦化作用，所以选择合适的石灰石配比量是提高质量的关键。因为增加石灰石的配入量会增强缚硫能力，但超过一定用量，不仅缚硫能力的增强效果不显著，反而会使煤料黏结性降低。对于黏结煤，这种降低趋势较缓慢，对于弱黏结煤，则降低较快。因此，生产中需根据不同的煤质，配入不同量的缚硫剂。

石灰石的细度及配比将直接影响缚硫效果和焦炭的机械强度。试验证明，在配入石灰石时，需将石灰石粉碎到小于 0.2mm 的细度，并均匀混合，准确配比。

(2) 缚硫焦的主要特性

① 改变了焦炭中的硫的存在形式　石灰石在炼焦过程中分解后把煤中部分硫转化成了稳定的 CaS，使焦炭中以 CaS 形式存在的硫占全硫的比值有所提高。

② 加入缚硫剂后，缚硫焦的灰分与挥发分增高　由于在湿法熄焦过程中，焦炭中的 CaO 与水作用生成 $Ca(OH)_2$，同时 CaO 吸收空气中的 CO_2 生成 $CaCO_3$，在测定挥发分的温度下，原来留在焦炭中的 $CaCO_3$ 和生成的 $CaCO_3$ 都容易分解，而且 $Ca(OH)_2$ 也会失去水分变成 CaO，这些因素都将使缚硫焦的灰分和挥发分有所提高。

③ 改善了加热制度，提高了焦炭质量　由于 $CaCO_3$ 的分解，导致结焦末期升温速度减慢，从而减少了裂纹，增大了焦炭块度。由于 CO_2 的还原反应增加了 CO 的含量，氢含量相对降低，焦炉用这种煤气加热时，燃烧速度减慢，拉长了火焰，改善了高向加热的均匀性，有利于提高焦炭的成熟度和均一性。

(3) 缚硫剂对炉墙的腐蚀问题　缚硫焦中由于碱性氧化物 CaO 含量增加，可能会对酸性的炼焦炉硅砖产生腐蚀作用。试验表明，当煤料中 CaO 含量低于 24%（质量分数），炉温在 1400℃以下时，没有发现对硅砖的腐蚀作用；当煤料中 CaO 含量和温度均高于以上数值时，发现有硅酸玻璃相生成，鳞石英骨架被破坏，造成硅砖有剥蚀现象。

一般情况下，缚硫焦中的 CaO 含量在 10%（质量分数）以下，炭化室温度低于 1400℃，对焦炉的腐蚀影响不大。但工业生产中，硅砖长期受缚硫焦的影响程度，尚无实践。

（4）缚硫焦的炼铁实验 用含硫量为3%（质量分数）的缚硫焦和同一精煤炼制的高硫焦在小高炉上进行铸造生铁试验，结果表明，缚硫焦炼铁使生铁含硫量有较大幅度的下降，合格率提高，能耗有所降低，生铁质量基本得到保证。此外炉渣含硫高，流动性好。虽然此项研究取得了较好的效果，但这一工艺是一新课题，在理论上与实践上仍存在尚待完善和研究的许多问题，有待逐步认识和解决。

习题

一、选择题

1. 重介选煤技术属于的选煤方法是（ ）。

A. 物理选煤法 B. 化学选煤法 C. 物理化学选煤法 D. 干法选煤

2. 浮选技术属于的选煤方法是（ ）。

A. 物理选煤法 B. 化学选煤法 C. 物理化学选煤法 D. 干法选煤

3. 我国现行产品目录规定精煤水分一般不超过（ ）。

A. 1%～2% B. 2%～3% C. 5%～10% D. 12%～13%

4. 滚筒式干燥装置的滚筒转速一般为（ ）。

A. 2～3r/min B. 5～8r/min C. 9～10r/min D. 12～13r/min

5. 沸腾床层干燥机由（ ）和（ ）两部分构成。

A. 干燥室、沸腾室 B. 干燥室、燃烧室

C. 气化室、干燥室 D. 预热室、燃烧室

6. 我国大部分焦化厂采用的备煤流程是（ ）。

A. 先配煤后粉碎的流程 B. 先粉碎后配煤的流程

C. 粉碎流程

7. 一般情况下，配合煤水分控制在（ ）左右较为合适。

A. 3% B. 5% C. 10% D. 12%

8. 目前国内焦化厂小于3mm的煤料占全部煤料的质量分数一般控制在（ ）。

A. 15%～20% B. 25%～30% C. 50%～60% D. 75%～85%

9. 捣固煤料的粉碎度应保持在粒度小于3mm的占（ ）。

A. 90%～93% B. 75%～85% C. 50%～60% D. 40%～50%

10. 配煤炼焦配入黏结剂主要属于（ ）。

A. 焦炭类 B. 沥青类 C. 煤粉类 D. 半焦类

11. 当配煤中挥发分和流动度均很高，加入的瘦化剂一般为（ ）。

A. 瘦煤 B. 无烟煤粉 C. 焦粉 D. 半焦粉

12. 干燥煤炼焦是将湿煤在炉外预先脱水干燥至水分含量（ ）以下。

A. 3% B. 5% C. 6% D. 12%

13. 通过装炉煤的调湿可使焦炉生产能力提高（ ）。

A. 2%～3% B. 7%～8% C. 5%～10% D. 12%～13%

14. 预热煤炼焦在装炉前用气体载热体或固体载热体将煤预先加热到（ ）℃。

A. 150～250 B. 150～200 C. 100～150 D. 50～100

15. 高硫煤中加入生石灰后炼出的焦炭称为（ ）。

A. 半焦 B. 焦炭 C. 焦粉 D. 缚硫焦

二、简答题

1. 简述煤炭洗选的目的。
2. 我国现行的选煤厂主要工艺有几种？各是什么？
3. 简述炼焦配煤的意义。
4. 简述炼焦配煤的原则。
5. 扩大炼焦配煤的途径有哪些？

项目二
炼 焦 炉

学习目标

1. 掌握炼焦炉的结构与各组成部分的功能；
2. 了解炼焦炉发展的历史及现代炼焦炉的发展趋势；
3. 了解炼焦炉的分类方式。

任务一 了解炼焦炉

一、炼焦炉发展概述

炼焦炉是炼制焦炭的工业窑炉，随着炼焦行业的发展，炼焦炉结构的变化大致经过了四个阶段，即成堆干馏（土法炼焦）、倒焰式炼焦炉、废热式炼焦炉和现代蓄热式炼焦炉。

我国早在明代就出现了用简单的方法生产焦炭的工艺，它类似于堆式炼制木炭，将煤置于地上或地下的窑中，靠干馏时产生的煤气和部分煤的直接燃烧来炼制焦炭，称为成堆干馏或土法炼焦（见图 2-1）。土法炼焦产率低、灰分高、结焦时间长、成熟度不均、化学产品不能回收、环境污染严重、综合利用率差。

19 世纪中叶出现了将炭化室和燃烧室分开的炼焦炉，在炭化室和燃烧室的隔墙上设有通道，炭化室内煤干馏时产生的气体流入燃烧室内，同来自炉顶的通风道内的空气混合，自上而下边流动边燃烧，故起名为倒焰式炼焦炉（见图 2-2、图 2-3）。而燃烧室产生的热量通过隔墙传递给炭化室内的煤料，进行炼焦。

图 2-1 土法炼焦

图 2-2 倒焰式炼焦炉外观

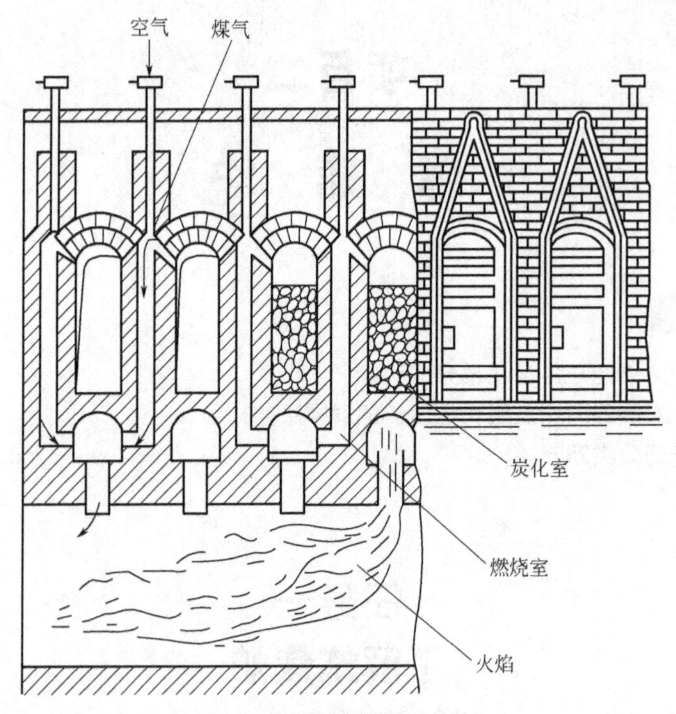

图 2-3　倒焰式炼焦炉结构

19 世纪 80 年代初建成了回收化学产品的炼焦炉。炭化室和燃烧室完全隔开，由于煤在干馏过程中产生的煤气及其组分是随时间变化的，从化学产品的稳定生产角度出发，炼焦炉应由一定数量的炭化室组成，各炭化室按一定的顺序装煤、出焦，可使全炉的煤气量及煤气的组成接近不变，这就出现了炉组。燃烧产生的高温废气直接排入大气，故称为废热式炼焦炉（图 2-4）。

为了减少能耗，降低成本，并将结余部分的焦炉煤气供给冶金、化工等部门作原料或燃料，又发展成为具有回收高温废气热量的装置——蓄热式炼焦炉（图 2-5）。蓄热式炼焦炉产生的焦炉煤气，用于自身加热时只需煤气产量的一半左右，此外它还可用贫煤气加热，将炼焦炉所产生的全部焦炉煤气作为产品提供给其他部门使用，这不仅可以降低成本，还使资源利用更加合理。

图 2-4　废热式炼焦炉

图 2-5　蓄热式炼焦炉

二、现代炼焦炉的发展

自使用蓄热式炼焦炉以来，炼焦炉在总体上变化不大，主要在筑炉材料、炉体构造、炭化室有效容积、技术装备等方面都有显著改进。自20世纪20年代起，炼焦炉用耐火材料由黏土砖改用硅砖，使结焦时间从24～28h缩短到14～16h，炉体使用寿命也从10年左右延长到20～25年甚至更长，至此，进入了现代化炼焦炉阶段。近年来，炼焦炉向大型化、高效化发展，炼焦炉发展的主要方向是大容积，20世纪20年代，炼焦炉炭化室高度达4～4.5m。到20世纪80年代初德国的曼内斯曼公司建成炭化室高7.85m的炼焦炉。目前，德国TKS公司建成年产260万吨的超大型炉组，炭化室$90m^3$。

总之，炼焦炉的发展趋势应满足下列要求：

(1) 生产优质产品　为此炼焦炉应加热均匀，焦饼长向和高向加热均匀，加热水平适当，以减轻化学产品的裂解损失。

(2) 生产能力大，劳动生产率和设备利用率高。为了提高炼焦炉的生产能力，应采用优质耐火材料，从而可以提高炉温，促使炼焦速度的提高。

(3) 加热系统阻力小，热工效率高，能耗低。

(4) 炉体坚固、严密、衰老慢、炉龄长。

(5) 劳动条件好，调节控制方便，环境污染少。

炼焦炉结构的变化与发展，主要是为了更好地解决焦饼高向与长向的加热均匀性，节能降耗，降低投资及成本，提高经济效益。为了保证焦炭、煤气的质量及产量，不仅需要有合适的煤配比，而且要有良好的外部条件，合理的焦炉结构就是用来保证外部条件的手段。为此，需要从炼焦炉结构的各个部位加以分析，现代焦炉炉体最上部是炉顶，炉顶之下为相间配置的燃

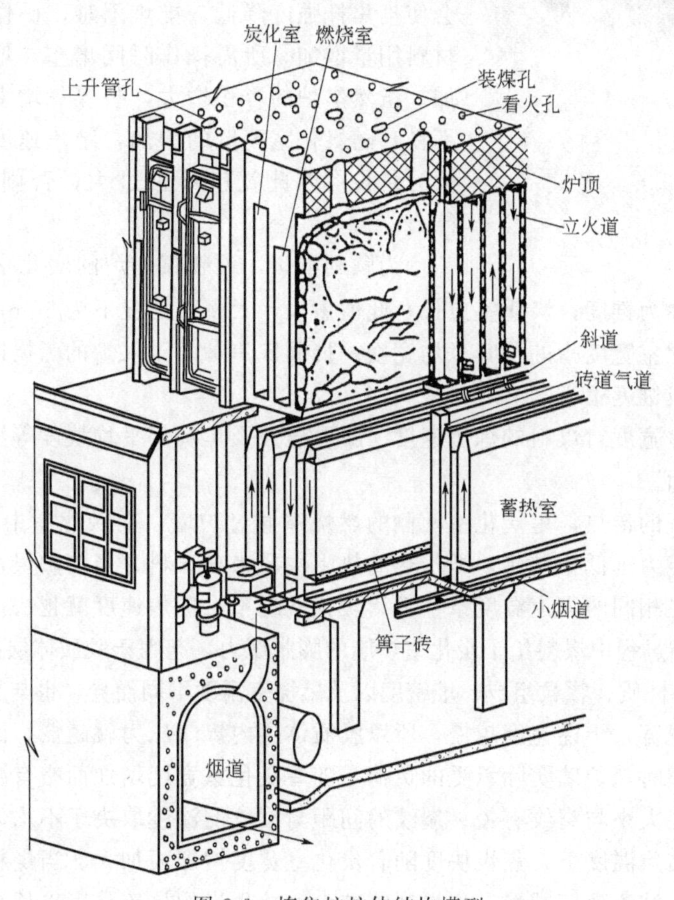

图 2-6　炼焦炉炉体结构模型

烧室和炭化室，炉体下部有蓄热室和连接蓄热室与燃烧室的斜道区，每个蓄热室下部的小烟道通过废气开闭器与烟道相连。烟道设在炼焦炉基础内或基础两侧，烟道末端通向烟囱，故炼焦炉由三室两区组成，即炭化室、燃烧室、蓄热室、斜道区、炉顶区和基础部分（图 2-6）。

任务二 认识炭化室

炭化室（见图 2-7）是接受煤料，并对装炉煤料隔绝空气进行干馏变成焦炭的炉室，一般由硅质耐火材料砌筑而成。炭化室位于两侧燃烧室之间，顶部有 3～4 个加煤孔，并有 1～2 个导出干馏煤气的上升管。它的两端为内衬耐火材料的铸铁炉门。整座炼焦炉靠推焦车的一侧称为机侧，另一侧称为焦侧。

图 2-7 炼焦炉炭化室

一、炭化室宽度

炭化室宽度一般在 400～500mm 之间。炭化室的宽度对炼焦炉的生产能力与焦炭质量均有影响，宽度太窄会使推焦杆强度降低，推焦困难，操作次数频繁和耐火材料用量增加。所需操作时间增多，增加污染；宽度增加，虽然焦炉的容积增大，装煤量增多，但因煤料传热不良，随炭化室宽度的增加，结焦速度降低，结焦时间大为延长。因此宽度不宜过大，否则反而降低了生产能力。

为顺利推焦，顶装煤焦炉的炭化室的焦侧宽度大于机侧，两者之差称为锥度，炭化室愈长，此值愈大，大多数情况下为 50mm。由于炭化室存在锥度，所以炭化室宽度指的是其平均宽度。捣固炼焦炉由于入炉的为捣固煤饼，机侧、焦侧宽度基本相同或锥度很小。

此外，炭化室宽度对煤料的炼焦速度、膨胀压力及焦炭的平均块度等因素均有影响，具体表现为以下方面。

（1）干馏过程的传热，是炭化室两侧的燃烧室通过炉墙，向炭化室中心的不稳定传热。由于煤料的导热能力远低于硅砖，即传热的热阻主要来自煤料，当装炉煤水分、挥发分、堆密度保持不变，在相同的火道温度条件下，炭化室越窄，炼焦速度就越快。

（2）高温干馏过程中煤料给予炭化室炉墙的膨胀压力，起因于胶质体层内的煤气压力，其值大小因装炉煤料性质、颗粒组成、堆密度以及燃烧室温度不同而异，也与炭化室宽度有关。

由于炭化室越宽，干馏速度越慢，所以胶质体层内煤气压力就越低。因此，同一煤料在不同炭化室内干馏时，炉墙实际承受的负荷是随着炭化室宽度增加而略有减小。

（3）焦炭块度大小与裂纹有关。裂纹的间距与裂纹的深度取决于不均匀收缩所产生的内应力。在相同的结焦温度下，焦炭块度随着炭化室宽度增加而加大。当煤料和干馏条件相同时，炭化室越宽，结焦速度减慢，焦炭裂纹减少，故焦炭的抗碎强度也越高，焦块增大。

确定炭化室宽度应综合各方面因素，对黏结性好的煤料宜缓慢加热，否则在半焦收缩阶段，应力过大，焦炭裂纹较多，小块焦增加，因此炭化室以较宽些为宜。对于黏结性较差的煤料，快速加热能改善其黏结性，对提高焦炭质量有利，故以较窄的炭化室为好。目前炼焦炉炭化室宽度多为 450mm 和 500mm。

二、炭化室长度

炭化室长度一般为 14～17m，炭化室全长减去两侧炉门衬砖深入炭化室的长度称为炭化室的有效长度，即为装煤的实际长度。焦炉的生产能力与炭化室长度成正比，增加炭化室长度有利于提高产量，降低基建投资和生产费用，但长度的增加受下列因素的限制。

（1）受炭化室锥度与长向加热均匀性的限制　炭化室锥度大小取决于炭化室长度和装炉煤料的性质。一般情况下，煤料挥发分不高，收缩性小时，要求锥度增加。如国内大容积焦炉炭化室的长度为 15980mm，锥度为 70mm。随着炭化室长度和锥度的增大，长向加热匀性问题就比较突出，易导致局部产生生焦，这不仅使质量和产率降低，而且使粉焦量显著增加。

（2）受推焦阻力及推焦杆的热强度的限制　随着炭化室长度的增加，长向加热不均匀易使粉焦量增加，使推焦阻力增大，还由于焦饼重量增加，焦饼与炭化室墙面、底面之间的接触面增加，从而使整个推焦阻力显著升高。

随着炭化室长度的增加，推焦杆在炭化室内的受热时间延长，而一般钢结构的屈服点随着温度升高而降低，到 400℃时，约降低 1/3。因此，炭化室长度也受此限制。此外，炭化室长度还受到技术装备水平和炉墙砌砖的限制。

三、炭化室高度

大型炼焦炉一般为 4～7m，炭化室全高减去平煤后顶部空间的高度，称为炭化室的有效高度。顶部空间一般为 300mm。增加炭化室高度是提高炼焦炉生产能力的重要措施，且煤料堆密度增加，有利于焦炭质量的提高。随着炭化室高度的增加，炉墙应具有足够的强度，这就必须相应增大炭化室的中心距及隔墙厚度。为了保证高向加热均匀性，势必解决高向加热的问题。因此每个炭化室的基建投资及材料消耗就会增加。

炭化室的有效长度、宽度和有效高度，这三者的乘积称为炭化室的有效容积。炭化室的容积必须与炼焦炉的规模、煤质及所能提供的技术装备水平等情况相适应，不应片面地追求炼焦炉炭化室的大型化。

任务三 认识燃烧室

燃烧室是为炭化室的煤料提供热量的场所。燃烧室位于炭化室两侧，为了调节和控制燃烧室长向的加热，燃烧室均分隔成若干立火道，如图 2-8。燃烧室数量比炭化室多一个，长度与炭化室相等，燃烧室的锥度与炭化室相等但方向相反，以保证焦炉炭化室中心距相等。一般大型炼焦炉的燃烧室有 26～32 个立火道（图 2-9），燃烧室一般比炭化室稍宽，以利于辐射传热。图 2-10 为燃烧室看火孔。

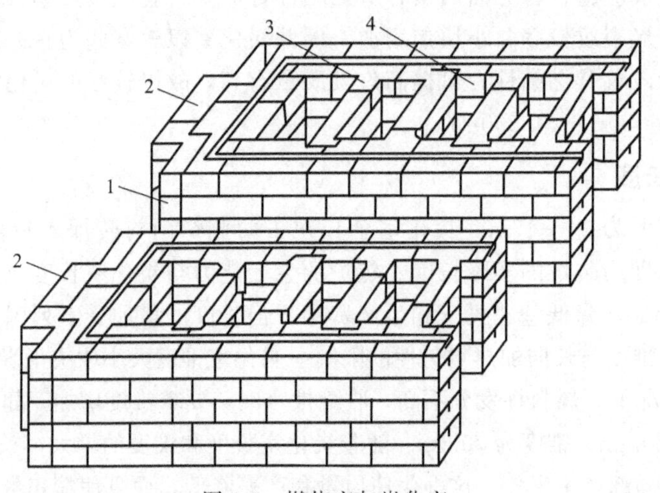

图 2-8　燃烧室与炭化室

1—炭化室；2—炉头；3—隔墙；4—立火道

图 2-9　燃烧室

图 2-10　燃烧室看火孔

一、结构形式与材质

燃烧室内的隔墙，增加了燃烧室长向加热的均匀性，同时增加了燃烧室砌体的结构强度，并增加了炉体的辐射传热面积，从而有利于辐射传热。

燃烧室的温度分布由机侧向焦侧递增，以适应炭化室焦侧宽、机侧窄的情况。因此燃烧室内每个火道都能分别调节煤气量和空气量，以保证整个炭化室内焦炭能同时成熟。燃烧室砌筑材料关系到焦炉的生产能力和炉体寿命，一般均用硅砖砌筑。为进一步提高焦炉的生产能力和炉体的结构强度，其炉墙有发展为采用高密度硅砖的趋势。

二、加热水平高度

燃烧室顶盖高度低于炭化室顶部，二者之差称加热水平高度，这样可使炭化室顶部空间温度不致过高，从而减少化学产品在炉顶空间的热解损失。加热水平高度由以下三个部分组成：一是煤线距炭化室顶部的距离，即为炉顶空间高度；二是煤料结焦后的垂直收缩量，一般为有效高度的 5%～7%；三是考虑到燃烧室顶部对焦炭的传热，大型焦炉炭化室中成熟后的焦饼顶面应比燃烧室顶面高出 200～300mm。因此不同高度的炼焦炉加热水平是不同的。如 6m 高的炼焦炉为 900～1000mm。

任务四 认识蓄热室

从燃烧室排出的废气温度可达 1200℃左右，蓄热室的作用就是将废气的热量收集起来预热燃烧所需的空气和贫煤气。蓄热室通常位于炭化室和燃烧室的下方，与炭化室的纵轴平行，其上经斜道同燃烧室相连，其下经废气盘分别同分烟道、贫煤气管道和大气相通。蓄热室包括顶部空间、格子砖、箅子砖和小烟道以及主墙、单墙和封墙。下喷式焦炉，主墙内还设有直立砖煤气道，如图 2-11 和图 2-12 所示。

每座炼焦炉的蓄热室，总是半数处于下降气流，半数处于上升的空气和贫煤气的状态。上升与下降气流每隔 20min 或 30min 换向一次。当下降的废气通过蓄热室时，废气温度由 1200℃左右降至 400℃以下，之后经小烟道、分烟道、总烟道至烟囱排出。换向后，当上升的冷空气或贫煤气进入蓄热室时，吸收蓄热室内蓄积的热量，被预热至 1000℃以上进入燃烧室燃烧。由于蓄热室的作用，有效地利用了废气热量，减少了煤气用量。

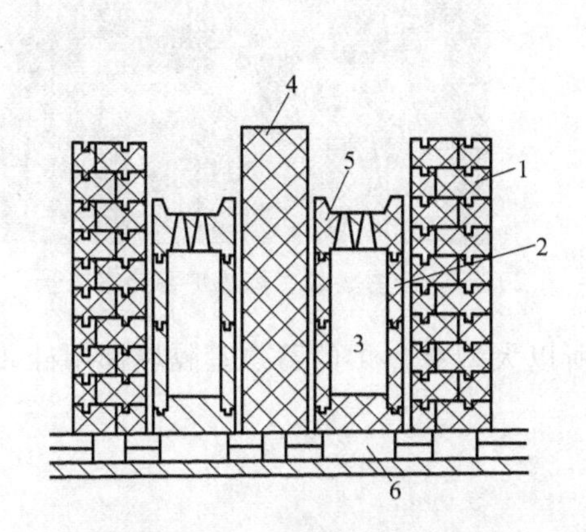

图 2-11　炼焦炉蓄热室结构

1—主墙；2—小烟道黏土衬砖；3—小烟道；
4—单墙；5—箅子砖；6—隔热砖

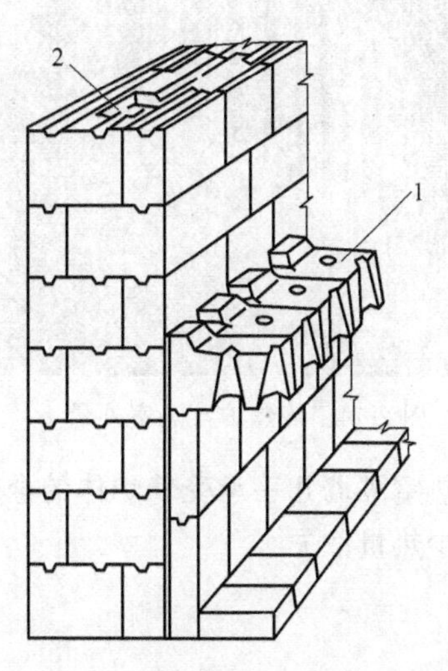

图 2-12　箅子砖和直立砖煤气道

1—扩散型箅子砖；
2—直立砖煤气道

当用焦炉煤气加热时，应将其直接由砖煤气道通入立火道燃烧。如将焦炉煤气进入蓄热室预热，会受热分解，甲烷等生成石墨，造成蓄热室堵塞，而且预热后燃烧速度加快，火焰变短，造成高向加热不均匀。

蓄热室内目前较常用的是九孔格子砖，如图 2-13。格子砖安装时上下砖孔要对准，以使气流流动阻力降低。由于蓄热室内温度变化大，故格子砖采用黏土砖，格子砖上部留有顶部空间，主要使上升或下降气流在此得到混匀，然后以均匀的压力向上或向下分布。

格子砖的下方是箅子砖，箅子砖的主要作用是支撑格子砖，利用孔径大小的改变使气流沿长向分布均匀。多数炼焦炉采用扩散式箅子砖。箅子砖砌筑在小烟道黏土衬砖上，小烟道

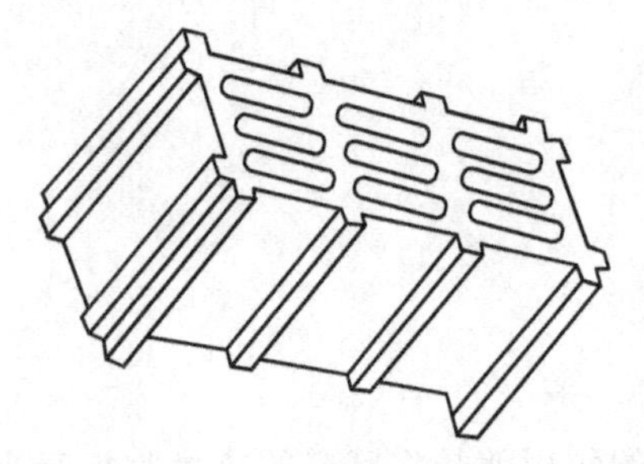

图 2-13　九孔薄壁格子砖

的作用是在气流上升时，用于供入空气和贫煤气，并使气流沿蓄热室长向均匀分配，在下降气流时则集合并导出废气。

蓄热室隔墙是中心隔墙、主墙和单墙的总称。中心隔墙是将蓄热室分为机侧、焦侧两部分的墙，主墙为异向气流的隔墙，所以两边压差大，易漏气，必须严密，故主墙厚度较大，且用带舌槽的异型砖砌筑。若上升贫煤气漏入下降蓄热室，不但损失煤气，而且会发生“下火”现象，严重时可烧熔格子砖，使废气盘变形。单墙为同向气流之间的隔墙，两边压差小，故厚度较薄。用标准砖砌筑即可。蓄热室两端的墙为封墙，起密封和隔热作用。炼焦炉生产时，蓄热室内始终是负压，封墙不严密，空气漏入下降气流蓄热室，会使废气温度降低，烟囱吸力减小；漏入上升气流蓄热室，使炉头火道温度降低，产生生焦；漏入贫煤气蓄热室，煤气可能在蓄热室内燃烧，甚至烧熔格子砖。因此封墙由耐极冷极热的黏土砖和外用隔热砖砌筑而成，并在墙外表刷白或覆以银白色保护板，减少散热。炼焦炉蓄热室外景和内景见图 2-14、图 2-15。

图 2-14　炼焦炉蓄热室外景

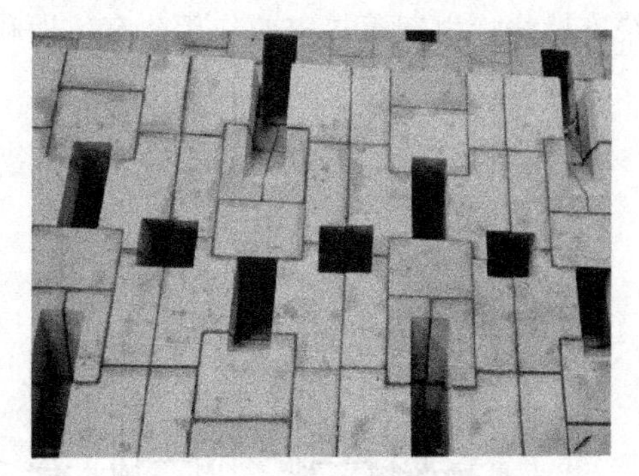

图 2-15　炼焦炉蓄热室内景

蓄热室隔墙几乎承受着炉体的全部重量，所以大型炼焦炉的蓄热室隔墙都用硅砖砌筑，同时减少热量散失。

任务五 认识斜道区

连通蓄热室和燃烧室的通道称为斜道。斜道区位于炭化室和燃烧室下方，蓄热室上方，是炼焦炉加热系统的一个重要部位。空气、贫煤气和排出的废气都经过斜道区。如图 2-16 为斜道区的结构。

当炉体温度上升时炉体发生热膨胀，从斜道区结构看，沿炭化室长向依靠蓄热室墙底部和基础平台之间的砂粒滑动层，在护炉铁件的紧箍力作用下整体膨胀；沿炉组纵长方向，由于抵抗墙的定位，斜道区的实体部分不能整体膨胀，所以在斜道区内设了平行于抵抗墙的膨胀缝，用以吸收斜道区砌体的膨胀。斜道区膨胀缝多，排砖时各膨胀缝应错开，不要设在异

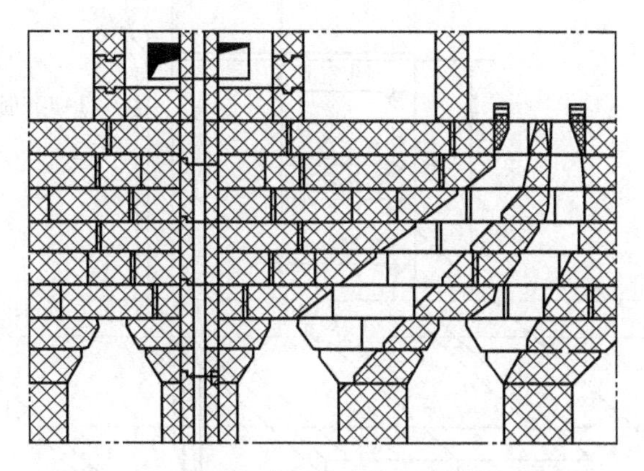
图 2-16 双联火道下喷式炼焦炉斜道区结构

向气流、炭化室底和蓄热室封顶等处，以免漏气。

用焦炉煤气加热时，根据煤气入炉方式不同，可以通过灯头砖进行调节，灯头砖布置在燃烧室的中心线上，也可通过更换加热煤气支管上的孔板进行调节。由于下喷式焦炉各火道的焦炉煤气量是通过下喷管的孔板或喷嘴来调节的，故各火道的烧嘴的口径一致并砌死。贫煤气和空气是利用斜道出口处设有火焰调节砖和牛舌砖进行流量调节的（立火道底部的两个斜道出口设置在燃烧室中心线的两侧），其方法是更换不同厚度和高度的火焰调节砖，可调节煤气和空气接触点的位置，以调节火焰高度。移动或更换不同厚度的牛舌砖可以调节进入火道的空气量或贫煤气量，如图 2-17。

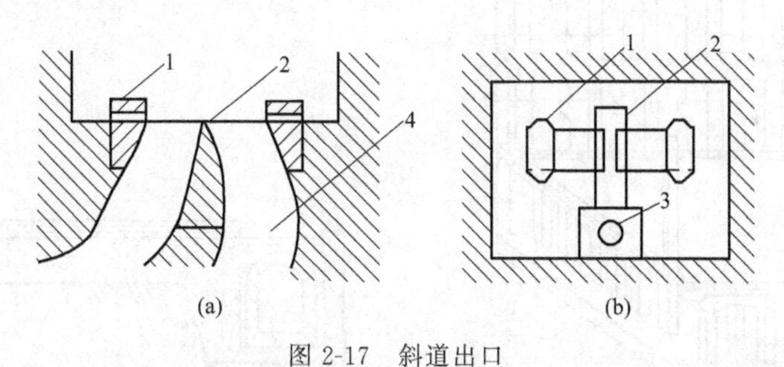

图 2-17 斜道出口

1—牛舌砖；2—火焰调节砖；3—灯头砖（焦炉煤气出口砖）；4—斜道区

总之，斜道区通道多，气体纵横交错，异型砖用量大，严密性、准确性要求高，是焦炉中结构最复杂的部位。

任务六 认识基础平台与烟道

炼焦炉基础平台如图 2-18 所示。

炼焦炉基础位于焦炉炉体的底部，支撑整个炉体、炉体设施和机械的重量，并把这些重量传送到地基上。炼焦炉基础结构随炉型和煤气供入方式的不同而异。炼焦炉基础有下喷式

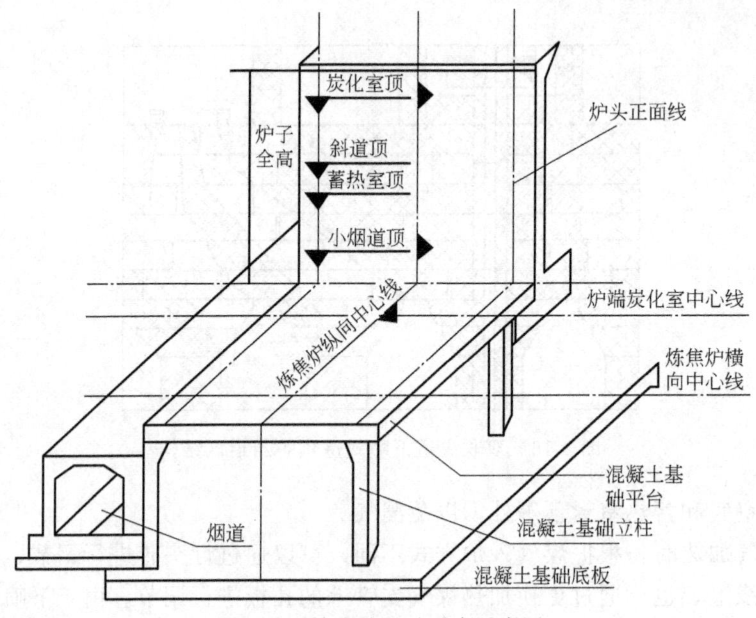

图 2-18　炼焦炉基础平台示意图

(图 2-19) 和侧喷式 (图 2-20)。下喷式炼焦炉基础是一个地下室，由底板、顶板和支柱组成。侧喷式炼焦炉基础是无地下室的整片基础。

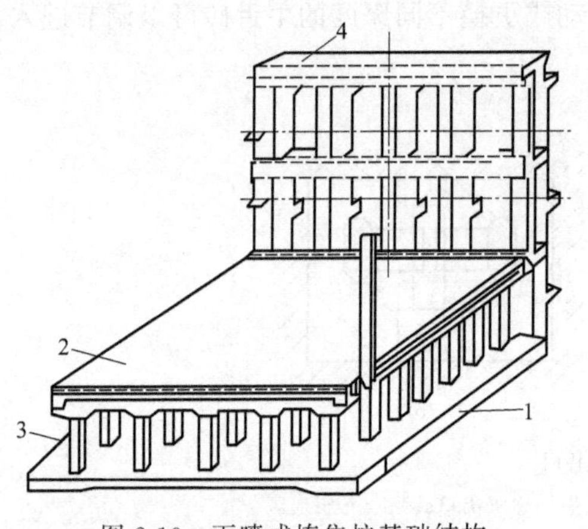

图 2-19　下喷式炼焦炉基础结构

1—炼焦炉底板；2—炼焦炉顶板；
3—混凝土支柱；4—抵抗墙构架

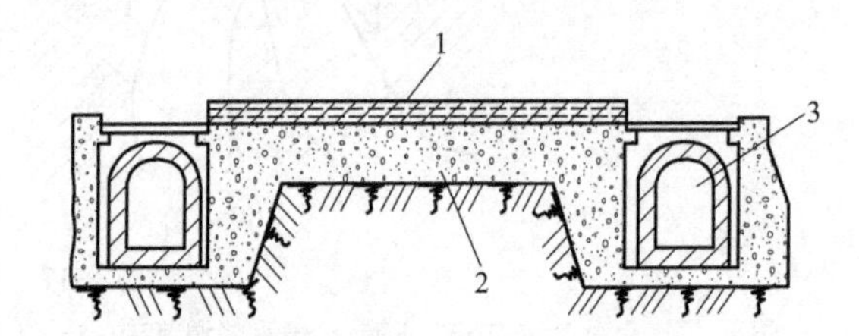

图 2-20　侧喷式炼焦炉基础结构

1—隔热层；2—基础；3—烟道

整个炼焦炉砌筑在基础顶板平台上。抵抗墙有平板和框架两种结构，从节约材料和对支承负荷的合理性考虑，现均采用框架式。抵抗墙与顶板间设有膨胀缝。下喷式炼焦炉地下室三面被烟道包围，一侧有墙挡住，使地下室温度在夏季高达 40～50℃，通风不良。炼焦炉基础顶部受小烟道热气流的作用，正常生产时，顶板上表面温度达 85～100℃，顶板下表面温度约 50～60℃。烘炉末期因受较高气流温度的作用，顶板温度要比上述高 30～50℃，如烘炉期拖得太长，尤其是高温下烘炉期太长对基础强度不利。

为了改善地下室的通风情况，降低地下室温度，焦化厂可采用的方法有炼焦炉机侧、焦侧烟道的标高降低，并在炉组两端敞开，烟道靠地下室侧镶砌一层隔热砖或涂抹一层隔热材料；将顶板减薄，增加其上的红砖厚度，小烟道不承重的通道部分，在黏土砖下设有隔热砖层，并在浇灌混凝土顶板的材料中配入部分隔热材料。

大型炼焦炉的基础均用钢筋混凝土浇灌而成，为减轻温度对基础的影响，炼焦炉砌体的下部与基础平台之间均砌有4～6层红砖。整个炼焦炉及其基础的重量全部加在其下的地层上，该地层即地基。

炼焦炉的地基必须满足炉体所要求的耐压力，因此当天然的地基不能满足要求时，应采用人工地基，大型炼焦炉一般均采用钢筋混凝土柱打桩，即采用桩基提高耐压力。

任务七 认识炉顶区

炭化室盖顶砖以上部位即为炉顶区，如图2-21。炉顶区包括装煤孔、上升管孔、看火孔、烘炉孔及拉条沟等。为减少炉顶区散热，改善炉顶区的操作条件，其不受压部位砌有隔热砖。为节省耐火砖，炉顶的实心部位可用筑炉过程中的废耐火砖砌筑，炭化室和燃烧室的盖顶砖用硅砖，其他部位大都用黏土砖，炉顶表面用耐磨性好、能抵抗雨水侵蚀的缸砖砌筑。

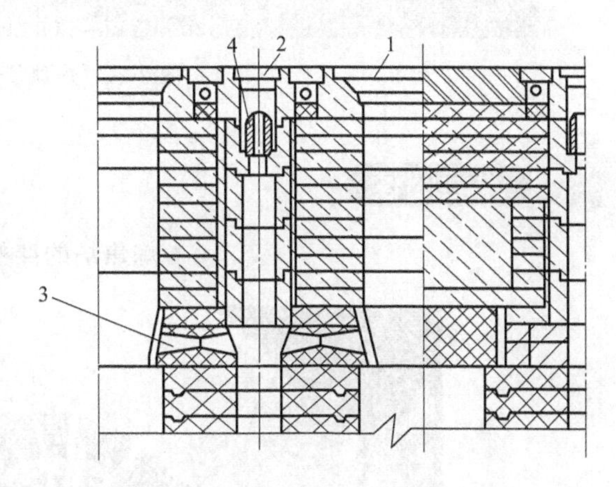

图2-21 炼焦炉炉顶结构

1—装煤孔；2—看火孔；3—烘炉孔；4—挡火砖

烘炉孔是设在装煤孔、上升管孔等处连接炭化室与燃烧室的通道。烘炉时（图2-22），燃料在炭化室两封墙外的烘炉炉灶内燃烧后，废气经炭化室、烘炉孔进入燃烧室、烘炉结束后，用塞子砖堵死烘炉孔，以免焦炉正常生产时炭化室产生的荒煤气经此串漏至燃烧室，破坏正常燃烧，加速炉体损坏。

图2-22 点火烘炉

图2-23 装煤孔

炉顶厚度一般为900～1200mm。为了顶装煤顺利进行，装煤孔（见图2-23）呈喇叭状。捣固式炼焦炉煤饼从机侧炉门口送入炭化室，这时炉顶装煤孔只起辅助装煤作用。装煤孔多，有利于装煤，但装煤车结构复杂，且散热多。炉顶还有纵横拉条沟和装煤车轨道（见图2-24），炉顶的实体部位也设有膨胀缝。在多雨地区，炉顶最好有一定的坡度以供排水。

图2-24　炉顶装煤车轨道

课后阅读

炼焦炉的突然塌毁

2014年6月17日中午13时左右，平遥县某焦化厂旧炼焦炉发生塌毁事件，1人当场死亡、4人重伤、3人轻伤。“轰”的一声巨响过后，在炼焦炉外小憩的4名工人顿时惊呆了：他们刚刚待过的炼焦炉突然在身后坍塌，80℃的焦炭与耐火砖混在一起砸落下来，而里面还有正在工作的8位工友！

目击者王师傅自述：“当时，我们有13人围在9号炉31号坑向外搬运成型的焦炭，我和另三名工友刚刚坐在炉外休息，不料焦炉就倒了。我们4人奔向废墟，用双手去刨，滚烫的砖烧得手心火辣辣的，钻心地痛啊。窑内灰尘一片，让人必须屏住呼吸。挖了约有一尺深，一名工友的头才露出来，他早昏了，后背烧出了泡，脓水顺着双手往下流。后来，在不远处两米又挖出2人，也是烧得全身通红。我们刚救上来的是位于工作层上的4名工友，还有4人被埋在工作层面下。我们接着用双手刨，刨至两尺时，又先后挖出3人。只剩一人还没挖出——我们同村27岁的石增茂，当我们找到他时，他已停止了呼吸。"

记者随后了解到：位于工作面下4人，1人当场死亡，其余3人重伤，被送往太原市长城医院，目前，生命垂危。

记者进入厂区已是18日午间时分，经过一天的冷却，长约40米、宽3米、高2.5米的炼焦炉依旧热气逼人，炉后方的拱形顶已经坍塌。从断层可以看出，耐火墙足有80厘米厚。进入炉内，墙体四处开裂错位，记者每前进一步都觉得胆战心惊。记者还注意到，几乎每座炼焦炉拱形门上方的耐火砖都严重变形，且外墙无不出现裂缝。这位负责人称，像这样的炉子厂里共有60座，墙体开裂是因为"热胀冷缩"，"本来是要定期维修的，没想到会塌了"。

县环保局负责人告诉记者，去年环保部门曾在全省范围内开展"土焦炉、改良焦炉"整顿、取缔、关停活动，此焦化厂被列为需关停的厂矿，但该厂却提出自己不应被关停的种种理由，并向省环保局递交申请，究竟是关停还是继续生产，要等到省环保局审批后方可定论。然而，就在这等待的过程中，事故发生了。

摘编自《山西晚报》

习题

一、填空题

1. 炼焦炉结构的发展大致经过四个阶段，即成堆干馏（土法炼焦）、倒焰式炼焦炉、废热式炼焦炉和现代的（　　　　）。

2. （　　　　　）是接受煤料，并对其隔绝空气进行干馏的炉室。

3. 炼焦炉由三室两区组成，即（　　　　　）、燃烧室、蓄热室、（　　　　　）、炉顶区和基础部分。

4. 炭化室是接受煤料，并隔绝空气进行煤料（　　）的炉室。

5. 顶装煤焦炉的炭化室的（　　）宽度大于（　　），两者之差，称为锥度。

6. 炭化室全长减去两侧炉门衬砖深入炭化室的长度称为炭化室的（　　　）。

7. 炭化室的有效长度、宽度和（　　　），这三者的乘积称为炭化室的有效容积。

8. 燃烧室的加热水平高度是指燃烧室顶盖高度低于炭化室顶部，二者之（　　），即为加热水平高度。

9. 连通蓄热室和（　　　　）的通道称为斜道。斜道区位于炭化室和燃烧室下方，（　　）上方。

二、判断题

炭化室位于两侧燃烧室之间，顶部有3～4个加煤孔，并有1～2个导出干馏煤气的上升管。（　）

三、简答题

1. 现代炼焦炉主要向哪些方面发展？

2. 炭化室的宽度对炼焦炉操作有什么影响？

3. 炼焦炉主要是由哪些部分构成的？

项目三

炼焦炉设备

学习目标

1. 掌握护炉设备及其作用；
2. 掌握荒煤气导出设备及其作用。

任务一 认识护炉设备

炼焦炉砌体的外部应安装护炉设备，如图 3-1。这些设备包括：炉柱、保护板、纵横拉条、弹簧、炉门框、抵抗墙及机焦侧操作台等。

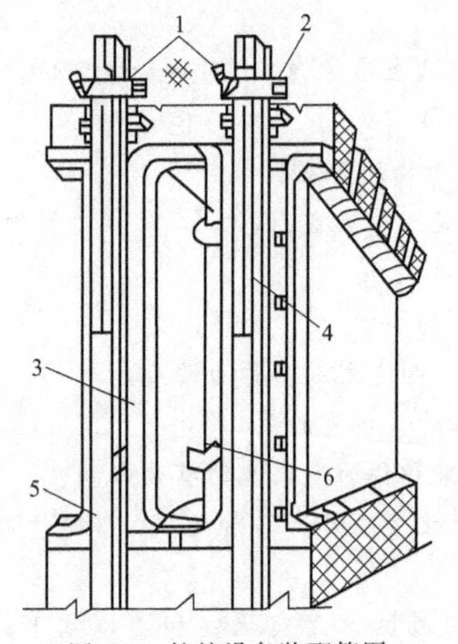

图 3-1　护炉设备装配简图

1—拉条；2—弹簧；3—炉门框；4—炉柱；5—保护板；6—炉门挂钩

炼焦炉由于在使用过程中承受着温度变化引起的炉砖膨胀、收缩，以及推焦操作等引起的炉体破损，所以为了减少损坏，炉体外部必须配置护炉设备。护炉设备的作用是利用可调节的弹簧的势能，连续不断地向砌体施加足够的、分布均匀的保护性压力，使砌体在自身膨胀和外力作用下仍能保持完整和严密，以保证炼焦炉的正常生产。

护炉设备对炉体的保护分别沿炉组长向（纵向）和燃烧室长向（横向）分布，纵向为两端抵抗墙、弹簧组、纵拉条；横向为两侧炉柱、上下横拉条、弹簧、保护板和炉门框等。

一、炉体横向护炉设备

炉体横向（即燃烧室长向）没有膨胀缝，烘炉过程中炼焦炉随炉温升高横向逐渐伸长。投产 2～3 年后，炉体伸长量减小，以后炼焦炉由于受到装煤出焦操作的影响，产生周期性的膨胀、收缩。正常情况下，炉体年伸长率大约在 0.03%以下。

炉体横向膨胀，主要在蓄热室底层与基础平面间作整体移动。靠机焦两侧护炉设备的保护性压力保证炉体在膨胀过程中完整、严密。炉体各部位温度不同，膨胀量也不同，由于砌筑炼焦炉的主要材料硅砖近乎刚体，所以升温过程中出现砖缝拉裂是不可避免的。为此，要保持砌体的完整性和严密性，除在筑炉时，充分考虑耐火泥的烧结温度和保证砖缝饱满外，要求护炉设备在机焦两侧能够提供给砌体横向保护性压力，应同各部位的膨胀量相适应。横向护炉设备的组成、装配如图 3-2。

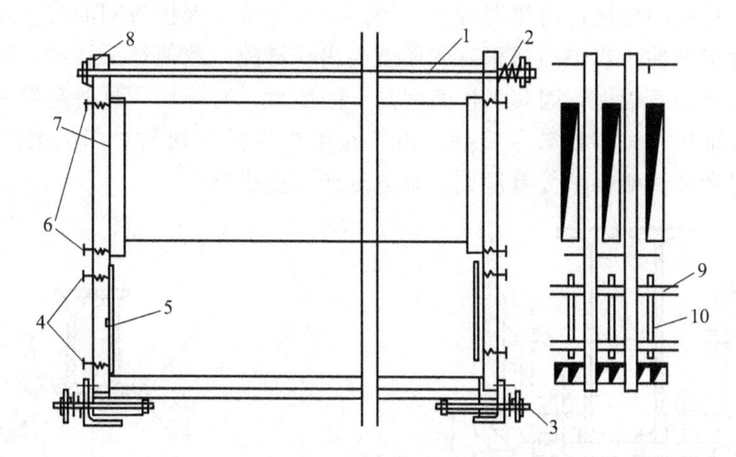

图 3-2 炉柱、横拉条和弹簧装配示意图

1—上部横拉条；2—上部大弹簧；3—下部横拉条；4—下部小弹簧；5—蓄热室保护板；6—上部小弹簧；7—炉柱；8—木垫；9—小横梁；10—小炉柱

二、炉体纵向护炉设备

炉体纵向膨胀依靠设在炉体上的膨胀缝吸收，膨胀缝起热补偿的作用。炉体受热时产生纵向膨胀，会对两端抵抗墙产生向外的推力，抵抗墙起部分抵抗作用，主要依靠纵拉条通过弹簧组给砌体施以保护性压力，使砌体内部发生相对位移时膨胀缝变窄。

任务二 认识保护板与炉门框

保护板、炉门框的主要作用是将保护性压力均匀地分布在砌体上，保证炉头砌体、保护板、炉门框和炉门刀边之间的密封。因此，要求保护板紧靠炉头且弯曲度不能过大。

目前，我国炼焦炉用的保护板分为大、中、小三种类型，如图 3-3～图 3-5 所示，并以此配合相应的炉门框。大保护板镶扣在燃烧室头部，相邻两个大保护板在炭化室中心处连接，炉门框用丁字螺栓固定在两个相邻保护板的边框上，压紧两相邻保护板的交接处，这样保护板和炉门框连接成整体结构，压力传递较好。

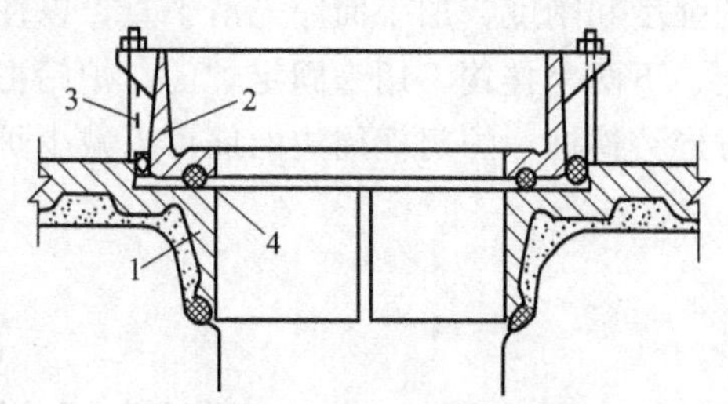

图 3-3 大保护板装配简图

1—保护板；2—炉门框；3—固定炉门框螺栓；4—陶瓷纤维

现在大型炼焦炉均采用大保护板，原使用小保护板的已陆续改用中保护板，小保护板仅用于小型炼焦炉。大保护板（或炉门框）的弯曲度过大，则炉门很难对严，当弯曲度超过 30mm 时，应当更换。

保护板（见图 3-6）用以保护炉头砌体不受损坏，并通过它将弹簧经炉柱传给砌体的压力分布在燃烧室炉肩砌体上。为保证炉头严密和减少散热，保护板应和炉肩砌体贴紧。在大保护板安装前，在其四周应抹耐热混凝土，炉门框与炉头或保护板间的密封，过去采用石棉绳，由于石棉没有弹性，当炉门框稍有变形就会出现缝隙，致使炉头冒烟。现在大型炼焦炉采用陶瓷纤维毡代替石棉绳，因其工作温度高，强度大，有弹性，具备高温密封材料的基本要求，故陶瓷纤维用于炉门框效果良好。由于在生产中保护板与炉门框的间隙冒烟冒火较少，所以使用寿命长。但保护板重量大，制造复杂，更换麻烦。

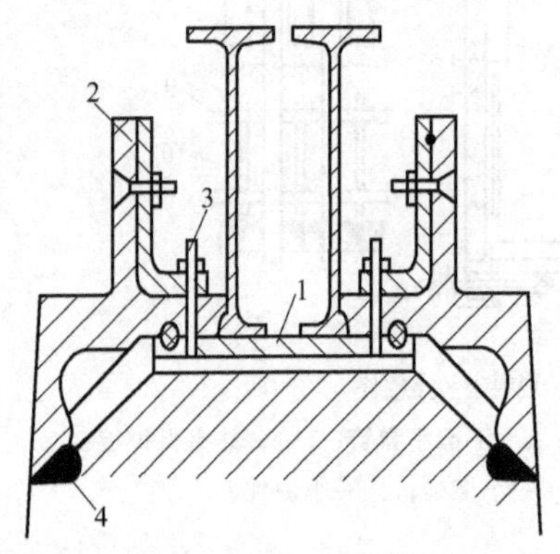

图 3-4　中保护板装配简图

1—保护板；2—炉门框；3—炉门框固定螺栓；4—石棉绳

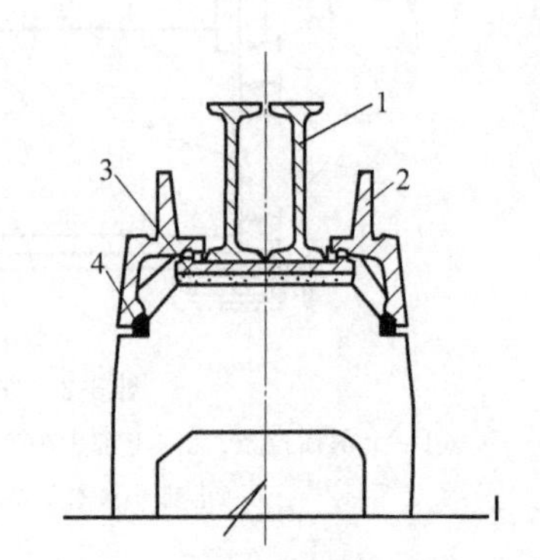

图 3-5　小保护板装配简图

1—炉柱；2—炉门框；3—保护板；4—石棉绳

图 3-6　炼焦炉保护板

图 3-7　炼焦炉炉门框

炉门框（见图 3-7）是固定炉门的，与炉门相配合密封炭化室。所以要求炉门框有一定的强度和刚度，加工面应光滑平直，以使与炉门刀边严密接触，密封炉门。炉门框两边各有上、下两个挂钩，用来固定炉门。炉门框在安装时上下要垂直对正。炉门框为周边带筋的长方形铸铁框，炉门框周边的筋可以减少炉门冒出的烟火直接接触炉柱，起保护炉柱的作用。

任务三
认识炉柱、拉条和弹簧

一、炉柱

炉柱（见图 3-8、图 3-9）是用两根工字钢（或槽钢）焊接而成的，也可由方形的空心钢制成，安装在机侧、焦侧炉头保护板的外面，由上部横拉条的机侧和下部横拉条的机、焦两侧装着的大弹簧，将上下横拉条机、焦两侧的炉柱拉紧。焦侧的上部横拉条因受焦饼推出时的高温作用，故不设弹簧。炉柱内沿高向装有若干小弹簧，分别压紧燃烧室和蓄热室保护板。

图 3-8 炼焦炉炉柱

图 3-9 炼焦炉炉柱远景

如图 3-2，炉顶上部横拉条的保护性压力通过上部大弹簧传递给炉柱，下部大弹簧也将力传递给炉柱，这两力通过炉柱直接作用于炉体，或再通过小弹簧、保护板给炉体以保护性压力。若炉体受压不足或保护性压力传递中断，均会导致炉体变形、漏气或损坏。

因此，炉柱的作用是通过保护板和炉门框承受炉体的膨胀压力，护炉铁件靠炉柱本身应力和弹簧的外加力给炉体以保护性压力，使砌体裂缝或砖缝始终处于压缩状态，在炼焦过程中控制炉体变形，保持炉体完整、严密，因此，炉柱是护炉设备中最主要的部件。

炉柱还起着架设机侧和焦侧操作台、支撑集气管的作用。大型焦炉的蓄热室单墙上还装有小炉柱，小炉柱经横梁与炉柱相连，借以压紧单墙，起保护作用。

当护炉设备正常时，炉柱应处于弹性变形状态；横拉条受力应低于其许可应力与实际有效截面积的乘积；弹簧应处于弹性变形状态且工作负荷低于其许可负荷。

二、拉条

拉条分为横拉条和纵拉条两种（见图 3-10)，横拉条用圆钢制成，沿燃烧室长向安装在炉顶和炉底。上部横拉条放在炉顶的砖槽沟内，应保持自由窜动。下部横拉条埋设在机侧、焦侧的炉基平台里。

横拉条的材质一般为低碳钢。其作用是主要承受通过弹簧施加的两侧炉柱的拉应力，并通过弹簧，拉紧炉柱，以产生对炉体的保护性压力。一般大型焦炉的横拉条直径为 50mm。在生产中，若直径变细到原来直径的 2/3 时，应更换拉条，否则失去对炉体的保护作用。

纵拉条由扁钢制成，一座焦炉有 5～6 根，设于炉顶。它的作用是沿炉组长向拉紧两端抵抗墙，以控制炉体膨胀。纵拉条两端穿在抵抗墙内，并设有弹簧组，保持一定的负荷。

图 3-10 炼焦炉揭顶维修中的横纵拉条

三、弹簧

弹簧分大小两种，由大小弹簧组成弹簧组，安装

在机侧上下和焦侧的下部横拉条上。沿炉柱高向不同部位还装有几组小弹簧。弹簧的作用是把炉柱紧压在保护板上，控制炉柱所受的压力，以免炉柱负荷过大。

弹簧在最大负荷范围内，负荷与压缩量成正比。烘炉和生产过程中，弹簧的负荷必须经常检查和调节，弹簧在安装前必须进行试验，测试压缩量和负荷的关系，然后编组登记，作为原始资料保存，以备检查对照。

任务四 认识炉门

炭化室的机焦两侧是用炉门（见图 3-11、图 3-12）封闭的，炉门的严密与否对防止炭化室内冒烟、冒火和炉门框、炉柱的变形、失效有密切关系。因此，不属于护炉设备的炉门实际上是很重要的护炉设备。摘下炉门后，焦炭可以从炭化室中推出，挂上炉门后，可以向炭化室内装煤。现代炼焦炉对炉门的基本要求是：结构简单、密封严实、操作轻便、维修方便、清扫容易。

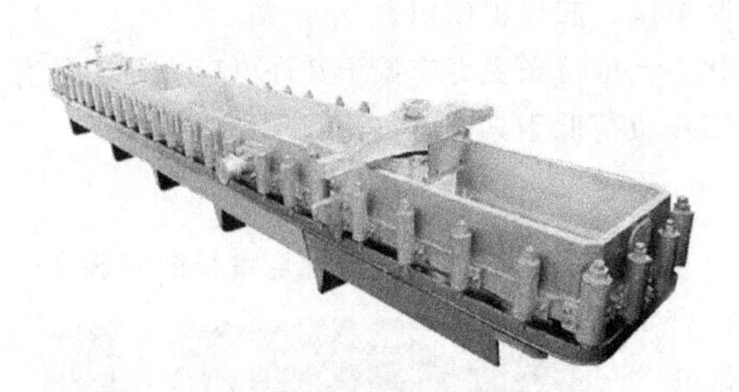

图 3-11　炼焦炉炉门

图 3-12　炼焦炉炉门外景

一、自封式刀边炉门

自封式刀边炉门（见图 3-13）是靠固定在炉门整个周边上的刀边，压紧在炉门框的平面上，进行铁对铁的密封，炉门的外壳由铸铁制成，外壳附件如图 3-14 中所示。炉门内侧设有砖槽，槽内砌有黏土衬砖，衬砖与槽间空隙砌有隔热材料，以减少散热。炉门

图 3-13　自封式刀边炉门

刀边既可轧制而成，也可用角钢制作。在刀边支架周边上，安装有调节顶丝，以调节刀边使其与炉门框封严。炉门靠横铁螺栓将炉门顶紧，摘挂炉门时用推焦车和拦焦车上的拧螺栓机构将横铁螺栓松紧，转动横铁脱离挂钩，取下炉门，此操作时间较长，而且作用力不易控制。

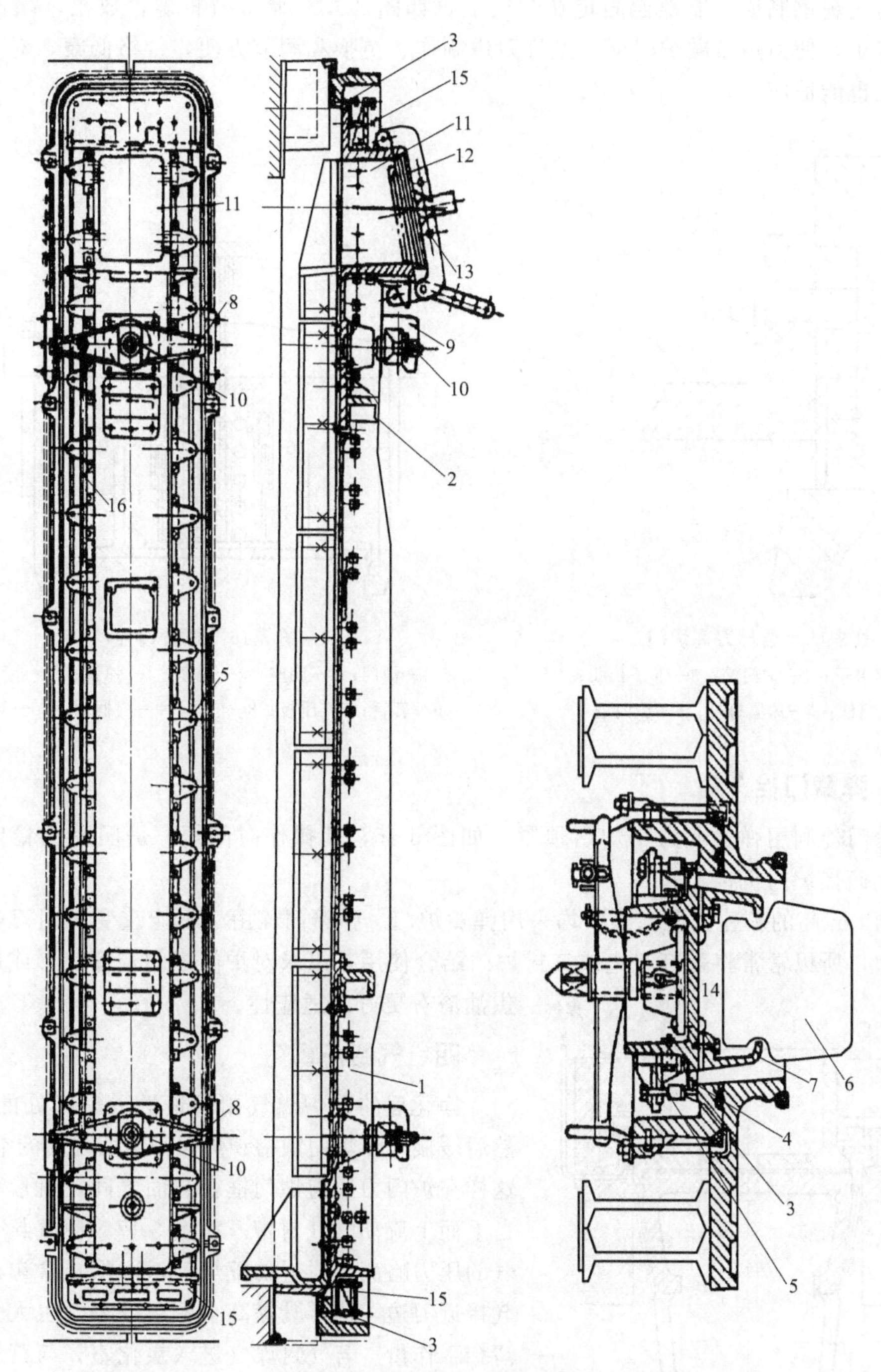

图 3-14 自封式刀边炉门结构

1—外壳；2—提钩；3—刀边；4—角钢；5—刀边支架；6—衬砖；7—砖槽；8—横铁；9—炉门框钩；10—横铁螺栓；11—平煤孔；12—小炉门；13—小炉门压杆；14—砌隔热材料空隙；15—支架；16—横铁拉杆

近年来为了提高密封性，广泛采用双刀边和敲打刀边及气封炉门。为了操作方便，广泛采用弹簧门栓、气包式门栓及自重炉门等。

二、敲打刀边炉门

刀边用扁钢制成，靠螺栓固定在炉门上，如图 3-15。调节时将螺帽放松，敲击带长孔的固定卡子，使刀边紧贴炉门框。敲打刀边制作、更换和调节方便，价格低廉，对轻度变形的炉门框也能适应。

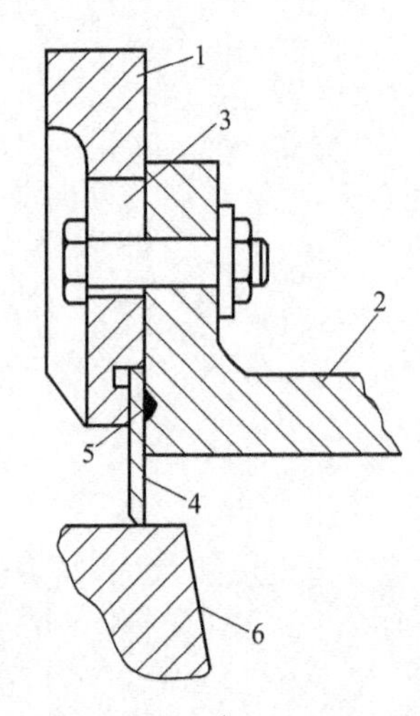

图 3-15　敲打刀边炉门

1—固定卡子；2—炉门筋；3—卡子长孔；
4—炉门框；5—压紧螺栓；6—炉门框

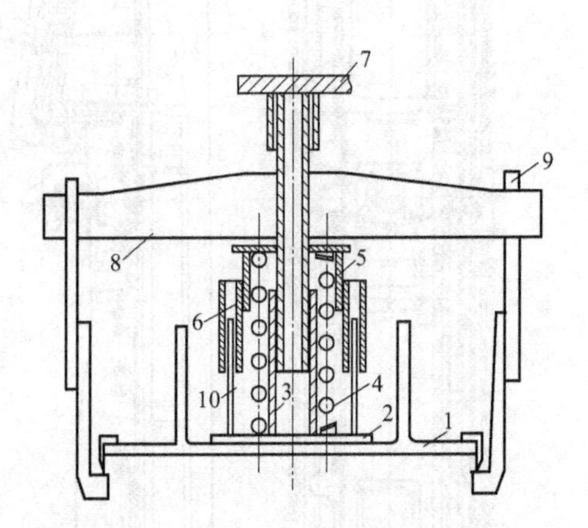

图 3-16　弹簧门栓

1—炉门；2—底座；3—内套；4—弹簧；5—外套；
6—套管；7—压板；8—门栓；9—门框钩；10—导杆

三、弹簧门栓

弹簧门栓利用弹簧压力将炉门顶紧，如图 3-16，此操作时间短，炉门受力稳定，而且还可简化摘挂炉门机构。

我国 6m 高的新建大型炼焦炉均采用弹簧炉门。弹簧门栓由于不能改变炉门刀边对炉门框的压力，所以常常将敲打刀边或气封炉门结合使用，以求对炉门框的轻度变形或局部积聚焦油渣有更好的适应性。

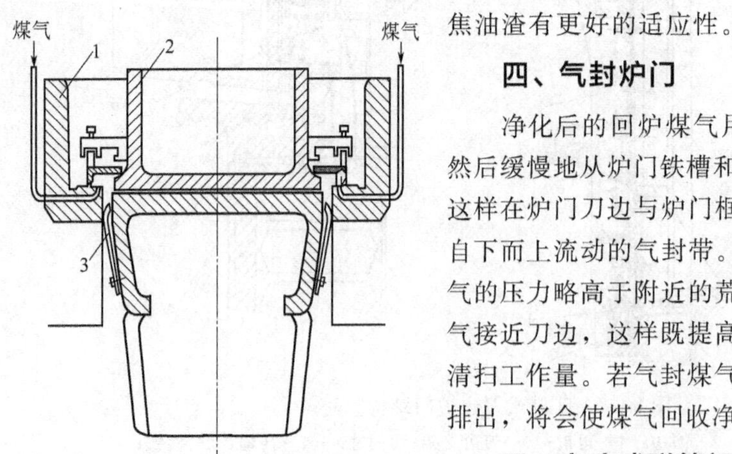

图 3-17　气封炉门断面图

1—炉门框；2—炉门；3—挡煤板

四、气封炉门

净化后的回炉煤气用管道送入炉门处的气室中，然后缓慢地从炉门铁槽和炉框密封面之间的空隙流走，这样在炉门刀边与炉门框密封面之间，就形成了一个自下而上流动的气封带。如图 3-17，使气封带内净煤气的压力略高于附近的荒煤气，以阻止含焦油的荒煤气接近刀边，这样既提高了密封效果，也大大减少了清扫工作量。若气封煤气进入炭化室，与荒煤气一道排出，将会使煤气回收净化系统负荷增大。

五、空冷式弹簧门栓炉门

近代炉门多采用空冷式炉门。国内用于炭化室高 6m 炼焦炉的空冷式弹簧门栓炉门如图 3-18。由炉门外壳（本体）、腹板和砖槽组成。砖槽与腹板用螺栓连接，砖槽与炉门本体用滑块连接，砖槽与炉门本体间有 40mm 空隙，由于炉门本体暴露在大气中，空气可以在 40mm 的空隙中上下对流冷却炉门本体，能明显减少炉门本体的内外温度差，防止炉门本体受热变形。炉门砖槽伸入炉内，受热膨胀，由于滑块可以向两端自由伸缩，因此，砖槽的热胀冷缩不影响炉门本体的变形。与槽砖连接的腹板仅 1.5mm 厚，内外温差极小，不会发生弯曲变形。腹板的四周焊接的是刀边，采用的是合金钢刀边，该钢材既具有刚性也具有韧性。炉门刀边靠弹簧顶丝压紧，紧扣在炉门框的密封面上，因此密封严密。

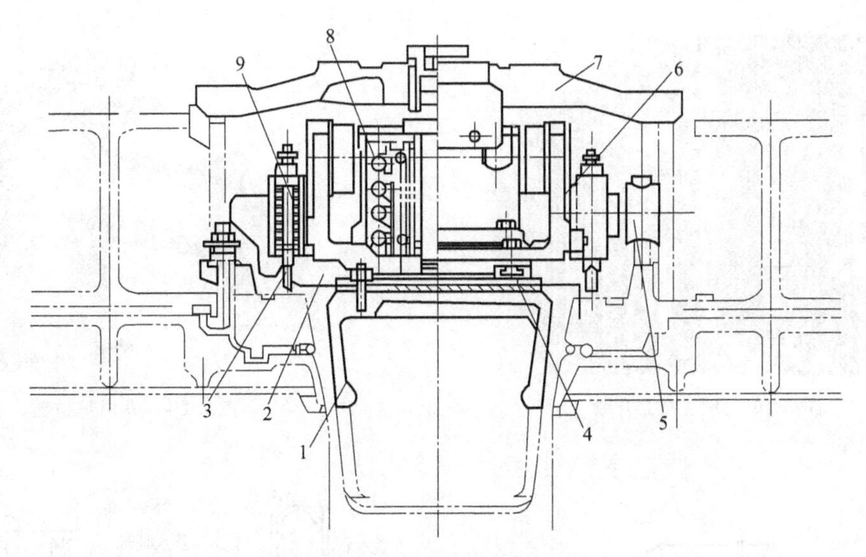

图 3-18 空冷式弹簧门栓炉门

1—砖槽；2—腹板；3—刀边；4—滑块；5—捣辊；6—炉门本体；
7—门栓；8—门栓弹簧；9—压力边弹簧

炉门弹簧门栓（上、下横铁）靠弹簧压紧，弹簧设置在门栓后面的盒内，并在盒内预先加压，在弹簧的作用下，刀边受压稳定，在正常生产时，弹簧承受一定的负荷。摘挂炉门时，压缩弹簧使门栓松开，所以开关炉门方便、时间短、受力稳定。

任务五
认识荒煤气导出设备

焦炉煤气设备包括荒煤气（粗煤气）导出设备和加热煤气供入设备两大系统。

荒煤气导出设备包括上升管、桥管、水封阀、集气管、吸气管以及相应的喷洒氨水系统等。它的作用一是将出炉荒煤气顺利导出，不致因炭化室内煤气压力过高而引起冒烟冒火，但又要保持和控制炭化室在整个结焦过程中为正压；二是将出炉荒煤气适度冷却，不致因温度过高引起设备变形、操作条件恶化和增大煤气净化系统的负荷，又要保持焦油和氨水良好的流动性，以便顺利排走。

一、上升管和桥管

上升管（图 3-19）由筒体、桥管和翻板座（水封阀阀体）组成。上升管与炭化室直接相连，由钢板焊接或铸铁铸造而成，内衬耐火砖。桥管（图 3-20）为铸铁弯管，桥管上部设有水封盖，用流动水保持一定的水封高度，以防粗煤气逸出污染环境。桥管拐弯处设有氨水喷嘴，用以喷洒循环氨水，冷却荒煤气；还设有蒸汽和高压氨水喷嘴（也可设一种高、低压氨水两用的、可通过切换阀切换的氨水喷嘴），装煤时依靠蒸汽或高压氨水的喷出而产生负压，使粗煤气进入集气管，减少从装煤孔外逸烟气。上升管与集气管间煤气的接通或切断通过水封翻板进行。翻板打开时，上升管与集气管联通。如图 3-21、图 3-22。

图 3-19　炼焦炉上升管

图 3-20　炼焦炉桥管

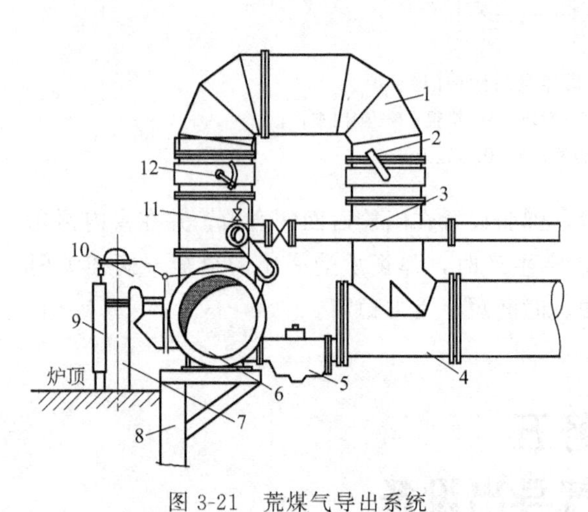

图 3-21　荒煤气导出系统

1—“Π”形管；2—自动调节翻板；3—氨水总管；4—吸气管；5—焦油盒；6—集气管；7—上升管；8—炉柱；9—隔热板；10—弯头与桥管；11—氨水管；12—手动调节翻板

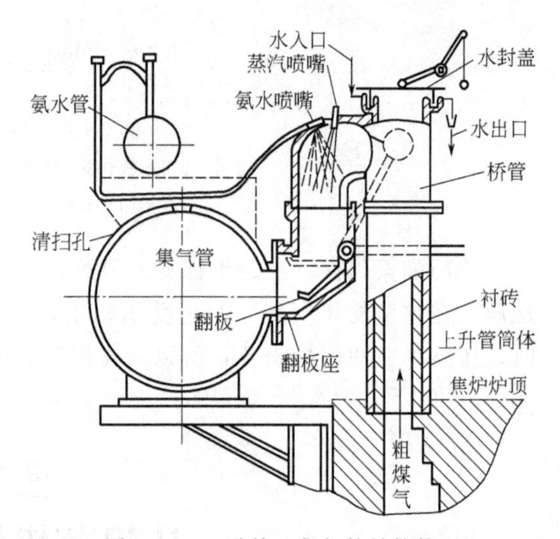

图 3-22　上升管、集气管结构简图

由炭化室进入上升管的温度达 700～750℃的荒煤气，经桥管上的氨水喷头连续不断地喷洒氨水（氨水温度为 75～80℃），使煤气温度迅速下降至 80～100℃，同时煤气中约 60％～70％的焦油冷凝下来，氨水在此温度下迅速汽化，大量吸热，冷却效果较好。若用冷水喷洒，氨水蒸发量降低，焦油黏度增加，堵塞集气管，所以煤气冷却效果反而不好。冷却后的煤气、循环热氨水和冷凝焦油一起流向回收车间，经分离、澄清，由循环氨水泵打回焦炉。由于有2%～4%的喷洒氨水在喷洒过程中蒸发，循环氨水需有一定的补充量，维持氨水压力在0.2MPa，循环氨水必须不含焦油，保证氨水正常喷洒。

应经常检查喷洒氨水的喷嘴和管道，发现堵塞及时清扫。如循环氨水因故中断，时间较短时，应迅速关闭各处氨水喷头，将荒煤气放散；若长时间停氨水，应关闭氨水开闭器，接通蒸汽或工业水，如果工业水供给不足，优先供给处于结焦初期炭化室的上升管喷嘴及与集气管切断的上升管以形成水封。

在装煤时，开始喷洒桥管上的蒸汽，依靠喷洒作用产生的吸力，降低装煤时炭化室内的压力，便于荒煤气的导出，减少装煤时冒烟冒火的程度。

为减少上升管的热辐射，上升管靠炉顶的一侧设有隔热板。一些焦化厂用了上升管加装水夹套或增设保温层（上升管外表加一层厚40mm的珍珠岩保温层）等措施，都取得了较好的效果。增设保温层，不仅改善了炉顶的操作条件，而且消除了石墨在上升管壁的沉积。据介绍，英国西门卡夫公司在大型焦炉的钢制上升管上采用保温措施后，生产四年多未见有石墨生成。

二、集气管和吸气管

集气管是用钢板焊接或铆接成的圆形或槽形的管子，沿整个炉组长向置于炉柱的托架上，以汇集各炭化室中由上升管来的荒煤气及由桥管喷洒下来的氨水和冷凝下来的焦油。集气管上部每隔一个炭化室均设有带盖的清扫孔，以清扫沉积于底部的焦油和焦油渣。通常上部还有氨水喷嘴，以进一步冷却煤气。

集气管中的氨水、焦油和焦油渣等靠坡度流走，集气管按6%～10%的坡度安装，倾斜方向与焦油、氨水的导出方向相同。

集气管一端装有清扫用的氨水喷嘴和事故用水的工业水管。集气管是否畅通，关系到荒煤气能否顺利导出，因此必须清扫。集气管上清扫孔可以进行人工清扫，在氨水量及压力足够的条件下，也可以用氨水喷洒代替人工清扫，也可用此氨水进一步冷却荒煤气；当因故中断循环氨水时，立即关闭氨水开闭器，当集气管温度达到200℃以上时，应打开工业水开闭器，向桥管喷洒，控制集气管温度不得超过200℃，同时防止突然冷却，避免热胀和剧冷收缩变形，严重时损坏集气管。当恢复氨水供应时，应首先关闭工业供水，然后逐步打开氨水进行喷洒，使集气管的温度逐步降至正常。

每个集气管上设有两个放散管，当停鼓风机、停氨水、开工时或有计划停止抽荒煤气时，打开放散管或新装煤炭化室的上升管盖。集气管通过Ⅱ形管、焦油盒与吸气管相连，Ⅱ形管专供荒煤气排出，其上装有手动或自动的调节翻板，用以调节集气管的压力。Ⅱ形管下方的焦油盒供焦油、氨水通过，并定期由此捞出焦油渣或桥管清扫下来的石墨块。经Ⅱ形管和焦油盒后，煤气与焦油、氨水又汇合于吸气管，为使焦油、氨水顺利流至回收车间的气液分离器并保持一定的流速，吸气管应有1%～1.5%的坡度。

集气管有单集气管和双集气管两种形式。单集气管一般布置在焦炉的机侧，其优点是投资省、钢材用量少、炉顶通风较好等，但装煤时炭化室内气流阻力大，易造成冒烟冒火。双集气管如图3-23，由于煤气由炭化室两侧析出而汇合于吸气管，从而降低集气管两侧的压力，使全炉炭化室压力分布较均匀；装煤时炭化室压力低，减轻了冒烟冒火，易于实现无烟装煤；生产时荒煤气在炉顶空间停留时间短，可以减轻荒煤气裂解，有利于提高化学产品的产率和质量；双集气管还有利于实现炉顶机械化清扫炉盖等操作。但由于机侧、焦侧集气管

的压力差有时控制不当，会使部分荒煤气经炉顶空间环流，使炉顶空间温度过低和形成石墨，且双集气管消耗钢材多，基建投资大，炉顶通风较差，使操作条件变坏。此外，氨水、蒸汽消耗量也较多。

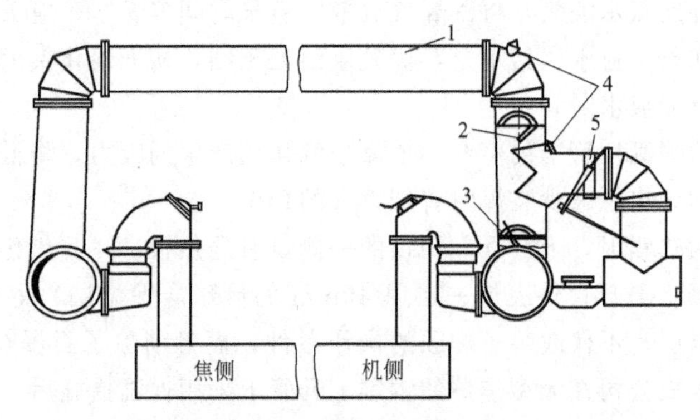

图 3-23　双集气管布置简图

1—炉顶横贯煤气管；2—焦侧手动调节翻板；3—机侧手动调节翻板；4—氨水喷嘴；5—自动调节翻板

三、高压氨水及水封上升管盖装置

1. 高压氨水装置

炭化室加煤时集气管压力达到 300～400Pa，使大量荒煤气外逸。利用高压氨水在桥管氨水喷头的喷洒，在桥管内喷洒区域的后方及上升管内产生较大的负压，并在炭化室内靠近上升管底部区域形成负压，使荒煤气及烟尘由炭化室经上升管、桥管吸入集气管内，以避免荒煤气从机侧装煤口处溢出。高压氨水装置见图 3-24。

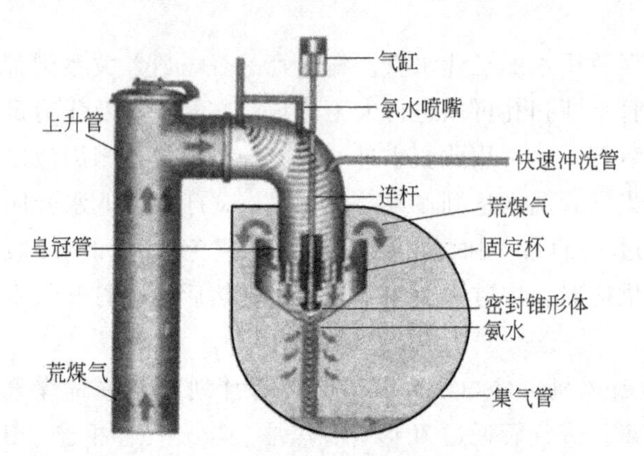

图 3-24　高压氨水装置

通常，通过高压氨水喷嘴喷洒起到对荒煤气的冷却降温作用。因此，高压氨水喷嘴的水平位置应与桥管下口的中心线保持一致。此外，为避免高压氨水喷嘴的堵塞，喷嘴直径不宜过小，以免造成阻力的增大。高压氨水喷射过程涉及 2 次能量的转换。首先是由压力能（位能）转变成动能，而后再由动能转化成压力能。高压氨水压力对上升管根部吸力的大小和消烟效果具有决定性作用。因此，合理确定高压氨水压力是焦炉消烟装煤技术的关键。

研究发现，当高压氨水压力小于 2MPa 时，上升管根部负压值较小，产生的吸力十分有限，消烟动力存在明显不足，机侧炉口外逸烟尘量较大，烟尘输导效果较差。

当高压氨水压力高于 2MPa 时，随着高压氨水压力的不断提高，上升管根部负压值将逐渐增大（通常处于－200～－100Pa），产生的吸力亦随之提高，各烟尘逸出点处的压力按序逐渐呈现一致性递增规律。烟尘在压差作用下的流动方向趋于一致，仅向上升管方向流动，机侧炉口亦逐渐处于微正压状态，消烟效果明显好转，机侧炉口烟尘量不断减少。但是，当氨水压力大于 2.8MPa，上升管根部产生的吸力则会显著增大，机侧炉口开始出现微负压，大量空气和煤粉尘被吸入，导致荒煤气中氧含量增高和炭化室内放炮现象的发生，甚至会危及鼓风机和电捕焦油器的安全。此外，大量煤粉尘的吸入也会造成管道的堵塞。

由此可见，高压氨水压力最佳工作状态在2.0～2.8MPa，这样既可大大减轻装煤烟尘对生产工人的危害，又可保证集气管的畅通和系统的平稳、安全运行。

2. 水封上升管盖装置

水封上升管盖装置（见图3-25）原理就是通过一定水位使煤气压力与水封中水的高度达到压力平衡，以保持集气管的密封。水封高度及插入管深度由工艺要求及设备配置决定，超压时可以从设备泄压。

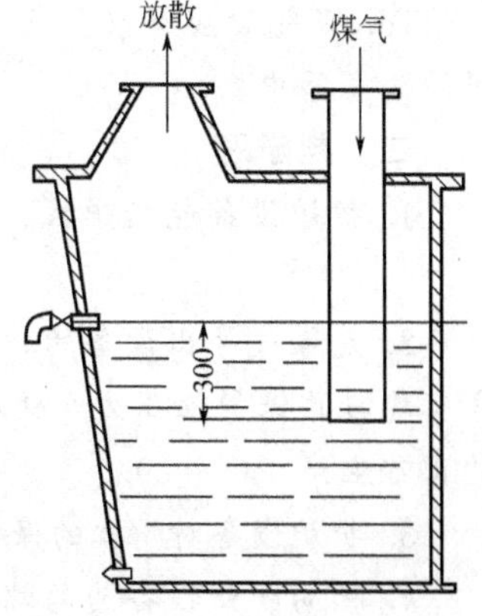

图3-25 水封上升管盖装置

煤气水封的高度确定：①若最大工作压力小于3000Pa，水封的有效高度为最大工作压力（以水柱表示）＋150mm，但不得小于250mm；②若最大工作压力大于3000Pa，小于10000Pa，水封有效高度为最大工作压力（以水柱表示）×1.5mm；③若最大工作压力大于10000Pa，水封的有效高度为最大工作压力（以水柱表示）＋500mm。正水封防超压（好比安全阀），逆水封防倒气（好比止回阀）。

为了稳定回炉煤气总管的压力和缓冲焦炉换向，切断煤气时，管道中的煤气压力急剧增加，会对仪表等设备带来危害，故通常还设有自动放散水封槽。由于煤气连接管直径较大，插入深度可根据不同情况而定，当煤气压力超过插入深度的液柱压力时，煤气冲出水面由放散管排出。

习题

一、填空题

1. 在焦炉砌体外部安装有保护焦炉的护炉设备。这些设备包括：（　　）、（　　）、（　　）、弹簧、炉门框等。

2. 炉体纵向膨胀依靠设在炉体上的膨胀缝吸收，膨胀缝起（　　）的作用。纵拉条通过（　　）给砌体施以保护性压力，使砌体内部发生相对位移时膨胀缝变窄。

3. 炉体横向膨胀，主要在蓄热室底层与基础平面间作整体（　　）。靠机、焦两侧护炉设备的保护性压力保证炉体在（　　）过程中完整、严密。

4. 保护板、炉门框的主要作用是将保护性压力均匀地分布在（　　）上，保证炉头砌体、保护板、炉门框和炉门刀边之间的密封。

5. 大保护板镶扣在燃烧室（　　）。

6. 炉门框是固定（　　）的，与炉门相配合密封炭化室。

7. 焦炉（　　）侧的上部横拉条因受焦饼推出时的高温作用，故不设弹簧。

8. 一般大型焦炉的横拉条直径为（　　），纵拉条由扁钢制成，一座焦炉有（　　）根，设于炉顶。

9. 现代焦炉对炉门的基本要求是（　　）、（　　）、（　　）、维修方便、清扫容易。

10. 焦炉煤气设备包括（　　）导出设备和加热煤气供入设备两大系统。

11. 荒煤气导出设备包括（　　）、（　　）、（　　）、集气管、吸气管以及相应的（　　）系统等。

12. 如循环氨水因故中断，时间较短时，应迅速关闭各处氨水喷头，将荒煤气（　　）。

13. 集气管是（　　）各炭化室中由上升管来的荒煤气及由桥管喷洒下来的氨水和冷凝下来的焦油的管道。

14. 集气管按（　　）的坡度安装，氨水、焦油和焦油渣等靠坡度流走。

15. Ⅱ形管专供荒煤气（　　），其上装有手动或自动的调节翻板，用以调节集气管的（　　）。

16. 吸气管应有（　　）的坡度，以便焦油、氨水按一定的流速，顺利流至回收车间的分离器中。

二、判断题

1. 护炉设备包括炉柱、保护板、纵横拉条、弹簧、炉门框、抵抗墙及机焦侧操作台等。（　　）

2. 荒煤气导出设备的作用是利用可调节的弹簧的势能，连续不断地向砌体施加足够的、分布均匀的保护性压力，使砌体在自身膨胀和外力作用下仍能保持完整和严密，以保证焦炉的正常生产。（　　）

3. 护炉设备对炉体的保护分别沿炉组长向（纵向）和燃烧室长向（横向）分布。（　　）

4. 横向护炉设备为两端抵抗墙、弹簧组、纵拉条；纵向为两侧炉柱、上下横拉条、弹簧、保护板和炉门框等。（　　）

5. 保护板、炉门框的主要作用是将保护性压力均匀地分布在砌体上，保证炉头砌体、保护板、炉门框和炉门刀边之间的密封。（　　）

6. 保护板用以保护炉头砌体不受损坏，并通过它将弹簧经炉柱传给砌体的压力分布在燃烧室炉肩砌体上。（　　）

7. 保护板是固定炉门的，与炉门相配合密封炭化室。（　　）

8. 炉柱是护炉设备中最主要的部件。（　　）

9. 弹簧的作用是把炉柱紧压在保护板上，控制炉柱所受的压力，以免炉柱负荷过大。（　　）

10. 炭化室的机焦两侧不是用炉门封闭的。（　　）

11. 焦炉煤气设备包括荒煤气（粗煤气）导出设备和加热煤气供入设备两大系统。（　　）

12. 加热煤气供入设备包括：上升管、桥管、水封阀、集气管、吸气管以及相应的喷洒氨水系统等。（　　）

13. 高压氨水压力最佳工作状态在2.0～2.8MPa。（　　）

三、简答题

1. 简述护炉设备的作用。

2. 为什么说炉柱是护炉设备中最主要的部件？

3. 荒煤气导出设备的作用是什么？

4. 荒煤气导出时为什么用氨水冷却比用冷水冷却效果好？

5. 为什么要设置自动放散水封槽？

项目四

炼焦炉加热工艺及设备

学习目标

1. 掌握温度制度及调节，压力制度及调节；
2. 掌握炼焦炉加热的特殊操作；
3. 理解焦炉煤气和高炉煤气加热时的热工调节；
4. 熟悉加热煤气设备、废气设备、交换设备。

任务一 熟悉炼焦炉加热工艺

炼焦炉热工目的是为了使炼焦炉能稳产、高产、优质、低耗和长寿，这就要求各炭化室的焦饼在规定的结焦时间内沿长向和高向均匀成熟。而保证焦炭均匀成熟就必须制定并严格执行炼焦炉加热制度。

炼焦炉加热调节的基本加热制度包括一些全炉性的指标，如结焦时间、标准温度、全炉及机焦侧煤气流量、煤气支管压力、孔板直径、烟道吸力、标准蓄热室顶部吸力、交换开闭器进风口尺寸、空气系数、配煤水分等应相对稳定。

若结焦时间发生改变，各项指标均相应改变，因此对不同的结焦时间，应有一套相应的加热制度，以最大限度提高焦炭和化学产品的收率，提高炼焦炉的热效率。炼焦炉加热制度包括温度制度和压力制度等，下面分别介绍该部分内容。

一、炼焦炉加热温度制度

1. 标准温度

(1) 测温火道　炼焦炉燃烧室的火道数量较多，为了均匀加热和便于检查、控制，每个燃烧室的机侧、焦侧各选择一个火道作为测温火道或标准火道。测温火道要避开装煤孔、纵拉条和煤车轨道，一般选机中和焦中火道，且要将单、双火道均能测到。

(2) 标准温度　标准温度是指机侧、焦侧测温火道平均温度的控制值，是规定结焦时间内保证焦饼成熟的主要温度指标。

(3) 标准温度的确定　标准温度的确定涉及结焦时间、焦饼中心温度、焦饼成熟程度及装煤水分等。此外，标准温度还因高向加热均匀性、加热煤气种类、煤料和炉体等因素而不同。因此，各炼焦炉应根据实际生产数据并按结焦时间、实测焦饼中心温度和焦饼成熟程度对标准温度进行调整。各种类型炼焦炉的标准温度可参考表 4-1。根据实践经验，大型炼焦

炉的结焦时间改变时，标准温度的变化关系大致如表4-2所示。

表4-1 各种类型炼焦炉的标准温度

炉型＼项目	炭化室平均宽度/mm	结焦时间/h	标准温度/℃		锥度/mm	测温火道号数	加热煤气种类
			机侧	焦侧			
JN60-87	450	18	1295	1355	60	8,25	焦炉
JN60-83	450	18	1295	1355	60	8,25	焦炉
JN55	450	18	1300	1355	70	8,25	焦炉
JN43-80	450	18	1300	1350	50	7,22	焦炉
58型(450mm)	450	18	1300	1350	50	7,22	焦炉
58型(407mm)	407	16	1290	1340	50	7,22	焦炉
两分下喷	420	16	1300	1340	40	6,17	焦炉
66	350	12	1290	1310	20	3,12	焦炉

表4-2 结焦时间对标准温度的影响

结焦时间/h	<14	14～18	18～21	21～35	>25
标准温度的变化/℃	>40	25～30	20～25	10～15	基本不变

从表4-2可以看出，结焦时间过短，标准温度明显提高。温度过高易出现高温事故，烧坏炉体及护炉铁件，并造成推焦困难。所以，一般认为，炉宽450mm的炼焦炉，结焦时间不宜短于18h；炉宽407mm的炼焦炉，结焦时间不宜短于16h；结焦时间长于25h后，为保持炉头温度，防止炭化室装煤后炉头砖表面温度低于700℃引起体积巨变而开裂，标准温度应不低于1200℃。

机焦侧的温度差与炉宽有关，并随结焦时间延长而缩小。当长于12h后，大型炼焦炉的温差应小于40℃，在此结焦时间内，焦饼一般早已成熟，机侧温度相对较高。

装煤水分每变化1%，标准温度约改变5～7℃。焦饼中心温度变化25～30℃，标准温度相应改变10℃。

2. 直行温度

从测温火道或标准火道测得的温度称为直行温度。炼焦炉火道温度因各种因素的变化而波动。为使火道温度满足全炉各炭化室加热均匀的要求，应经常测量并及时调节直行温度，使其符合所规定的标准温度。

根据焦饼中心温度确定标准温度，再围绕标准温度来调节直行温度，应使直行温度在任何结焦时间下，立火道底部温度对硅砖炼焦炉在换向后20s，温度最高不超过1450℃。因为燃烧室的最高温度在距立火道底部1～1.5m处，且比炉底温度高出100～150℃，并加之炉温的波动及仪表的测量误差等因素，即使硅砖荷重软化点高达1650℃，也应控制硅砖炼焦炉的火道底部温度不超过1450℃才是安全的。

火道温度应在换向5min后开始测量，测量顺序及测温时间应固定不变，一般从焦侧交换机室端开始测，由机侧返回，在两个换向时间内全部测完，测量速度要均匀。每间隔4h测量一次直行温度，根据各区段火道温度在换向期间不同时间的冷却下降值，分别校正到换向后20s的最高温度值，并分别计算出机侧、焦侧的全炉平均温度。

将一昼夜所测得的各个燃烧室机侧、焦侧的温度分别计算平均值，并求出与机侧、焦侧昼夜平均温度的差，其差值大于20℃以上的为不合格的测温火道，边炉差值大于30℃以上的为不合格火道。

为考核直行温度的均匀与稳定，一般采用均匀系数 $K_{均}$ 与安全系数 $K_{安}$。

炼焦炉沿纵长方向各燃烧室昼夜平均温度的均匀性，用均匀系数 $K_{均}$ 来表示。

$$K_{均}=1-\frac{A_{机}+A_{焦}}{2M} \tag{4-1}$$

式中 M——全炉燃烧室数（缓冲炉和检修炉除外）；

$A_{机}$、$A_{焦}$——机侧、焦侧测温火道温度不合格数。

直行温度不仅要求均匀，其平均值还要求保持稳定，其稳定性用安定系数 $K_{安}$ 来表示。

$$K_{安}=1-\frac{A'_{机}+A'_{焦}}{2N} \tag{4-2}$$

式中 N——昼夜直行温度的测量次数；

$A'_{机}$——机侧平均温度与标准温度偏差±7℃以上的次数；

$A'_{焦}$——焦侧平均温度与标准温度偏差±7℃以上的次数。

3. 横排温度

燃烧室横向各火道的温度称为横排温度，它用来检查燃烧室从机侧到焦侧的温度分布。炭化室温度由机侧向焦侧逐渐增加，装煤量也逐渐增加，为保证焦饼沿炭化室长向和高向同时成熟，每个燃烧室各火道温度应当由机侧向焦侧逐渐增高并均匀上升。

因炭化室锥度不同，机侧、焦侧温度差也不同，生产中以机侧、焦侧测温火道的温度差来控制。从生产实践中总结出的机侧、焦侧温度差与炭化室锥度的大致关系见表4-3。

表4-3 炭化室锥度与机侧、焦侧温度差之间的关系

炭化室锥度/mm	机侧、焦侧标准温度差/℃	炭化室锥度/mm	机侧、焦侧标准温度差/℃
20	15～20	50	40～50
30	25～30	60	50～60
40	30～40	70	60～70

很显然，机侧、焦侧温度差与标准火道的选择，装煤、平煤方法，机侧、焦侧的火焰高度等均有关系。炼焦炉的合适温度差需要测量焦饼中心温度来进行校正。

测量横排温度是为了检查沿燃烧室长向温度分布的合理性。各火道温度与标准温度相对应温度差不大于20℃，且相邻温度差也不大于20℃为合格。

为评定横排温度的好坏（均匀性），将每个燃烧所测得的横排温度绘成横排曲线，然后将两个标准火道之间以机侧、焦侧温差为斜率引直线，此直线称为标准线。标准线的绘制以偏离标准线的不合格火道数最少为原则，并计算出横排系数。横排温度均匀性用横排系数 $K_{横}$ 来考核。

$$K_{横}=\frac{考核火道数-不合格火道数}{考核火道数} \tag{4-3}$$

对横排系数有如下规定：单排燃烧室，实测火道温度与标准线差超过±20℃的为不合格火道；10排横排平均温度与标准线差超过±10℃的为不合格火道；全炉横排平均温度与标准线差超过±7℃的为不合格火道。

每个燃烧室横排温度曲线是调节各燃烧室横排温度的依据，10排平均温度及全炉平均温度曲线是用来分析斜道调节砖与煤气喷嘴的排列是否合理、蓄热室顶部吸力定得是否正确的依据。

每季度至少测一次全炉横排温度，当用焦炉煤气加热时，测量次数应酌情增加。

4. 其他温度

（1）边火道温度　边火道温度是指机、焦侧第一个火道温度，又称炉头火道温度。由于供热不足或提前摘炉门等原因，造成边火道温度过低，使炉头部位的焦炭不能按时成熟，且易造成推焦困难。要保持合理的边火道温度值，使边火道对应焦饼与中部焦饼同时成熟，一般要求边火道温度不低于标准火道温度100℃，边火道与其平均温度差不大于±50℃。边火道温度可用测量焦饼中心或其表面温度来核查。当推焦炉数减少、降低燃烧室温度时，应保持边火道不低于1100℃。当大幅度延长结焦时间时，边火道温度应保持950℃以上。

边火道温度均匀性用边火道温度均匀系数$K_{边}$表示。不合格火道数为边火道温度与该侧平均温度差大于50℃的个数。

$$K_{边}=\frac{\text{测温火道数}-\text{不合格火道数}}{\text{测温火道数}} \tag{4-4}$$

边火道温度主要受使用煤气的总流量影响，一般可通过补充加热、间断加热、改进炼焦炉设计、加强生产管理与炉体维护等方法来提高边火道温度。一般每半个月至少测量一次边火道温度。

（2）蓄热室顶部温度　蓄热室顶部温度的测量是为了检查蓄热室温度是否正常，并及时发现蓄热室有无局部高温漏火、下火等情况，防止因蓄热室高温而将格子砖烧熔。因此，应严格控制蓄热室温度。

在正常情况下，蓄热室温度与炉型、结焦时间、空气系数、下降气流蓄热室顶部吸力有关。对于双联火道炼焦炉，蓄热室顶部温度为立火道温度的87%～90%，大约差150℃。硅砖蓄热室的顶部温度应控制在1320℃以下，黏土砖蓄热室的顶部温度应控制在1250℃以下，两者均不能低于900℃。

一般情况下，蓄热室顶部温度每月测一次，在标准温度接近极限温度或蓄热室下火、炉体衰老等情况下，应酌情增加测量次数。对黏土砖蓄热室炼焦炉，测量次数也应适当增加。

（3）小烟道温度　小烟道温度即废气排出温度，它决定于蓄热室格子砖形式、蓄热面积、炉体状态和调火操作等。如JNX43-83型炼焦炉因蓄热室分格，消除了因小烟道压力分布不均而使气体在蓄热室内呈对角线流动的现象，提高了格子砖的转换效率，使小烟道里外温度分布均匀，可降低废气排出温度30～50℃。

当其他条件相同时，小烟道温度随着结焦时间缩短而提高。为避免炼焦炉基础顶板和交换开闭器过热，提高炼焦炉热效率，同时了解蓄热室废气热量的回收程度，并及时发现因炉体不严密而造成的漏气、下火等情况，需定期测量小烟道温度，一般每季度测一次。

小烟道温度控制原则为：当用焦炉煤气加热时，温度不应超过450℃；当用高炉煤气加热时不应超过400℃，分烟道温度不得超过350℃。为保持烟囱应有的吸力，小烟道温度不应低于250℃。

（4）炉顶空间温度　炉顶空间温度是指在结焦时间的2/3时，炭化室顶部空间荒煤气温度。它与炉体结构、装平煤操作、调火操作以及配煤比等因素有关，它对炼焦化学产品的产率与质量以及炉顶石墨生长等有直接影响。

炉顶空间温度宜控制在800℃±30℃，最高不超过850℃。当温度过高时，会降低炼焦化学产品的产率和质量，炉顶、上升管内石墨生长较快；温度过低时，则不利于炼焦化学产品的生成，甚至影响炭化室上部焦饼的成熟。

炉顶空间温度=测量温度+冷端温度

(5) 焦饼中心温度和炭化室墙面温度　焦饼中心温度是衡量焦炭是否成熟的指标。一般生产中焦饼中心温度达到1000℃±50℃时焦饼已成熟。对于某些焦化厂，当配煤或高炉有特殊要求时，可根据实际来确定焦炭中心的最终温度。

焦饼中心温度的均匀性是考核炼焦炉结构与加热制度完善程度的重要方面，测量焦饼中心温度是为了确定某一结焦时间条件下合理的标准温度以及炭化室长向、高向焦饼均匀成熟的程度，生产中要求焦饼各点温度尽量一致。某些大型炼焦炉焦饼中心的温度测量较困难，可用焦饼表面温度代替焦饼中心温度，并用下面的经验公式计算出焦饼的中心温度。

焦饼中心温度≈焦饼表面温度−20℃

(6) 冷却温度　冷却温度是下降气流立火道温度在换向间隔时间内的下降值。测量冷却温度是为了将交换后不同时间测定的火道温度换算为交换后20s时的温度，以便比较全炉温度的均匀性和稳定性及防止超过炼焦炉的允许温度1450℃，避免发生高温事故。

冷却温度必须在炼焦炉正常操作和加热制度稳定的条件下进行测量。在测量过程中，不得随意改变加热煤气流量、烟道吸力、进风门开度以及提前或延迟推焦等。在生产中，当更换加热煤气种类、结焦时间或加热制度变化较大时，冷却温度下降值需重新测量。结焦时间稳定时，每年至少检查两次。

二、炼焦炉加热压力制度

炼焦炉加热煤气管道的压力、烟道吸力、炉内各部位的压力关系到炉内温度、流量的大小，炉体寿命和安全生产等，为了延长炼焦炉使用寿命和保证炼焦炉正常加热，必须制定正确的压力制度，以确保整个结焦时间内煤气只能由炭化室流向加热系统，而且炭化室不吸入外界空气。

1. 压力制度确定的基本原则

当炼焦炉炭化室负压时，空气可能由外部吸入炭化室。在结焦初期，荒煤气通过灼热的炉墙分解产生石墨，逐渐沉积在砖缝中将砖缝和裂缝堵塞；到了结焦末期，废气通过砖缝等进入炭化室，会将砖缝中所沉积的石墨烧掉，使炭化室墙的砖缝重新出现。由于空气漏入炭化室，使炉内焦炭燃烧，既增加了焦炭灰分，又加剧了由炉墙砖受侵蚀而造成的炉体损坏。此外，漏入的空气还会烧掉一部分荒煤气，使化学产品的产量减少和煤气发热值降低，并增加焦油中的游离炭。若控制炭化室内的压力始终保持在荒煤气由炭化室流向燃烧室，就能避免烧掉沉积在砖缝、裂缝中的石墨，保持炉体的严密性，进而避免上述恶果。但炭化室内的压力也不易过高，以免荒煤气从炉门及其他不严密处漏入大气，造成操作环境恶化和烧坏护炉设备。

确定压力制度时，必须遵循下列原则：

① 炭化室底部压力在任何情况下（包括正常操作、改变结焦时间、延迟推焦与停止加热等）均应大于相邻同标高的燃烧系统压力和大气压力；

② 在同一结焦时间内，沿燃烧系统高度方向压力的分布应保持稳定。

2. 各项压力的测量

(1) 煤气主管压力　供给炼焦炉的加热煤气依靠一定的管道压力来输送，送往各燃烧室的煤气量，由安装在分管上的孔板来控制。当孔板尺寸一定时，主管压力直接决定进入炼焦炉的煤气流量。用焦炉煤气加热时，主管压力应保持700～1500Pa；用高炉煤气加热时，应

保持500～1000Pa。这样的规定既可保证调节各燃烧室煤气流量的灵敏性和准确性，又能防止煤气因压力偏高而增加漏失量，或因压力偏低而产生回火爆炸的危险。当结焦时间发生变化，为改变流量而使主管压力超过上述范围时，应相应改变孔板尺寸。一般增大孔板直径可降低主管压力，反之则会提高主管压力。

(2) 看火孔压力　在生产操作中，通常以看火孔压力为基准来确定燃烧系统的各点压力。在各种周转时间下看火孔压力均应保持－5～5Pa。若看火孔压力过大，炉顶散热多，使得上部横拉条温度提高，不便于观察火焰和测量温度；如果压力过小（负压过大）时，冷空气则会被吸入燃烧系统，使火焰燃烧不正常。

确定看火孔压力时应考虑边火道温度和炉顶横拉条温度两个因素。

① 边火道温度。因为边火道温度与压力制度有一定的关系，特别是在用贫煤气加热时影响较大。当边火道温度小于1100℃时，可控制看火孔压力偏高一些（10Pa或更高些），此时蓄热室顶吸力会有所降低，能减少封墙漏入的冷空气，提高边火道温度。

② 炉顶横拉条温度。横拉条平均温度在350～400℃时，可降低看火孔压力，让看火孔保持负压（－5～0Pa），能降低拉条温度。对于双联火道的炼焦炉，同一燃烧室各同向气流的看火孔压力接近，可控制下降气流看火孔压力为零。而对于两分式炼焦炉，由于水平烟道内压力分布不同，边火道看火孔压力较大，中间火道压力较小，上升侧更为明显，该情况下一般取下降侧测温火道看火孔压力为零，以保证大部分火道压力为正压。例如，66型炼焦炉的10个火道看火孔为正压，仅4个火道看火孔为负压，平均值为3～4Pa。

测量看火孔压力时，需视情况调整加热系统的吸力和压力，通过看火孔压力判断吸力是否正常、吸力管测压系统是否存在漏气等现象。

(3) 炭化室底部压力　炭化室底部压力是确定集气管压力的依据。集气管内各点压力不相同，在结焦周期内的变化是很大的，吸气管正下方的炭化室的压力在结焦末期降至最低，是全炉各炭化室中压力最小的。因此，集气管压力是根据吸气管正下方炭化室底部压力在结焦末期不低于5Pa来确定的。

未测炭化室底部压力前，集气管压力可通过式(4-5)或式(4-6)进行计算。

$$p_{集}=5+10H\left(\frac{1.293\times 273}{273+t}-0.128\right) \tag{4-5}$$

式中　$p_{集}$——集气管测压点的煤气压力，Pa；

5——结焦末期炭化室底部要保持的最低压力，Pa；

10——由毫米水柱换算成帕斯卡的计算系数；

H——从炭化室底到集气管测压点的高度，m；

1.293——标准状况下空气密度，kg/m^3；

0.128——800℃时炭化室荒煤气密度，kg/m^3；

t——集气管操作台附近的大气温度，℃。

$$p_{集}=5+12H \tag{4-6}$$

式中　$p_{集}$——集气管压力，Pa；

H——从炭化室底部到集气管测压点的高度，m；

12——当荒煤气平均温度800℃时，每米高度产生的浮力，Pa/m。

集气管的压力初步确定后，再根据吸气管正下方炭化室底部压力在推焦前30min是否达到5Pa进行调整。即使集气管压力最低时，也要保证在结焦末期吸气管正下方炭化室底部的压力不低于5Pa。还需注意的是，集气管的压力在冬天和夏天应保持不同的数值，在冬天稍大一些，夏天可小一些，并保持10～20Pa的差值。

测量炭化室底部压力要打通吸气主管正下方炭化室炉门的测压孔，并在推焦前2h开始，间隔30min再进行测量。一般保持集气管压力稳定在规定值的范围内读数3次后求其平均值，其中必须有一次使炭化室压力为负值。最后一次测量是在推焦前15min进行，将炭化室底部压力调节到5Pa，记录此时的集气管压力值，该值即为此结焦时间下应保持的集气管最低压力。

(4) 蓄热室顶部吸力　蓄热室顶部吸力与看火孔压力相关。当结焦时间和空气系数 a 值一定时，上升气流蓄热室顶部的吸力与看火孔压力的关系式如下：

$$p_{蓄}=p_{看}-H(\rho_{空}-\rho)g+\Delta p \tag{4-7}$$

式中 $p_{看}$，$p_{蓄}$——看火孔和蓄热室顶部压力，Pa；

H——蓄热室顶至看火孔的距离，m；

ρ——蓄热室顶至看火孔平均温度下炉内气体密度，kg/m^3；

$\rho_{空}$——环境温度下空气的密度，kg/m^3；

g——重力加速度，m/s^2；

Δp——蓄热室顶至看火孔的气体阻力，Pa。

由式(4-7)可以看出，蓄热室顶部至看火孔之间的距离越大，燃烧室和斜道阻力越小，上升气流蓄热室顶部的吸力就越大。一般大型炼焦炉蓄热室顶部的吸力大于30Pa，中、小型炼焦炉不低于20Pa。此外，当看火孔压力一定、结焦时间延长（即供给炼焦炉的气量减少）时，燃烧室和斜道的阻力减少，上升气流蓄热室顶部的吸力增加，进而增加通过封墙漏入的空气量，特别是用贫煤气加热时，对炉头温度影响很大。为避免上述情况的发生，在实际操作中，宁可使看火孔正压增加也不能改变蓄热室顶部的吸力。

测蓄热室顶部吸力是调火必须进行的重要工作之一。在换向间隔时间内，燃烧系统内的压力虽在变化，但各燃烧室顶部吸力随结焦时间的变化大致相同。为了便于比较，测全炉蓄热室顶部吸力前，要先测蓄热室吸力，然后再测量其他各蓄热室与标准蓄热室的相对吸力差。

标准蓄热室最好选择机侧、焦侧各相邻的两个，要求其直接连通的燃烧系统应严密，不漏、不堵，格子砖阻力正常，炉体状态良好。为便于测量，标准蓄热室最好位于烟道中部，且不要在吸气管正下方。标准蓄热室顶部吸力每日应进行检查，为保持其吸力比较稳定，所选择的标准蓄热室不要随意改变。

在测量标准蓄热室顶部吸力前，应检查炼焦炉加热制度是否正常、在规定的蓄热室吸力下与标准蓄热室相连的上升气流火道看火孔压力及空气系数情况、吸力是否稳定、下降与上升吸力差是否一致、两个交换的相应吸力是否接近、标准蓄热室的各调节装置情况。

蓄热室顶部吸力一般在交换后5min开始测量。先测下降气流，后测上升气流，以测定标准蓄热室的吸力及其他蓄热室与标准蓄热室的吸力差，煤气、空气的吸力应在四个交换内测完。测量后根据具体情况对所测数据进行分析，然后通过调节使每个蓄热室顶部吸力与标准吸力差，上升气流不超过±2Pa，下降气流不超过±3Pa。

(5) 五点压力　五点压力是指看火孔压力，上升气流时煤气、空气蓄热室顶部压力及下降气流时煤气、空气蓄热室顶部压力。测量燃烧系统五点压力的目的是为了检查炼焦炉燃烧系统实际压力分布和各部位阻力情况。定期测量五点压力可发现各部位阻力的变化情况，并判断炉内燃烧系统的堵塞状况。测量五点压力需选择燃烧室温度正常、相邻炭化室处于结焦中期、燃烧系统各部位调节装置完善、炉体严密的燃烧系统进行。

五点压力的测量点应在相邻两标准蓄热室顶部、两叉部和相应的燃烧室看火孔处。测量时，在蓄热室走廊用两台微压计分别测上升气流蓄热室顶和下降气流蓄热室顶压力，在炉顶用一台微压计测量与所测蓄热室相连的燃烧室标准立火道看火孔压力。交换后 5min，3 台表同时读数，每隔 3min 读 1 次，共读 5 次，换向后再按上述方法进行测量，每侧再两个交换测完。测完后换算出各点压力，绘制出五点压力曲线，并记录当时的加热制度。

（6）蓄热室阻力　测量蓄热室阻力是为了检查格子砖堵塞情况，一般规定焦炉煤气加热两年测一次，高炉煤气加热一年测一次。

用斜型微压计直接测量上升或下降气流每个蓄热室的小烟道与蓄热室顶之间的压力差。交换后 5min 开始从炉端的蓄热室逐个开始测量。测量时，将微压计正端与蓄热室顶端相连，负端与小烟道测压孔相连，读压差。为得到可比较的数据，在每次测量时，调节上升或下降气流蓄热室顶部吸力与上次测量时相同，也可在不改变蓄热室顶部吸力的情况下将实测结果换算后进行比较。每次测量后均需记录当时加热制度，将测量结果分别计算每侧上升与下降气流蓄热室上下压力差的平均值（煤气和空气蓄热室应分别计算）。

蓄热室内阻力越大，测得压差越小，反之测得压差越大。又因上升气流与下降气流蓄热室内浮力相近似，所以异向气流蓄热室上下压力差值近似等于蓄热室阻力之和。

（7）横管压力　测量横管压力可作为调整直行温度的参考，因为当横管压力变化较大时，表示供热煤气量也随之发生变化。

用 U 形管压力计直接在横管测压处测量，当测量全部横管压力时，考虑到煤气压力所产生的误差，可在中部选一个炉温较正常的横管为标准，测量其他各横管与该“标准横管”的压差，然后再换算为各排横管的压力。

3. 废气分析

废气分析是通过对炼焦炉加热煤气燃烧所产生的废气中 CO_2、O_2、CO 含量的测定来计算燃烧的空气系数，从而达到对燃烧情况进行检查的目的。分析结果定量地反映了煤气与空气的配合情况。

（1）常用的废气分析仪器

① 奥氏分析仪　奥氏分析仪是用化学试剂吸收法分析燃烧后废气组成的仪器。其原理是：把定量的气体依次与各种能吸收单种气体的吸收剂接触，CO_2、O_2、CO 等依次被吸收，根据各次吸收后体积减小的量，计算各成分的体积分数。

奥氏分析仪主要是由容积为 100mL 的计量管（带刻度的）、三组吸收瓶和水位瓶组成。计量管与吸收瓶有玻璃管连通，每个吸收瓶上有玻璃旋塞，分别可与计量管相通或切断，水位瓶与计量管用软乳胶管相连，升降水位瓶可使废气进入或排出计量管。吸收瓶内依次装入吸收液：第一个瓶内装氢氧化钾溶液或氢氧化钠溶液来吸收 CO_2；第二个瓶内装焦性没食子酸和氢氧化钠的混合液来吸收 O_2；第三个瓶内装氯化亚铜的盐酸溶液，用以吸收 CO。由于第二个瓶内的焦性没食子酸混合液中的氢氧化钠能吸收 CO_2，第三个瓶中氯化亚铜能吸收 O_2，所以分析时必须依序逐个吸收。在操作中，若一种成分吸收不完全，不但影响自身含量，还会影响其他气体成分的准确性。三种气体吸收完毕后剩余的废气体积，可视为氮气的体积分数。

奥氏废气分析仪构造简单，使用方便，价格便宜，但因为是人工操作，误差较大，所以分析中要专心仔细。分析前先要检查仪器是否严密，接着在计量管中准确加入气样 100mL，分别打开吸收瓶上旋塞，反复升降水位瓶，使废气压入或抽出吸气瓶，直至计量管中体积不变（吸收完）才能进行下一个吸收瓶的分析。吸收瓶要定期更换，以免因“老化”而影响分析的准确性。

② 自动快速气体分析仪　对气体组成进行连续自动分析的仪器较多，下面简单介绍几种工业上常用的分析仪表。

a. 气体色谱仪。在玻璃管中装满吸附剂，使混合气体从中通过，由于气体中各组分对吸附剂亲和力不同，亲和力强的物质动作会变慢。利用该原理对气体试样进行分析的仪器，称为气体色谱仪。

气体色谱仪可以对气体进行定性和定量分析，操作简单，精确度高，适用于多种气体，用途广泛。若要完全分离，选择适当的吸附剂非常重要。

b. 红外线气体分析仪。光在通过某物质层时，其透过的量随物质的特有性质和数量而变化，由于各种气体对红外线波长和透射率存在固有关系，可使红外线通过待分析气体，根据透射率小的部分波长，推断该种气体的成分。红外线分析仪的优点是可测量混合气体中的 CO_2、CO、SO_2、CH_4 及 C_2H_4 等气体的浓度，而 O_2、N_2、H_2 等气体几乎不吸收红外线。

c. 磁氧分析仪。磁氧分析仪是基于氧的磁化率远大于其他气体磁化率这一物理现象来测量混合气体中氧含量的一种物理式气体分析仪。由于直接测量磁化率值很复杂，工业上多采用间接测量，即根据磁化率随温度升高而减小的热磁现象，通过桥式电路来进行测量。它适用于自动连续地测定各种工业气体中的氧含量。

(2) 取样分析　取样点为立火道 1800mm（根据炉顶厚度而定，这里用于 6m 炼焦炉）处或废气盘测压孔处，插入深度为 250～300mm。在交换后 5min 开始取样，立火道取上升气流，废气盘取下降气流。取样后拔出取样管，盖好取样孔。待球胆内温度降至接近室温（15～30℃）时，方可进行分析操作，但最长时间不允许超过 4h。

用奥氏分析仪分析，分析前要保证气体分析仪严密，各吸收瓶内吸收液应无失效变质，液封高度足够。然后使废气依次进入三个吸收瓶，反复吸收 5～6 次，直至两次读数一致为止，分别读取 CO_2、O_2、CO 的体积。

将读出的体积分数数值代入式(4-8)，便可计算出空气系数 a。

$$a=1+\frac{K(V_{O_2}-0.5V_{CO})}{V_{CO_2}+0.5V_{CO}} \tag{4-8}$$

式中　V_{O_2}——废气中氧气含量，mm^3；

V_{CO}——废气中一氧化碳含量，mm^3；

V_{CO_2}——废气中二氧化碳含量，mm^3；

K——常数，通常根据煤气组成计算，使用混合煤气时一般可绘制图表，按混合比进行查表，K 为 $100mm^3$ 煤气完全燃烧理论上生成二氧化碳的体积与 $100mm^3$ 煤气完全燃烧理论上所需氧气的体积之比。

三、炼焦炉加热的特殊操作

1. 延长结焦时间和停产保温

炼焦炉因某种原因短时间内不能生产，一般需延长结焦时间，比如用煤量供应不足、配煤不均、焦炭外运暂时困难、对生产设备做小规模检修等情况。

（1）延长结焦时间　延长结焦时间状态下的生产是指大型炼焦炉的结焦时间大于20～22h，中小型炼焦炉（硅砖）结焦时间约14h左右时进行的低负荷生产，此时，焦炭在炭化室内成熟后要停留相当长的时间才被推出。

随着结焦时间的延长，成熟的焦炭停留在炭化室中的时间延长，煤气发生量减少，炉温随之降低。为保持炉头温度，避免炉头温度低于700℃引起体积剧变而开裂，一般大型硅砖炼焦炉火道的平均温度不应低于1200℃，对于中小型炼焦炉火道温度不低于1100℃。

① 结焦时间延长的幅度　延长结焦时间会使煤气发生量减少。若炼焦炉靠外界供给煤气加热，则延长结焦时间的幅度不受限制。若靠自身供给煤气，随着炼焦炉散热量和耗热量的增加，结焦时间延长的幅度会受到很大限制。根据经验，在炉体状况良好的情况下，大型硅砖炼焦炉的生产能力可降到生产能力的15%，中小型炼焦炉降到20%，小型炼焦炉降到25%。大型炼焦炉的最长结焦时间为100h，中小型炼焦炉约为60～80h。在有计划地延长结焦时间时，为保证操作稳定、炉温均匀和炉体维护，应适当控制延长结焦时间的幅度。

② 炉温和压力的调节　结焦时间延长后，直行温度波动较大，加之炉体表面散热相对加大，边火道墙面及蓄热室封墙裂纹增多引起空气漏入，煤气压力随之降低，上升气流蓄热室顶部吸力相应提高，使得边火道温度降低，中部火道温度升高。用高炉煤气加热的炼焦炉，当温度控制困难时，可通过改用焦炉煤气加热、间断加热或去掉边火道调节砖集中提高边火道温度等方法来控制炉温，以保持火道温度不低于950～1000℃。对于用焦炉煤气加热的炼焦炉，应更换沿长向各煤气分管的炉组孔板，降低上升气流蓄热室吸力，勤测勤调直行温度，防止低温、低压和焦炭过火。对下喷式炼焦炉，要往中部火道下喷直管中加铁丝或更换小孔板或增加火道喷嘴直径来增加边火道煤气的相对流量。对侧入式炼焦炉，可在2～3火道之间加放挡砖间接加热。总之，边火道温度应不低于950℃，标准火道温度应不低于1160℃。

在压力方面，当炼焦炉延长结焦时间后，为保证煤气主管压力不小于500Pa，应适当减小煤气支管孔板的直径。集气管压力应控制在比正常生产时大10～20Pa，防止炭化室负压操作。当荒煤气量过小时，应降低吸气管吸力，稳定集气管压力，并关小氨水流量，避免集气管温度急剧下降。关闭炭化室上升管翻板，向集气管内通入焦炉煤气、惰性气体或水蒸气以保压。操作时，应同时注意回收车间的鼓风、冷凝系统也应作相应的调整操作，以保持集气管压力稳定。

③ 炉体密封及维护　为避免因结焦时间的延长，炉温及炭化室压力波动较大而造成的炉砖收缩开裂和炉体串漏，需加强对蓄热室封墙、测压孔、废气盘、双叉（或单叉）连接口的密闭。可通过煤泥封闭对炉体喷补、灌浆和密封，加强炉门口、装煤孔等部位的密闭，以防止串漏，尤其是结焦末期的串漏。

当温度下降时，炉体会有一定的收缩，大小弹簧吨位也发生变化，因此还要及时调整弹簧的吨位，使之与正常生产时相一致。加强铁件管理，控制出炉操作时间不超过7～8min，可保护炉体。

（2）停产保温　当对炼焦炉设备进行改造，如更换炼焦炉集气管、上升管、机焦侧操作台等时，延长结焦时间的办法不能保证足够的施工时间，为满足施工时间和安全条件的要求，就必须对炼焦炉进行短时间的停产保温，以便在恢复生产时不需要烘炉就能很快转入正常的生产。

停产保温也叫焖炉保温，分为满炉保温和空炉保温两种。它是炼焦炉操作中比较特殊的工艺，只有在炼焦炉有外界供给煤气的情况下，才能采取停产保温的办法。满炉保温是停产时间仅几天或十几天，炉门又较严密时，采用带焦保温的办法。由于焦炭停留在炉内，整个炼焦炉的蓄热能力大，只要温度控制得当，焖炉结束后，推焦一般无困难，且此时炭化室墙缝石墨不易烧掉，有利于炉墙严密。当停产时间过长时，焦炭在炭化室内容易烧掉并在炉墙上结渣，损坏炉体造成推焦困难，这时应采用空炉保温。

空炉保温操作简单，适用范围大，但在操作中会出现炉墙石墨烧掉严重，空气从炉门或炉头不严密处漏入炭化室等现象。近年来，国内焦化厂应用满炉保温操作时，在保证工程顺利施工的时间要求下，证明了炉体基本不受损害，给炼焦炉设备的大、中修技术改造工程项目创造了良好的施工条件和安全条件，下面即以满炉保温为重点进行介绍。

① 停产保温前炉体的密封　炉体的密封是停产保温必做的准备工作。焖炉时，炉体密封的严密程度很大程度上决定着焖炉操作能否成功。在焖炉前，要将整个炉顶表面进行彻底的打扫吹风和灌浆，密封炉肩、保护板上部，对炉台部位的密封、蓄热室部位的密封及对蓄热室封墙全部进行刷浆。

② 焖炉前加热制度和压力制度的确定　焖炉前需检查炉体的伸长情况、炉柱曲度、炭化室墙面以及其他部位、大小弹簧负荷的测量等，一切正常后再确定加热制度和压力制度。

炼焦炉停产时，为了安全应将焖炉前结焦时间延长到25～26h较为合适。当煤气发生量减小到集气管正压难以维持之前，应使荒煤气系统与鼓风机切断，在吸气管上堵盲板，使炭化室成为一个独立系统。延长结焦时间的幅度见表4-4。

表4-4　延长结焦时间的幅度

结焦时间/h	<20	20～24	>24
每昼夜允许延长的结焦时间/h	2	3	4

为了保证焦饼的成熟指标，保证炉头温度不得低于950℃，标准火道温度比正常生产期间要低，为1050～1100℃（空炉保温时，炉头温度不得低于800℃）。

为确保炉体的完整性和严密性，要求集气管压力维持正压。有充压煤气或惰性气体时，比正常生产压力大10～20Pa，保证集气管不吸入空气，以免爆炸。几种炉型的炼焦炉在焖炉时，集气管压力的控制方法如表4-5所示。

表4-5　炼焦炉焖炉时集气管压力的控制方法

炉　型	炭化室孔数	集气管压力/Pa	控制方法
58-Ⅱ型	65	25	通入充压煤气，集气管与炭化室断开
ⅡBP型	65	38	通入蒸汽，由放散管通入回炉煤气
奥托式	36	130	由加热煤气管道引ϕ400mm管道往集气管内充压循环，集气管与炭化室连通

为了防止炉顶温度过高烧掉砖缝中的石墨，要求看火孔温度在刚焖炉时保持在－5～15℃，随后可逐渐减少负压。为保证看火孔的压力在规定的范围内，还要保证比炭化室底部气体压力小10～20Pa。

③ 焖炉时直行温度的测量与调节　测量焖炉期的各项温度和压力，既是检查加热制度是否合格与稳定，同时也是进行炉温调节和压力调节的依据。测量与调节直行温度的目的是为了检查焖炉期间机、焦两侧纵向温度分布的均匀性和全炉温度的稳定性，焖炉时直行温度的均匀性和正常生产时相似。

焖炉期间，供给各燃烧室的煤气和空气量的适宜配比保证了直行温度的均匀性，而直行温度的稳定性主要取决于全炉的煤气量、空气量、空气过剩系数以及大气温度的变化等。由于焖炉时供给全炉的煤气量减少很多，需用斜型差压计代替原煤气流量计来标定煤气流量。若焖炉过程中炉温过高，可降低煤气和空气总量，还可采取间断加热的方法降低炉温。调节过程中，不能盲目调节，应准确采取调节措施，使对炉温的影响控制在较小的范围。

此外，焖炉期间还应作好对横排温度、炉头温度、蓄热室顶部温度及燃烧系统各部位压力的测量与调节工作。

④ 焖炉结束后炼焦炉的生产恢复　焖炉结束后需恢复生产，在生产恢复前要做好以下工作。

a. 计划安排的所有施工项目应全部完成并验收合格，施工现场全部清理干净，保证四大车能正常行驶；

b. 拆除炉门密封的泥料，抽出立火道喷嘴的铁丝，大小弹簧负荷调整到正常生产时的数值，炉体伸长、炉柱曲度测量完毕；

c. 推焦时仍按正常生产时的串序方式进行，详细记录推焦电流，注意异常现象，推焦后全面检查炭化室、炉墙、砌体情况，记录后与焖炉前加以对照；

d. 装煤操作和正常操作相同；

e. 连接上升管、集气管、吸气管，其操作和开工生产相同。

恢复炼焦炉正常生产时要更换与正常生产时孔板直径相同的全炉孔板，并恢复分烟道吸力、蓄热室顶部吸力、废气盘进风门面积。焖炉结束后，结焦时间定得较长，一般为 26～30h，应按规定将结焦时间缩短到设计结焦时间或所需的结焦时间。缩短结焦时间幅度见表 4-6。

表 4-6　缩短结焦时间幅度

结焦时间/h	＞24	20～24	18～24	＜18
每昼夜允许延长的结焦时间/h	3	2	1	0.5

2. 炼焦炉停产加热和重新供热

在实际生产中存在有计划的停送煤气的操作，比如设备检修时需停送煤气。有时，也会遇到突发事故，不能正常送煤气。如何使炉温下降缓慢，不至于由于炉温的急剧下降损坏炉体，在送煤气时如何防止爆炸或防止煤气中毒事故的发生，是炼焦炉停止加热时经常遇到的主要问题。

（1）炼焦炉停止加热

① 有计划停送煤气　有计划停送煤气是在有准备的条件下停送煤气的操作。先将鼓风机停转，然后关闭煤气总管调节阀门，随时观察停煤气前的煤气压力变化。当鼓风机停转后，立即关闭上升一侧的加减旋塞，再关闭下降一侧的加减旋塞，保持总压力在 200Pa 以下即可。短时间停送煤气时，可将机侧、焦侧分烟道翻板关小，保持 50～70Pa 的吸力。若停煤气时间较长，需将总烟道翻板、分烟道翻板、废气盘翻板、进风口盖板全部关闭。

关闭废气砣有利于对炉体保温，当上升管内压力突然加大时，应全开放散。若压力不易控制，可将上升管打开，切断自动调节器，关小手动翻板，严格控制集气管压力，使其压力比正常操作略大 20～30Pa 即可。每隔 30～40min 交换一次废气。停送煤气后，随即停止。当停煤气时间较长时要注意密闭保温，应每隔 4h 测温一次。若遇其他情况，随时抽测。

② 无计划停送煤气　无计划停送煤气指的是遇到下列情况时突然停送煤气的操作：

a. 煤气管压力低于500Pa；b. 交换设备损坏，不能在短时间内修复；c. 烟道系统发生故障，不能保证正常的加热所需的吸力；d. 煤气管道损坏影响正常加热等。

如果遇到上述情况，应立即停止加热，进行停煤气处理。先关闭煤气主管阀门，其余的操作与有计划停送煤气相同。

(2) 重新供热　故障排除后可进行送煤气操作。当交换机停止交换时开始交换，先将废气翻板、分烟道翻板恢复原位，再打开煤气预热器将煤气放散，并用蒸汽吹扫。调节阀前压力达2000Pa时，检测其含氧量（做爆发试验），合格后关闭放散，打开水封。

若交换为上升气流，需打开同一侧的加减旋塞恢复煤气，此时可将集气管放散关闭，并随时注意煤气主管压力和烟道吸力。当集气管压力保持在200～250Pa时，根据集气管压力大小情况，打开吸气弯管翻板，尽快恢复正常压力。

3. 炼焦炉更换加热煤气

在实际生产中，有时需更换炼焦炉加热煤气，更换煤气时，总是煤气先进入煤气主管，当主管压力达到一定要求之后，才能送往炉内。

(1) 往主管送煤气　检查管道各部件是否处于完好状态，加减旋塞、贫煤气阀及所有的仪表开关均需处于关闭状态。将水封槽放满水，打开放散管，使煤气管道的调节翻板处于全开状态并加以固定。抽盲板时先停止推焦，抽盲板后，将煤气主管的开闭器开到1/3时，放散煤气约20～30min，连续三次做爆发试验，均合格后关闭放散管。总管压力上升为2500～3000Pa时，开始向炉内送煤气。

(2) 焦炉煤气更换为高炉煤气　先停止焦炉煤气预热器和除炭孔的运作，交换气流后，将下降气流废气盘上空气盖板的链子（或小轴）卸掉，关闭下降气流焦炉煤气旋塞，将下降气流煤气砣小链（小轴）上好，然后调节烟道吸力和空气上升气流废气盘进风口，以适合高炉煤气加热。换向后，逐个打开上升气流高炉煤气加减旋塞或贫煤气阀门（先打开1/2），向炉内送高炉煤气。经重复多次上述操作后，将加减旋塞开正，直到进风口适合于高炉煤气的操作条件。

(3) 高炉煤气更换为焦炉煤气　先关闭混合煤气开闭器，交换为下降气流后，从管道末端开始关闭高炉煤气加减旋塞或贫煤气阀门，然后手动换向。逐个打开焦炉煤气加减旋塞（先打开1/2），往炉内送焦炉煤气。重复进行上述操作，直至全部更换为焦炉煤气。将废气盘进风口调节为焦炉煤气的开度，烟道吸力调节到使用焦炉煤气时的吸力，然后将焦炉煤气的旋塞开正。等焦炉煤气系统运转正常后再确定加热制度。高炉煤气长期停用时要堵上盲板，吹扫出管道内的残余煤气。操作时严禁两座炉同时送气，禁止送煤气时出焦，严禁周围有火星和易燃易爆的物品。

四、炼焦炉煤气加热时的热工调节

1. 总煤气量和两侧空气量的调节

总煤气量和两侧空气量的调节，是控制好合理加热制度的首要环节，也是确保直行温度与横排温度的关键。直行煤气的分配主要靠孔板来控制，因此调节总煤气量，首先要安排好煤气流量、孔板尺寸和支管压力三者的关系。为使供入煤气能在稳定合理的空气系数下燃烧，保持正常的看火孔压力，在调节总煤气量的同时，也要相应地改变烟道吸力与废气盘空气口开度。

(1) 孔板和支管压力　调节上所需的灵敏度和要保持的支管压力决定着孔板基本尺寸的

大小，孔板直径越小，阻力越大，调节的灵敏度越高，所用的支管压力也越大。通常规定，使用孔板的断面不准超过管断面的70%，生产中一般都使用比允许的最大直径稍小一些的孔板。

支管压力过大，增加管道漏气的程度，既浪费煤气影响耗热量又不利于操作人员的健康，还有可能引起地下室煤气爆炸。支管压力过小，会降低孔板调节的灵敏度，在遇到停鼓风机的特殊故障时，还容易出现负压。因此，通常用焦炉煤气加热时，认为最合适的支管压力是700～1500Pa。

(2) 煤气流量和空气口铁板开度　根据控制吸力、压力制度与保持空气系数为定值的操作要求，在煤气流量达到一定范围时，要边改变烟道吸力边调整空气口铁板的开度。

(3) 煤气流量和烟道吸力　炼焦炉加热应尽可能地让煤气在最小的空气系数下达到完全燃烧，以达到节约煤气、降低耗热量、提高炼焦炉热工效率的目的。

对于不同炉体状况、不同操作水平以及不同的结焦时间，应尽可能地减少空气系数的波动。在每次增减煤气流量或大气温度改变时，需相应地改变烟道吸力和废气盘空气口铁板开度。计算煤气流量与烟道吸力的关系见式(4-9)。

$$\frac{a_1}{a_2}=\frac{(V_1)^2}{(V_2)^2} \tag{4-9}$$

式中　a_1，a_2——改变流量前、后的烟道吸力，Pa；

V_1，V_2——原有的流量与改变后的流量，m^3/h。

用上述公式，只能在废气盘空气口铁板开度和废气翻板都没有变动的情况下，得出接近实际的数值。在实际生产中不改变空气口铁板开度的条件下，为防止看火孔出现负压，增加烟道吸力的数值会比计算值偏小。

实际上在需要改变烟道吸力20.5Pa以上时（煤气流量增减500m^3/h以上），若煤气发热量未变化，一般都要相应地改变空气口铁板开度，这样做既能保持看火孔压力不变，又能控制空气系数的稳定。

(4) 煤气流量与蓄热室顶部吸力差　当煤气流量改变时，要相应地改变烟道吸力和空气口开度，自然蓄热室顶部上升与下降气流的吸力差也随之改变。当空气系数一定时，蓄热室顶部的吸力差与煤气流量的平方成正比，但在煤气流量一定的情况下，如果蓄热室走廊大气温度发生变化，即使也相应地改变烟道吸力和空气口开度，但蓄热室顶部的吸力差却是不变的。只有在空气湿度变化很大的情况下，才会影响炉温（如晴天转雨天），因为此时要增减煤气流量，蓄热室顶部吸力差自然也随之改变。由于蓄热室顶部吸力差是控制看火孔压力和空气系数保持稳定的指标，因此必须正确地掌握好该指标在各种条件下的标准。

(5) 蓄热室顶吸力的调节　当各蓄热室顶部上升、下降吸力差相等时，进入各燃烧室中的气体量基本相等。通过对蓄热室顶部吸力均匀性的调节来控制各燃烧室的气体量，是调火的重要工作之一。为使吸力调节更加准确、有效，必须弄清楚各种因素对蓄热室顶部吸力的影响并采用正确的测调方法。

影响蓄热室顶吸力的因素主要包括交换时间、结焦时间、风门开度、封墙严密性、风速和风向。在分烟道吸力自动调节的前提下，每个交换周期内蓄热室顶的吸力在交换初期最大，末期最小，其差值约为5～6Pa，该值与交换时间、结焦时间的长短有关。因此，测定蓄热室顶吸力时，应测定每个蓄热室与标准蓄热室吸力的相对差。从装煤到推焦的过程中，炭化室内的压力发生从大到小的周期性变化，从炭化室墙不严密处漏入燃烧室的荒煤气量也在变化，一般推焦前量少，而刚装煤时漏入量大。对于不同的炭化室，漏入燃烧室的荒煤气量与所处的结焦时间和炭化室墙的严密程度有关，漏入燃烧系统的气量越多，燃烧系统压力越高。测蓄热室顶部吸力时，最好选择与标准蓄热室有关的处在结焦周期1/3～1/2的炭化室。

结焦周期对吸力的影响也会影响上升与下降气流，对上升气流影响更大一些。在正常炉况下，它对燃烧室的温度（昼夜平均值）没有影响，由此造成蓄热室顶部吸力偏大或偏小不用调节。每侧各风门除边炉外的开度按规定应当一致，如果风门开度不一致，全炉蓄热室顶的吸力不论上升气流还是下降气流都会偏小，上升气流与下降气流蓄热室顶部的吸力差变大。封墙的密封性能对蓄热室顶部吸力也有影响，上升气流封墙漏气，蓄热室顶部上升与下降气流吸力差稍有增大，进气量增加，下降气流封墙漏气时相反。上升和下降气流封墙都漏气的话，效果与下降气流封墙漏气接近。但无论如何，都会使上升与下降气流蓄热室顶部的吸力变小。此外，风速和风向等因素也会引起整个废气系统吸力的波动，故刮大风时不应进行吸力的测调工作。总之，影响吸力的因素很多，在测调吸力时如发现测量结果不正常，应综合分析，“对症下药”，才能使得吸力稳定，保证进入各燃烧系统的气量基本相等。

在炼焦炉调火中，蓄热室顶部吸力均匀性的好坏直接关系到全炉所供空气和煤气量是否合理、全炉各燃烧室供热是否均匀。在某些厂里，测调吸力时会存在诸如只测下降、随测随调、只看均匀性，不看上升、下降压差等问题，要解决这些问题，除操作者自身要有一定的技术基础和实践经验外，测量和调节方法本身是否正确、可靠也是一个很重要的因素。操作时应遵循以下几点：①保证上升与下降气流蓄热室顶部之间的吸力差基本相等，以保证各燃烧室能供给基本相同的气量；②不论炼焦炉用何种煤气加热，必须同时测量上升与下降气流各蓄热室与标准蓄热室顶部吸力，标准蓄热室所对应的炭化室最好处在结焦周期的1/3～1/2之间；③刮大风时不应测调吸力。

结合JN43型65孔炼焦炉的操作，得出如下经验调节方法：在炼焦炉生成比较稳定、加热比较正常的情况下，当煤气流量增减300～500m^3/h时，烟道吸力相应增减10Pa左右，同时改变空气口铁板开度约10mm。焦侧空气口铁板的正常开度应比机侧大1.11～1.12倍。在蓄热室走廊温度变化较大的情况下，同时改变烟道吸力和空气口铁板的开度。

2. 直行煤气分配调节和空气分配调节

（1）直行煤气分配的调节　各燃烧室煤气分配的调节，主要是调节孔板的直径。对于炉体和设备状况较好的炼焦炉来说，全炉可以采用同样尺寸的孔板（边炉除外）。此时如果蓄热室顶部吸力调节均匀，各燃烧室的横排曲线形状接近，其直行温度也均匀，表明各燃烧室供入煤气量基本相等。如果全炉燃烧室某一段炉号的温度出现偏高或偏低，说明该段孔板尺寸配置不够合适，需要重新配置。但若温度偏高或偏低的炉号比较分散，未集中在某一段区域，则多半是由于炉体或管道方面不够正常所造成的，此时应该着重解决炉体或管道上存在的问题。一般情况下，通常每换大孔板1mm，约可使温度提升5～10℃。当测温火道的温度偏低时，应先看看横排曲线，以免误调，因为这有可能是测温火道下面的砖煤气道或煤气小支管堵塞或漏气造成的。只有确定是全燃烧室温度偏低时，才能更换孔板。

（2）直行空气分配的调节　对于全炉各燃烧室空气分配的调节，主要靠蓄热室顶部的吸力来实现。影响蓄热室顶部吸力的因素包括空气口开度、废气翻板开度、废气盘、砣杆高度、空气盖及装煤情况等。

蓄热室主墙漏气会使蓄热室顶部吸力差变小，可根据吸力差的要求开大空气口开度来调节。对于炉体和设备状况良好的炼焦炉，废气盘空气口铁板的开度，除边炉外，机侧、焦侧所有蓄热室都应保持一致。当蓄热室顶部吸力调均匀以后，若仍有少数燃烧室温度不合格，则应从增减煤气方面来解决。对于炉体和设备状况较差的炼焦炉，也必须将蓄热室顶部上升与下降气流的吸力分别调成一致，但由于蓄热室以下部位的状况不同，废气翻板开度、空气口铁板开度则不能完全一致。

调吸力时，用改变空气口铁板开度调过上升气流蓄热室顶部吸力之后，要使上升与下降气流蓄热室顶部吸力都达到要求，则需经多次反复的调节。虽然这种做法很麻烦，但调均匀之后蓄热室顶部的吸力就很少出现波动了。

3. 直行温度均匀性与稳定性调节

(1) 影响均匀系数的因素

① 上升与下降气流蓄热室顶部吸力因调节误差所产生的影响　在调吸力过程中，由于相邻蓄热室有可能出现正负误差，即使全炉蓄热室都达到了规定的误差要求，吸力差也可能出现±4Pa 的误差。

② 测温火道所处的结焦时间　在正常结焦时间下，测温火道若与刚装煤和结焦末期的炭化室相邻，其测温火道温度较直行平均温度约高 20～30℃；测温火道相邻炭化室如果处于装煤后 3～7h，其测温火道温度比直行平均温度约低 20～30℃。掌握出炉情况，参照燃烧室两旁炭化室所处结焦时间来估计测温火道所应达到的温度标准进行调节，是一个很重要的环节。生产上为了方便，除温度偏高或偏低程度过大的个别炉号以外，一般根据 2～3 个周转时间的测温情况来调节。

③ 装煤量不均匀的影响　装煤系数不正常不仅给直行温度的调节增加了困难，还会影响焦炭的正常成熟。在装煤系数没有保证的情况下，为使焦炭能在规定的结焦时间内成熟并正常推焦，可采用偏高的标准温度，但这样会使均匀系数难以调好。

④ 测温速度的影响　一般正常测一趟直行温度约 6min，但有时因装煤中间要等 1～2min，使正常测温受到影响。此时最好先抛掉受阻一段的炉号连续测后面的燃烧室，最后再补测漏掉的炉号。不过这样会使装煤后的燃烧室温度比实际温度偏低 4～8℃，很容易造成不合格。

⑤ 周转时间长短的影响　直行温度均匀系数随周转时间的延长而下降。在结焦时间延长的情况下，出于保证炉头必要温度的需要，标准温度往往比实际需要值偏高，这样使得提前成熟的炉号增多，造成熟炉与处于装煤前半期炉号各相连的燃烧室温度差别很大，直接导致直行温度均匀系数下降。

(2) 影响安定系数的因素　装入煤水分和装煤量、煤气发热量和压力的波动是影响安定系数的主要因素。一般装入煤水分以 7%作基准。在正常结焦时间下，水分每增减 1%，炉温约下降或上升 5～7℃，总流量减 3%～4%。在正常结焦时间，煤气流量每增减 100m^3/h，标准温度上升 1～2℃。生产中有时因出炉不均衡或推焦故障的影响，使煤气发热量有波动。当粗苯停产时，煤气发热量将增加，此时如不及时调节加热用煤气流量，很容易造成安定系数不合格。

(3) 直行温度均匀性的调节　直行温度的均匀性需在直行温度稳定的前提下进行调节，其主要影响因素有以下几种。

① 炉体情况　当砖煤气道串漏、格子砖堵塞、斜道区裂缝或堵塞等特殊情况造成加热不正常时，只有解决炉体的缺陷后才能进行正常调温。

② 周转时间和出炉操作　每个燃烧室的温度均随相邻炭化室所处不同结焦期而变化，周转时间越长、推焦越不均衡时，直行温度的均匀性往往较差。为避免调节上出现混乱，应

看2～3天的昼夜平均温度，当确实有偏高或偏低趋势时再进行调节。

③ 煤气量的调节　要保证直行温度的均匀性，需供给各燃烧系统（边炉除外）相同的煤气量。各燃烧系统的煤气量主要靠安装在煤气分管上的孔板来控制，而燃烧室煤气量的均匀分配则需依靠孔板直径沿炼焦炉长向适当的排列来实现。孔板必须要造成足够的阻力才能精确地调节各燃烧室的煤气量。根据计算和实践表明，孔板断面若大于分管断面的70%，会因阻力过小而显著降低对煤气量控制的精确性。故孔板断面以小于分管断面的70%为宜。孔板直径的排列，取决于煤气主管从始端至末端的压力分布。孔板直径的平均值取决于煤气的使用量和所规定的煤气主管压力。

用焦炉煤气加热时，边燃烧室孔板直径约为中部燃烧室的85%；用高炉煤气加热时，应按边煤气蓄热室供给的燃烧室来确定。调节直行温度的均匀性时，要经常保持管路的畅通并使各旋塞开正，不要轻易更换孔板。当个别燃烧室温度低、煤气量不足时，还可用横管压力和孔板直径配合来检查管路中产生不正常阻力的部位。表4-7列出几种当燃烧室温度低、煤气量不足时的情况。

表4-7　横管压力、孔板直径与阻力的关系

横管压力	孔板直径	不正常阻力的部位
大	大或正常	横管后
小	大或正常	横管前或横管
正常	大	横管后

一般情况下，消除堵塞或加热设备上的缺陷后就可使炉温上升。只有当这些影响因素在短时间内不能消除时，才通过更换孔板来解决煤气量的不足。为了调节准确和便于掌握情况，一般不用调节旋塞开度的方法调节各燃烧室煤气量。大型炼焦炉煤气分管上的孔板直径每改变1mm，直行温度约变化15～20℃。

④ 空气量的调节　炉温不仅受煤气量影响，还因空气量而变化，因此，在保证供给各燃烧室均匀煤气量的基础上，还需使各燃烧系统的空气量均匀一致。进入各燃烧系统的空气量取决于废气盘上进风门开度、废气盘翻板开度、废气砣杆高度和废气砣的严密程度。

废气盘进风门的开度除边炉外应全炉一致。根据边燃烧室进风量为中部燃烧室的70%～75%的原则，边蓄热室废气盘上的进风门开度为中部的1/3，靠边蓄热室废气盘上的进风门开度可为中部的85%～100%。废气砣杆高度应全炉一致，且保持严密。各燃烧室的进空气量主要由废气盘翻板的开度来调节。为使蓄热室顶部吸力一致，废气盘翻板开度应按距烟囱远近而定并留有调节余量。

⑤ 蓄热室顶部吸力的调节　用焦炉煤气加热时，调节蓄热室顶部吸力相当于调节空气和废气量的分配。将各蓄热室不同气流的吸力调节均匀后，可使供给各蓄热室的煤气或空气达到全炉均匀一致，从而达到炉温均匀的目的。

（4）直行温度稳定性的调节　机侧、焦侧测温火道平均温度一般可用来代表全炉温度，全炉总供热的调节应当使机侧、焦侧测温火道平均温度符合所规定的标准温度，并保持稳定。在结焦时间一定的情况下，直行温度的稳定性常因装煤量、配煤水分、煤气发热量、煤气温度和压力等因素的变化，以及出炉、测温操作及调节不当而破坏，因此，必须及时并准确地调节全炉煤气流量和空气系数。

① 装炉煤量和装炉煤水分　装煤量必须严格控制，力求稳定，每炉波动值不大于±1%。

装炉煤水分的波动对直行温度的稳定性影响也很大。如果装炉煤水分发生变化而加热调节跟不上，就会使炉温产生波动。在正常结焦时间下保持装入的干煤量不变，配煤水分每增减1%，炉温要升降5～7℃，供炼焦炉加热的煤气量相应增减2.5%左右，才能保持焦饼的成熟度不变。

② 煤气发热量　煤气发热量因煤气组成、压力和温度的不同而变化。若配煤质量没有严格要求，炭化室压力不稳定，甚至经常在负压下操作时，焦炉煤气的组成会有很大波动，继而影响到煤气的发热量，直行温度的稳定性也受到影响。由于入炉煤气管道很长且暴露于大气中，当大气温度改变时，煤气温度也随之变化。在其他因素稳定时，炉温变化规律和大气变化规律相反（无煤气预热器的炼焦炉），即白班下降，中班变化不大，夜班上升，其最大波动值可达10～15℃，因此规定直行温度安定系数为±7℃。

③ 空气系数　煤气燃烧总是在一定空气系数条件下进行的，炉温的高低与空气系数有关。当空气系数较小时，增加煤气量会降低炉温，这是因为增加的煤气并未参与燃烧，却增加了排出的废气量，导致废气温度降低。空气系数过高，会因废气量加大而使废气温度降低。因此应注意燃烧情况的检查，及时掌握空气系数。空气系数除用仪器分析外，为了及时掌握情况，还应通过观察火焰来判断燃烧情况。

用焦炉煤气加热时，正常火焰为稻黄色。空气系数大时，火焰发白且短而不稳，火道底部温度偏高；空气系数偏小时，火焰发暗且冒烟。空气和煤气都多时，火焰相对较大，火道温度高；空气和煤气都少时则相反。

为使煤气和空气配合恰当，空气量的调节总是和煤气量的加减同时进行的。在一定的结焦时间下，一般以烟道吸力来调节空气量。根据实际生产的经验，在正常结焦时间下，其关系见表4-8。

表4-8　煤气流量变化与烟道吸力变化的关系

炉型和孔数	煤气流量/(m^3/h)	烟道吸力波动值/Pa	直行平均温度波动值/℃
50孔-JN-60型	±300～350	±5	±2～3
65孔-JN-43型	±200～300	±5	±2～3
36-4孔-JN-43型	±100	±5	±2～3
25孔-JN-66型	±50	±3～5	本侧　±5～7 对侧　±2～3

④ 其他因素的影响　当大气温度变化很大时，由于大气密度的变化使炉内浮力和实际温度下的空气体积发生变化，经进风口入炉的空气量和加热系统的压力分布将变化。在进风口开度和分烟道吸力不变的情况下，进炉的空气量增多，燃烧系统吸力变小，看火孔压力增大；而在背风侧则相反。

检修时间对炉温也有一定的影响，检修时间越长对炉温的影响越大。检修初期，由于全炉炭化室中没有处于结焦末期的，此时全炉平均温度最低；在检修末期，处于结焦末期的炭化室增多，全炉平均温度也最高。当检修时间为2h时，炉温变化量约为5～8℃。结焦时间较长时，检修时间也会较长。如果某段检修时间使炉温波动大，出炉操作不均衡，应把检修时间分几段，每段时间为1.5～2h。

综上所述，为提高直行温度的稳定性，应掌握影响炉温各因素的变化规律，安排好循环检修计划，稳定出炉操作制度以及装炉煤的数量和质量，以保证炼焦炉加热制度的稳定。由于炼焦炉的炉砖蓄热能力较大，增减流量后的效果一般要经过3～5h后才能反映出来。若炉温正处于上升或下降趋势，调节效果的显示时间将会更长些。

4. 横排温度的调节

横排温度是调火中最重要的工作之一，它除了保证正常推焦和焦炭质量以外，还是能否发挥炼焦炉最大生产能力和降低耗热量的关键。横排温度调节可分初调、细调两步。初调主要是处理高低温号，调整加热设备，调匀蓄热室顶部吸力；细调是选 5～10 排，从试调中找出合适的加热制度，校对喷嘴和调节砖排列，然后推广到全炉。横排温度主要靠调节地下室煤气喷嘴的大小来调节燃烧室火道所需要的煤气量，生产中一般都根据经验来配置横排的煤气喷嘴。

(1) 看火　在用焦炉煤气加热时，看火是了解加热火道内燃气燃烧情况的主要方法，是每天都要进行的一项工作。当发现火焰小而昏暗且燃烧无力时，表明空气、煤气都少；如果火焰很大，亮而有力，表明空气、煤气都多。前者火道温度偏低，后者火道温度偏高。对于两侧炉头来说，由于空气预热温度低，火焰带有暗红颜色，若其中带有黑线，表明空气不足；若火焰很短，则表示空气偏多。

看火过程中如果遇到上述情况，不应立即做出判断，应连续查看多个相邻下降火道底部砖面的颜色，借以判断其燃烧与温度的情况，并辨别这种现象是普遍的还是个别的。火道底部砖面颜色显示的温度范围见表 4-9。

表 4-9　火道底部砖面颜色显示的温度范围

火道底部砖面颜色	温度范围/℃	火道底部砖面颜色	温度范围/℃
黑红色(夜间可见)	约 600	暗橙色	1109
暗红色	约 700	亮橙色	1200
深樱红色	800	橙白色	1300
樱红色	900	耀眼白色	1400
浅樱红色	1000		

(2) 煤气和空气的调节　通过调节火道煤气量来调节横排温度非常简便，但它不能保证燃烧室各火道都在同样的空气系数下燃烧。为使各火道都能完全燃烧，必须采用大一些的空气系数 (a)，一般在立火道取样的平均 a 值为 1.20～1.25 之间。

用焦炉煤气加热，空气供入量比煤气多 5 倍以上，改变煤气量对温度的影响要比改变空气量敏感得多。但是如果吸力不稳定使空气系数波动，也会使横排温度调不稳。合理地控制好蓄热室顶部吸力并把它调均匀，不光表示进入各燃烧室空气量均匀合适，也关系到各火道空气分配比值的稳定。只有在这种条件下，才能使用煤气喷嘴（或加减铁丝）调横排的效果明显稳定，不会出现曲线的反常现象。

如果调温中出现的横排曲线不正常，除特殊明显情况外，不要马上处理，应先把原因搞清楚，能解决的设备问题（如清扫、喷补、修理等）尽早解决，尽量保持或创造调节上可能达到的规律，减少调节上的可变因素，保证调温工作有条不紊地进行。

5. 炉头温度的调节

造成边火道温度低的原因可能是由于炉头热损失大造成的，也可能受炉头-对火道浮力差的影响，还可由蓄热室封墙严密性差引起。由于炉头部位散热较多但装煤量少，其火道温度也比中部低。炼焦炉侧面热损失随着结焦时间的延长而增加，这部分热量主要由边火道来承担，这就造成了炉头-对火道热量供需的不平衡，导致边火道温度偏低。

在正常结焦时间下，炉头-对火道具有一定的温度差，使其浮力差 1～2Pa，特别是当采用贫煤气加热时，此浮力差的值随着炭化室的增高和结焦时间的延长而增大。例如，当结焦时间为18h时，斜道上升与下降的总阻力为50Pa，上升斜道为25Pa，浮力差1Pa，它仅能影响2%的气量；当结焦时间延长到24h以上时，上升斜道的气量增加到8%左右。因此，结焦时间越长约不利于边火道的加热。

当蓄热室封墙不严密而使用高炉煤气加热时，由于结焦燃烧系统除看火孔外均为负压，在加热过程中不可避免地会有一部分空气漏入，进而冷却蓄热室炉头部分，降低上升气流空气的预热温度。进入的空气会与煤气在蓄热室内混合燃烧产生废气，随煤气进入边火道，降低了煤气的发热值。由于进入边火道的煤气加热值低和空气预热温度的降低，往往导致边火道温度降低。此外，当炼焦炉使用高炉煤气加热时，小烟道与两叉部接头处严密的好坏，对边火道温度也有相同的影响。

提高边火道温度可从以下几个方面入手：①用焦炉煤气对边火道进行补充加热；②采用间断加热的方法，即当结焦时间为24h时，仍采用18h时的煤气流量、分烟道吸力、煤气主管的压力和孔板，一个交换中有1/3的时间不送煤气；③改进结焦的设计，将蓄热室封墙结构改为从里到外由黏土砖（或硅砖）、断热转、黏土砖三层砖体结构组成，在断热砖外面再贴一层20～30mm硅酸铝纤维毡；④加强生产管理，尤其注意炼焦炉表面的严密、蓄热室封墙的结构，并确定正确的压力制度。

6. 蓄热室高温的处理

在正常加热的情况下，蓄热室温度与标准火道温度之间，保持有一定的温度差，正常情况下的蓄热室温度一般都不超过1250℃。当操作不正常时，会出现漏火、下火，造成蓄热室高温，甚至引发高温事故。

所谓漏火，指的是由于砖煤气道不严或是炭化室底砖不严，漏往蓄热室煤气燃烧的火焰；而下火则是从炭化室漏往燃烧室里烧不完的煤气继续进入蓄热室里燃烧的现象。凡是出现高温，除了要及时抢修以消除漏火、下火的根源以外，必要时还要采取临时的降温措施。如果是因为炭化室漏气燃烧不完全造成的高温，可打开看火孔盖让燃烧不完的煤气从看火孔排出，根据需要采取开大高温蓄热室的空气口与相邻下降蓄热室的废气翻板的办法，增加入炉的冷空气量。如果因为煤气喷嘴脱落而引起蓄热室高温，要立即把喷嘴上好，及时喷补漏气严重的砖煤气道。

总之，出现蓄热室高温，主要是由于操作管理不善所造成的，加强操作管理是防止高温事故的关键。调火和热修人员应对相关问题做定期检查，发现问题及早处理。

7. 高向加热的调节

炭化室装入煤高向（上下）加热的均匀程度，主要取决于火焰的长短，而火焰的长短，则取决于煤气的燃烧速度。燃烧速度与煤气同空气混合速度和均匀程度、进入燃烧室的煤气或空气的预热温度有关。焦炉煤气中可燃成分多，遇空气即燃，火焰短；高炉煤气中惰性气体多，可燃成分少，与空气混合速度慢，火焰长。

改进高向加热，在设计上可采用高低灯头、不同厚度的炉墙、分段加热、废气循环等手段；在操作上，合适的空气系数、实施废气循环、拉长焦炉煤气火焰、焦炉煤气贫化等都是有效的。

8. 除炭和“爆鸣”

用焦炉煤气加热时，由于焦炉煤气在砖煤气道中部分受热分解，形成的石墨会堵塞砖煤气道及烧嘴，因此，当火道处于下降气流，砖煤气道中不通焦炉煤气时，应通入空气烧除石墨，即除炭。

通入的空气若与砖煤气道中的残余煤气混合并着火，会发生“爆鸣”。“爆鸣”会使砖煤气道灰浆或烧嘴震漏、脱落，严重影响调温。造成“爆鸣”的根本原因是残余煤气和空气的混合，条件是在交换过程中的相互串漏。因此，防止“爆鸣”的主要措施是严密，以消除残余煤气和空气混合的可能性。

五、高炉煤气加热时的热工调节

由于高炉煤气和焦炉煤气的成分和发热量不同，因此用高炉煤气加热时在调节上与焦炉煤气加热时既有共同的原理，又有不同的特点。

1. 用高炉煤气加热的特点

(1) 高炉煤气中含 CO 25%～30%，毒性大。为了防止空气中 CO 含量超标，必须保持煤气设备严密，确保高炉煤气进入交换开闭器后处于负压状态。

(2) 同体积的高炉煤气的发热量较焦炉煤气低得多，一般为 3300～4200kJ/m^3，不易燃烧。为提高燃烧的热效应，必须对高炉煤气进行预热。

(3) 用高炉煤气加热时，耗热量高，产生的废气多，且密度大，阻力大。

(4) 高炉煤气中的惰性气体含量较高，约占 70%以上，因而火焰较长，焦饼上下加热的均匀性较好，小烟道废气出口温度比使用焦炉煤气加热时低 40～60℃。

(5) 高炉煤气含尘量大，长期使用后，煤气中的灰尘会沉积在煤气通道中，增加阻力，影响加热的正常调节。

2. 高炉煤气加热时的加热制度

(1) 全炉煤气量的确定　由于高炉煤气的发热量为焦炉煤气的 20%～25%，高炉煤气加热时的炼焦耗热量要比焦炉煤气加热时高 10%～20%，可以按下式计算：

$$V_{高}=1.15V_{焦}Q_{焦}/Q_{高} \tag{4-10}$$

式中　$V_{高}$，$V_{焦}$——高炉煤气和焦炉煤气的总流量，m^3/h；

$Q_{高}$，$Q_{焦}$——高炉煤气和焦炉煤气的热值，kJ/m^3。

采用高炉煤气加热时，标准火道的温度可比焦炉煤气加热时低 20～30℃，然后再根据焦饼中心温度来调整标准温度与煤气流量。

(2) 分烟道吸力的确定　在同一结焦时间下，用高炉煤气加热时所产生的废气量为用焦炉煤气加热时的 1.5 倍左右。改用高炉煤气加热时，分烟道吸力可按下式确定：

$$a_{高}=2.55(a_{焦}-h_1)+h_2 \tag{4-11}$$

式中　$a_{高}$，$a_{焦}$——高炉煤气、焦炉煤气加热时分烟道吸力，Pa；

h_1，h_2——焦炉煤气、高炉煤气加热时分烟道至看火孔下降侧的总浮力，Pa。

高炉煤气加热时分烟道至看火孔下降侧的总浮力在实际操作中，可认为 h_1 约等于 h_2，蓄热室顶至看火孔每毫米浮力可以取 10Pa，小烟道至蓄热室顶浮力每毫米可取 8.5Pa，分烟道至小烟道浮力每毫米可取 5Pa。有时，根据生产经验可取高炉煤气加热时的吸力为焦炉煤气加热时的分烟道吸力的 1.8 倍。

(3) 进风门开度的确定　高炉煤气中可燃气体的成分较少，仅 30%左右，烧高炉煤气需要的空气量也较小。根据计算和生产经验，用高炉煤气加热时，进风门的开度约为用高炉煤气加热时的两个进风门总开度的 90%或 100%。

带废气循环的炼焦炉，用高炉煤气加热时立火道 a 值保持 1.2 左右，小烟道的 a 值为 1.25～1.30。更换煤气后，可根据实测的 a 值和看火孔压力，最终确定风门的开度和分烟道吸力。

(4) 机侧、焦侧流量的分配　用高炉煤气加热时，由于废气量增加，废气带走的热量占总耗热量的比例增大，焦侧的热效率比机侧降低得更多；另外，焦侧上升与下降气流吸力差比机侧大，使封墙漏气增加，因此，焦侧和机侧耗热量的比值要比使用焦炉煤气加热时大。机侧、焦侧流量的关系可用下式来计算：

$$V_{焦}/V_{机}=1.05W_{焦}/W_{机} \tag{4-12}$$

式中　$V_{焦}$，$V_{机}$——焦侧、机侧使用煤气量，m^3/h；

$W_{焦}$，$W_{机}$——焦侧、机侧炭化室平均宽度，mm；

1.05——经验数，设计焦侧斜道开度比机侧大 1.05。

根据机侧、焦侧标准火道的温度可确定机侧、焦侧的加热煤气流量分配是否合理，为了减少管道漏煤气的机会，地下室主管压力不宜过高，一般以保持 500～1000Pa 为宜。

3. 蓄热室顶部压差的调节

煤气、空气蓄热室顶部之间的压力差代表着进入燃烧系统空气和煤气的配比。因为煤气和空气经斜道进入立火道底部时压力相同，而煤气斜道与空气斜道的浮力也基本相同，根据上升气流伯努利方程式，立火道底部的压力应为：

$$a_{立}=a_{煤}+h-\Delta p_{煤}=a_{空}+h-\Delta p_{空} \tag{4-13}$$

所以

$$a_{煤}-a_{空}=\Delta p_{煤}-\Delta p_{空}$$

式中　$a_{煤}$，$a_{空}$——煤气和空气蓄热室顶部压力，Pa；

$\Delta p_{煤}$，$\Delta p_{空}$——煤气、空气斜道阻力，Pa。

由公式可知，上升气流煤气蓄热室顶部与空气蓄热室顶部压力差等于煤气和空气斜道的阻力差。

高炉煤气的密度与空气的密度相差很小，在计算中可以近似看作相等。阻力之比等于气量平方比，因此空气斜道与煤气斜道阻力之比的平方根即为空气与煤气的分配比。

上升气流煤气、空气蓄热室顶部压差与下列因素有关。

(1) 空气系数 a　a 值越大，相同体积煤气完全燃烧所用的空气就越多，煤气、空气蓄热室之间的压差就越小。当煤气的热值在 3700～3900kJ/m^3 时，若 a 值为 1.3，煤气、空气蓄热室的压差基本为 0，即所谓的等压操作。

(2) 煤气热值　煤气的热值越高，说明煤气中可燃成分越多，完全燃烧时所需要的空气量也就越多，煤气、空气蓄热室的压差就越小。若煤气热值进一步升高，上升空气蓄热室中的空气将漏到煤气蓄热室中，造成炉头煤气质量变差，炉头温度降低。为避免上述现象的发生，在用发生炉煤气加热时，煤气斜道口的开度与空气斜道口的开度之比定为 1∶1.3。

(3) 结焦时间　在不考虑由结焦时间变化而引起炼焦耗热量的变化时，立火道 a 值保持不变，上升气流煤气、空气蓄热室顶部的压力差与结焦时间的平方成反比。

下降气流煤气和空气蓄热室顶部的吸力差，代表着废气在两个蓄热室中分配比。它同上升气流煤气和空气蓄热室顶吸力差一样，也是阻力差，即 $a_{空}-a_{煤}=\Delta p_{空}-\Delta p_{煤}$。下降气流煤气与空气蓄热室顶的吸力差与上升气流相关，因此影响上升气流煤气、空气蓄热室顶吸力差的因素同样也影响下降气流的压差，而且关系不变。

一般情况下煤气量比空气量多，而单位体积的高炉煤气和空气的吸热能力相近，所以对于煤气蓄热室，需要通过进入较多废气来补充热量。废气在两个蓄热室中的分配是否合适，可用下降气流小烟道出口处的废气温度来检查。在没有下火的情况下，两个小烟道出口废气温度相差在20℃以内时，说明废气量分配基本合适。如果相差较大，可以用小烟道翻板开度来调节。

总之，在一切调节中都应以保证立火道燃烧正常、温度均匀和稳定为最终目的，不能顾此失彼。

4. 蓄热室顶部吸力的调节

(1) 吸力测量方法的分析　多数用高炉煤气加热炼焦炉的工厂，在测量吸力时，以标准煤气蓄热室（或空气蓄热室）顶部吸力为标准，测它与其他煤气和空气蓄热室的压差，上升气流对上升气流，下降气流对下降气流。这种吸力测量方法测出的压差值波动较大。无论是控制煤气蓄热室顶部吸力不变还是控制分烟道吸力不变（控制煤气蓄热室顶部吸力不变较好），加热煤气主管压力的波动对煤气和空气蓄热室顶部吸力的影响是不同的。此时，如果以煤气蓄热室为标准去测空气蓄热室的压力，会出现读数不稳的情况，容易带来假象。而分别以煤气和空气蓄热室为标准去测煤气和空气蓄热室的压力差，不仅读数稳定，误差小，同时直观、调节方便，可使波动对蓄热室顶部吸力的影响降至最低。

(2) 吸力的调节方法　分烟道吸力的波动会改变上升气流煤气蓄热室顶部吸力，但是这种吸力变化（包括改变小烟道翻板开度而引起的吸力变化）对煤气供给量的影响很小，可以看作不变。只有通过更换孔板（单个煤气蓄热室）、改变地下室加热煤气主管的压力（对一侧煤气蓄热室）的办法才能改变煤气的供给量。

吸力测量与调节的方法不正确会带来一些怪现象，而且使各燃烧室内的 a 值相差较大，吸力不稳，重复调节时常发生。为了保证能正常出焦，只有提高炉温，但焦炉的炼焦能耗也会随之增加。为使蓄热室的吸力更稳定，各燃烧室内燃烧的情况更均匀，炼焦能耗更低，必须采用正确的方法测量吸力。

测量吸力前，先要选好标准号，测量与标准号的相对值。测上升、下降气流蓄热室顶部的吸力时，以煤气或空气蓄热室作标准，测与其他煤气和空气蓄热室的相对值。吸力测完后要做相应的分析，然后再进行调节。在炉龄较长的炼焦炉中，出现燃烧室多火道斜道堵塞时，单凭吸力均匀不可能达到炉温的均匀。在用高炉煤气加热时，为保住炉温，可对堵塞号相关的蓄热室采取特殊的压力制度。炉头老化后，吸力的调节应服从温度，可以允许超过所允许的范围。风门的开度也可根据需要调整，不必强调一致。

综上所述，高炉煤气加热时的调温技术比较复杂，出现的问题也可能较多。为了充分利用高炉煤气，省出热值高并能作为化工原料的焦炉煤气，一切有条件的炼焦炉均应创造条件使用高炉煤气。生产实践表明，当调节正常后，炉温的稳定和控制远比焦炉煤气加热的炼焦炉好，工作量轻，还有利于实现炼焦炉加热的自动调节。

任务二 认识加热煤气设备

焦炉煤气加热设备的作用是向炼焦炉输送和调节加热用煤气和空气，主要包括煤气管系和入炉煤气管件。煤气管道上设有调节和控制用的不同类型的节流管件及测量温度、压力、流量的接点，能使系统供热均匀稳定又方便调节。还配有预热器、水封等附属设备来改善加热条件。

加热煤气设备的状态如何，对炼焦生产的影响很大。所以加强维护和管理、经常保持正常运转是保证炼焦炉稳产、优质的重要条件。

一、入炉煤气管系

大型炼焦炉一般为复热式炼焦炉，可给两套煤气加热（高炉煤气与焦炉煤气），因此配备有两套煤气加热系统。单热式炼焦炉多数是中、小型炼焦炉，只配备一套煤气加热系统。各种炉型的煤气管道的布置基本相同，以JN型炼焦炉为例，煤气管系如图4-1所示。

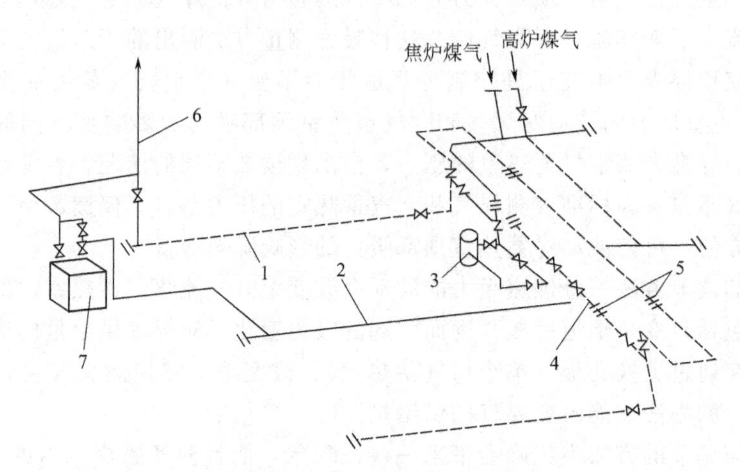

图4-1　JN型炼焦炉的煤气管系

1—高炉煤气主管；2—焦炉煤气主管；3—煤气预热器；4—混合用焦炉煤气管；5—孔板；6—放散管；7—水封

由总管来的高炉煤气分配到机侧、焦侧的两根高炉煤气主管，再经支管供入炼焦炉。高炉煤气主管的机侧、焦侧始端一般设有煤气混合器，可按需掺入部分煤气，提高煤气的热值。从焦炉煤气主管分出混合用焦炉煤气管，分机侧、焦侧接至煤气混合器。煤气混合器是一个同心的套管段，内管上钻有许多小孔，焦炉煤气由外管进入管间，并经小孔进入高炉煤气管道。

焦炉煤气管道分为下喷式和侧入式两种，下喷式炼焦炉的加热焦炉煤气，由外部的煤气总管导入地下室的一根主管中，再经分管、横管、小支管分配到各立火道中去。侧入式的焦炉煤气，由总管来的煤气分配到机、焦两侧的主管中，再经支管送到炼焦炉横砖煤气道中去。

焦炉煤气主管上设置煤气预热器，既可预热焦炉煤气，又能防止萘、焦油等物质从焦炉煤气中冷凝析出堵塞管件。煤气预热器是直立列管式的热交换器，煤气由下部进入，在流经列管段的过程中，被管外的蒸汽预热到45～50℃后进入加热煤气主管中。

各种加热煤气管系支管节流孔板直径一致，加热煤气主管采用变径（后段管径小于前段），控制总管煤气流速不超过15m/s，主管不超过12m/s。在总管和主管上设有煤气开闭器，用于调节和切断全炉的煤气供应，当长期切断煤气时，尤其是检修时，必须堵盲板，以确保安全。主管上还设有煤气压力自动调节翻板，按生产需要，自动地保持加热煤气压力的规定值。在总管和主管上装有煤气流量孔板，可测量进入全炉或一侧的煤气量。

为使管道内的积水和焦油顺利排出，煤气管道应有一定的坡度。为放出冷凝液，加热煤气管道的最低点应设有冷凝液水封槽［图4-2(a)］。煤气压力波动时，为使煤气不致窜出液面，冷凝液排出管插入深度至液面间的有效水封高度H一般控制在1.2～1.5m。在水封槽上配置有向水封槽注水用的清水管、防冻用的蒸汽管和排气用的放散管等。

管系中通常还设有自动放散水封槽［图4-2(b)］，能稳定煤气总管的压力，缓冲换向时管道中煤气压力急增对仪表等设备带来的危害，当煤气压力超过连接管插入深度时，煤气会冲出水面由放散管逸出。

除上述设备外，煤气管系中还设置有煤气安全设备和其他附属设施，以备清扫、开工和发生事故时使用，如蒸汽管、放散管、取样管和防爆阀等。

在日常生产中要注意经常检查与维护，使煤气管道的各部分保持严密，以防止生产中煤气外漏，引起中毒、着火和爆炸。

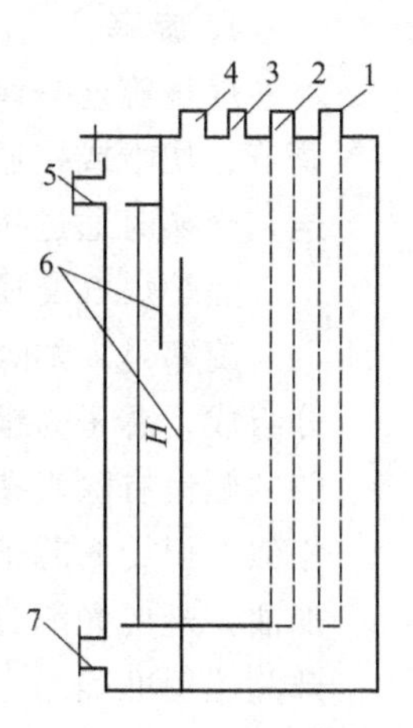

(a) 冷凝液水封槽

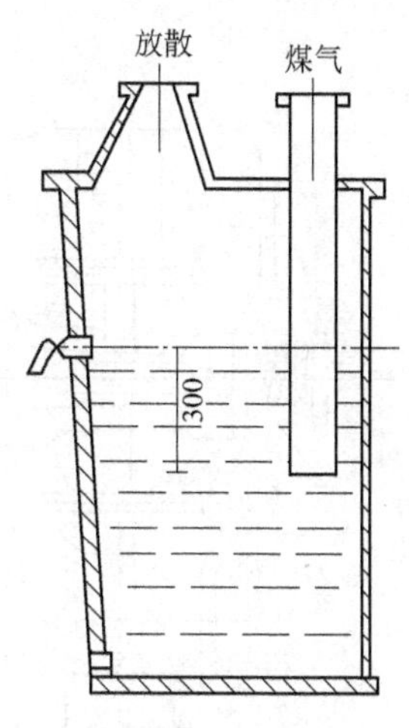

(b) 自动放散水封槽

图 4-2 水封槽

1—蒸汽管；2—冷凝液排出管；3—进水管；4—煤气放散管；5—溢流管；6—挡板；7—放空管

二、入炉煤气管件

通常在加热煤气主管上设置支管(分管)，通过调节旋塞、交换旋塞和小孔板等将煤气导入炼焦炉内。JN 型炼焦炉地下室入炉煤气管件的装置如图 4-3 所示。

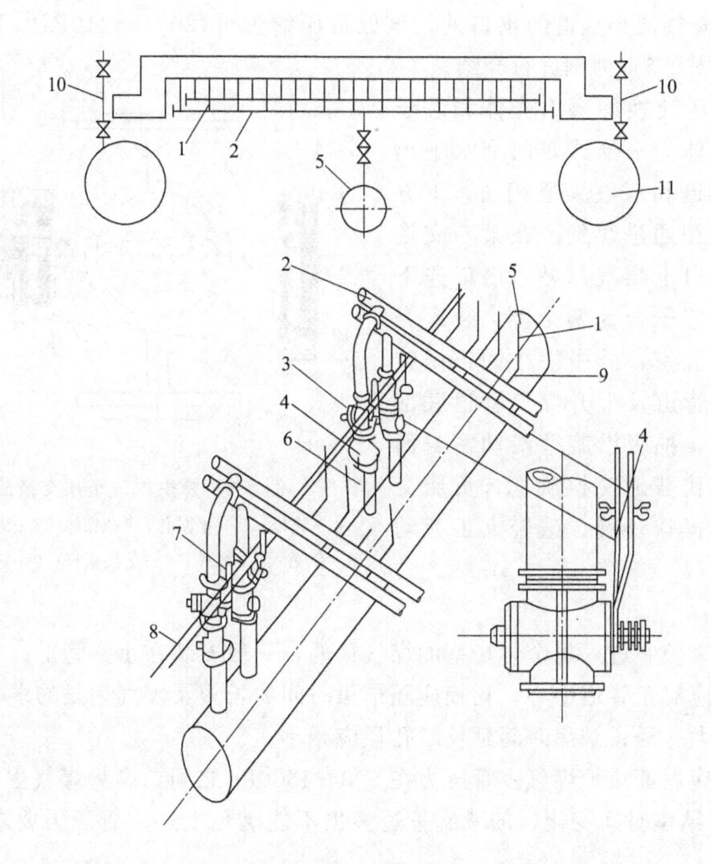

图 4-3 JN 型炼焦炉地下室入炉煤气管件配置图

1—煤气下喷管；2—煤气横管；3—交换旋塞；4—调节旋塞；5—焦炉煤气主管；6—煤气支管；7—交换搬把；8—交换拉条；9—小横管；10—高炉煤气支管；11—高炉煤气管

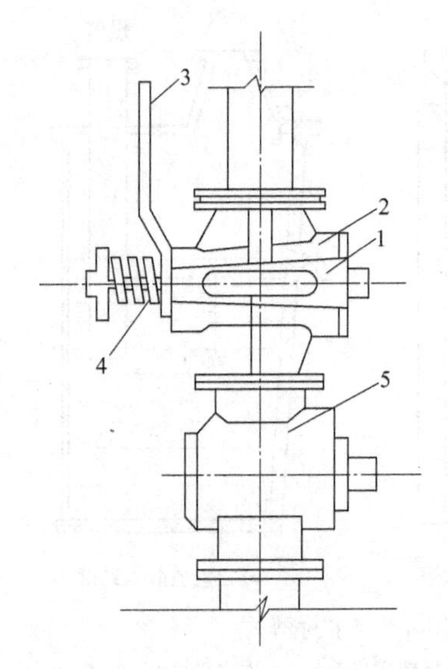

图 4-4　焦炉煤气交换旋塞构造
1—旋塞芯子；2—旋塞外壳；3—搬把；4—调节弹簧；5—弹簧

1. 旋塞

煤气旋塞分调节旋塞和交换旋塞两种，调节旋塞是用来调节、切断或接通煤气的，交换旋塞通过搬杆与交换拉条相连，交换时通过拉条带动搬杆，控制交换旋塞的开关。

焦炉煤气交换旋塞构造如图 4-4 所示。

旋塞是入炉煤气设备中的重要部件，由壳体和芯子两部分组成，芯子为锥形三通结构，旋塞外壳上与气流方向垂直的一侧设有除炭孔。高炉煤气交换旋塞与焦炉煤气旋塞基本相似，但旋塞芯子是两通的，不设除炭孔。旋塞要定期清洗加油，既要光滑灵活又要求严密畅通，特别是交换旋塞要求开关位置准确。

炼焦炉正常生产时，交换旋塞由于经常转动，很容易泄漏，工厂普遍使用负压交换旋塞代替普通旋塞。在正常生产的炼焦炉中，整个燃烧系统均处负压状态，负压值约为 0～120Pa。负压交换旋塞所需的负压就是借炼焦炉燃烧系统内的负压实现的。焦炉煤气交换旋塞的负压取自下降气流的砖煤气道底部，该处负压约为－80～－70Pa；高炉煤气交换旋塞的负压取自下降气流小烟道的出口处，该处负压约为－120～－110Pa。下面以焦炉煤气负压交换旋塞（图 4-5）为例进行介绍。

焦炉煤气负压交换旋塞由壳体和芯子两部分组成，壳体为三通式，两个水平出口分别与单数火道和双数火道相通，下方入口与煤气管道相通进煤气。在某一交换周期内，一个出口上煤气，另一出口连下降气流。旋塞的芯子分为两个腔，装入壳体后会形成两个腔室，其中一个为正压腔室，与煤气入口管道及上升煤气管道底部的负压共同作用，抽吸沿旋塞滑动密封面外泄的煤气。相比普通交换旋塞，负压交换旋塞具有改善操作环境、减轻人工劳动强度等优点。

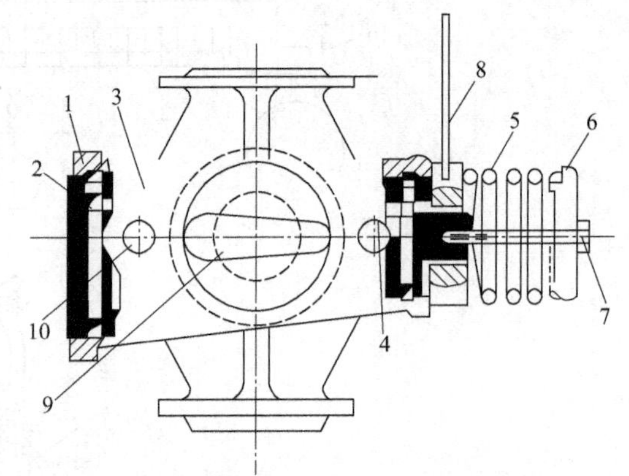

图 4-5　焦炉煤气负压交换旋塞结构
1—流槽；2—导回孔；3—壳体；4—芯子；5—弹簧；6—压盖；7—螺栓；8—交换搬杆；9—除炭孔；10—油标

2. 小孔板

小孔板是用来控制进入每个燃烧室的煤气量的，一般安装在小支管上。小孔板加工应精确，安装时孔口应对正管道中心，孔径应随结焦时间的长短及煤气用量的多少而变化。结焦时间缩短，应加大孔径；结焦时间延长，孔径应减小。

生产中一般应保证焦炉煤气主管压力在 500～1500Pa 之间，高炉煤气主管压力在 600～1000Pa 之间。当结焦时间变化，加减流量过多也不能满足上述主管压力要求时就需要全炉更换小孔板。

一般情况下，小孔板的孔径应不大于管径的 70%，以备有调节的余地。早期孔板安装在两片法兰之间，更换比较繁琐，现采用孔板盒结构，更换孔板不仅操作方便、省时省力，而且控制煤气量稳定准确。

任务三
认识废气设备

焦炉废气系统设备包括交换开闭器（废气盘）、机焦侧分烟道翻板及总烟道翻板（或闸板）。

一、交换开闭器

交换开闭器是控制进入蓄热室的加热煤气、空气和排出燃烧所生成废气的设备。由交换系统带动各部开关装置，使焦炉加热进行换向。交换开闭器的结构形式有多种，大体可分为提杆式双砣盘型和杠杆双砣型两种。

1. 提杆式双砣盘型交换开闭器

JN43-58 型炼焦炉多采用提杆式双砣盘型交换开闭器（图 4-6）。它由筒体、砣盘和两叉部构成。两叉部内有两条通道，一条连高炉煤气接口管和煤气蓄热室的小烟道；另一条连接进风口和空气蓄热室的小烟道。废气连接筒经烟道弯管与分烟道接通。废气连接筒体内设有两层砣盘，上砣盘的套杆套在下砣盘的芯杆外面，芯杆经小链与交换拉条连接。

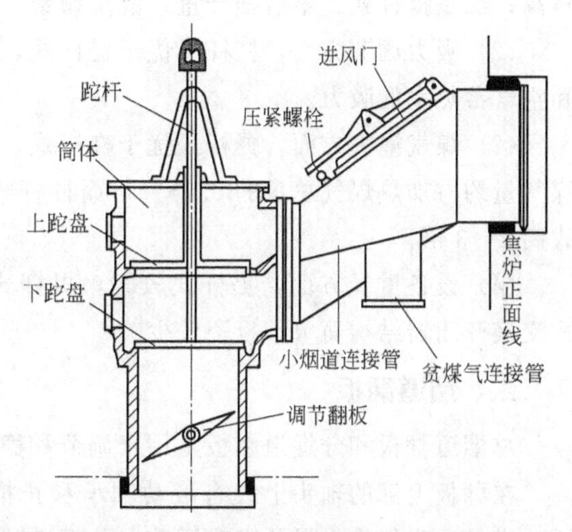

图 4-6 提杆式双砣盘型交换开闭器

用高炉煤气加热时，空气叉上的空气盖板与交换链连接，煤气叉上的空气盖板关闭。上升气流时，筒体内两个砣盘落下，上砣盘将煤气与空气隔开，下砣盘将筒体与烟道弯管隔开；下降气流时，煤气交换旋塞靠单独的交换拉条关闭，空气盖板在废气交换链提起两层砣盘的同时关闭，使两叉部与烟道接通排出废气。

用焦炉煤气加热时，两叉部的两个空气盖板均与交换链条连接，上砣盘可用卡具支起使其一直处于开启状态，仅用下砣盘进行开闭废气。上升气流时，下砣盘落下，空气盖板提起；下降气流时则相反。

砣杆提起高度和砣盘落下后的严密程度均对气流量有影响，故要求砣杆提起高度应一致，砣盘严密无卡砣现象，还应保证废气盘与小烟道及烟道弯管的连接处严密。高炉煤气的流量主要取决于支管压力和支管上调节流量的孔板直径，与蓄热室的吸力关系不大。空气流量主要取决于风门开度和蓄热室的吸力；废气流量则主要取决于烟囱的吸力。

提杆式双砣盘型废气盘在采用高炉煤气加热时，不能精确调节煤气蓄热室和空气蓄热室的吸力，这是它的缺点。

2. 杠杆式双砣盘型交换开闭器

JN43-80 型炼焦炉、JN60 型炼焦炉以及 ПВР 型炼焦炉多采用杠杆式双砣盘型交换开闭器。杠杆式交换开闭器有单体式和双体式两种不同结构形式。单体式结构是每对蓄热室配备两个交换开闭器，其中一个是煤气废气交换开闭器，另一个是空气废气交换开闭器。双体式结构是每对蓄热室配备一个交换开闭器。

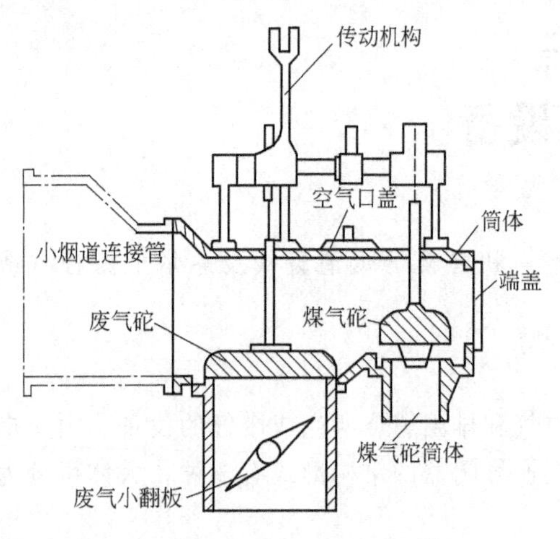

图 4-7　杠杆式双砣盘型交换开闭器

与提杆式双砣盘型交换开闭器相比，杠杆式双砣盘型交换开闭器（如图 4-7）用高炉煤气砣代替高炉煤气交换旋塞，通过杠杆、卡轴和扇形轮等传动废气砣、煤气砣和空气盖板，省去了贫煤气交换拉条。

生产实践表明两种交换开闭器各有优缺点。

(1) 环境保护方面，提杆式不如杠杆式。一是提杆式交换开闭器地下室空气中的 CO 含量较高；二是提杆式旋塞磨损严重，清洗频繁。

(2) 吸力调节方面，杠杆式优于提杆式，因杠杆式交换开闭器是单叉，可分别调节煤气和空气蓄热室的吸力。

(3) 煤气漏失方面，提杆式优于杠杆式，提杆式交换开闭器由于采用旋塞，漏失的高炉煤气量约占加热煤气总量的 0.75%，而杠杆式由于交换煤气砣关不严，煤气漏失量比提杆式高 2～3 倍。

(4) 设备重量方面，提杆式较轻，提杆式约 1.0t/炉孔，杠杆式约 1.3t/炉孔，且提杆式交换开闭器结构简单，投资较少。

二、烟道翻板

总烟道翻板和分烟道翻板是用来调节和稳定烟道吸力的设备。

在翻板上部的轴头上设有滚动轴承和止推轴承，翻板由槽钢结构架承托，翻板转动灵活，满足对废气排出量的准确调节。总烟道翻板可不设自动调节机构，机焦侧分烟道翻板一般都设有自动调节结构，便于稳定分烟道吸力值。

此外，在分烟道中设有测量温度和吸力的接点。有些焦炉还安装有分烟道废气氧含量自动测量及控制系统。

任务四
了解交换设备

交换设备是用于切换炼焦炉加热系统气体流动方向的动力设备和传动机构，包括交换机和交换传动装置。每次切换动作所需时间一般为 46.6s。

一、交换机

交换机是带动各传动拉条进行交换的动力机械。

炼焦炉无论用哪种煤气加热，交换都要经历三个基本过程：关煤气→交换废气和空气→开煤气。具体有如下表现。

（1）煤气必须先关，以防加热系统中有剩余煤气，易发生爆炸事故。

（2）煤气关闭后，有一短暂的时间间隔再进行空气和废气的交换，可使残余的煤气完全烧尽。交换废气和空气时，废气砣和空气盖板均应打开，以免吸力过大而受到冲击。

（3）空气和废气交换后，也应有短暂的时间间隔打开煤气，可以使燃烧室内有足够的空气，煤气进入后能立即燃烧，从而避免残余煤气引起的爆鸣和进入煤气的损失。

两次换向的时间间隔即换向周期，换向周期应根据加热制度、煤气种类、蓄热室的换热能力而定。换向周期过长，格子砖的吸热或放热效果差，热效率降低；换热周期过短则增加交换操作次数，可引起炉温波动，并造成煤气损失。一般大型炼焦炉烧高炉煤气时为20min，烧焦炉煤气时，所有上升气流蓄热室都用以预热空气，格子砖换热能力提高，故可间隔30min换向一次。当几座炼焦炉同时用一条加热煤气总管时，为防止交换时煤气压力变化幅度太大，因此不能同时进行交换，一般相差5min。

交换机分机械传动和液压传动两类。液压交换机由液压站、双向往复式油缸和电气控制系统组成。由液压站供给油缸压力油，驱动活塞杆两端连接的拉条传动系统进行交换。各油缸的动作程序由电液换向阀和电气控制系统控制并相互联锁。液压站通常用两台电机驱动两台油泵，一台备用。另备有一台手动油泵，以便停电时进行人工交换。液压交换机的结构简单，制造方便，随着液压技术的逐步完善，液压交换机显示出诸多优点。目前新建炼焦炉已很少采用机械交换机。

液压交换机的传动控制程序如图4-8所示。电动指挥仪每隔20min（或30min）按交换顺序启闭电磁阀，电动机通电后带动叶片泵。贮油箱内的油被加压到工作压力，经常路冲开单向阀，在分配器内进行分配。分配器上装有压力表，如果工作液的压力大于规定压力，溢

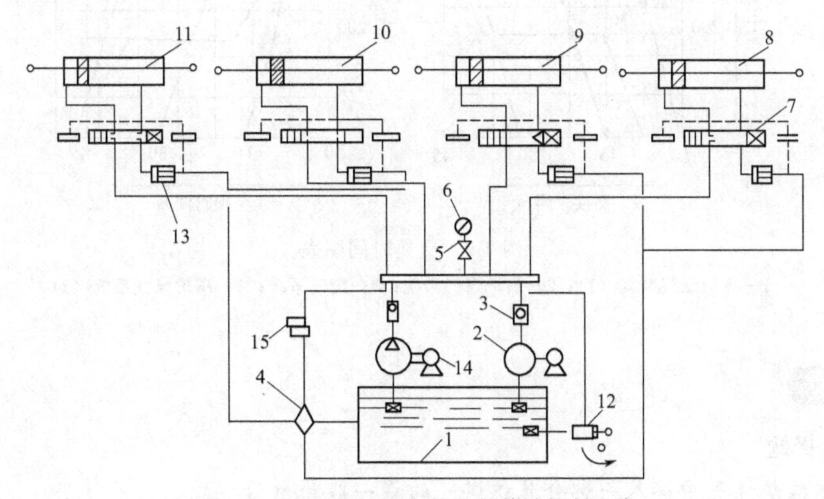

图4-8 JM-4型液压交换机的传动控制程序

1—油箱；2—叶片泵；3—单向阀；4—滤油器；5—压力表阀门；6—压力表；7—电液换向阀；8,9—高炉煤气油缸；10—废气油缸；11—焦炉煤气油缸；12—溢流安全阀；13—调节节流阀；14—电动机；15—安全阀

流安全阀就自动打开，分配器内的一部分液体经管路流回贮油箱，以控制液体的工作压力。再通过电液换向阀定向，进入油罐推动油缸活塞，活塞杆带动各交换拉条，进行煤气、空气和废气的换向。在液体回流的管路上，安装有调节节流阀，控制回流液的流量，使活塞在油缸内按规定的交换程序和交换时间，按一定速度，匀速地运动。停电时，可用手摇泵上油，用重物压电液换向阀，完成交换过程。

二、交换传动装置

交换传动装置由焦炉煤气传动拉条、高炉煤气传动拉条和废气传动拉条及导轮等构成。交换传动发起后，交换机带动煤气（或焦炉煤气）拉条、废气拉条按一定程序运行，以改变煤气、空气、废气的流动方向。交换拉条的设计行程见表 4-10。

表 4-10　JM-4 型焦炉交换机行程和拉力

拉条名称	设计行程 /mm	生产控制行程 /mm	拉力/×10⁴N	
			42 孔	65 孔
焦炉煤气拉条	460	425～435	3	3
高炉煤气拉条	715	620～640	3	3
废气拉条	637	600～620	5	7

生产期间，拉条行程受气温等条件影响而发生变化，所以应随时监督行程的变化情况，一年内应几次调节行程，并保持其准确性，以达到煤气废气开关的准确性。焦炉煤气、高炉煤气和废气传动部分，在交换过程中相互的时间关系如图 4-9 所示。

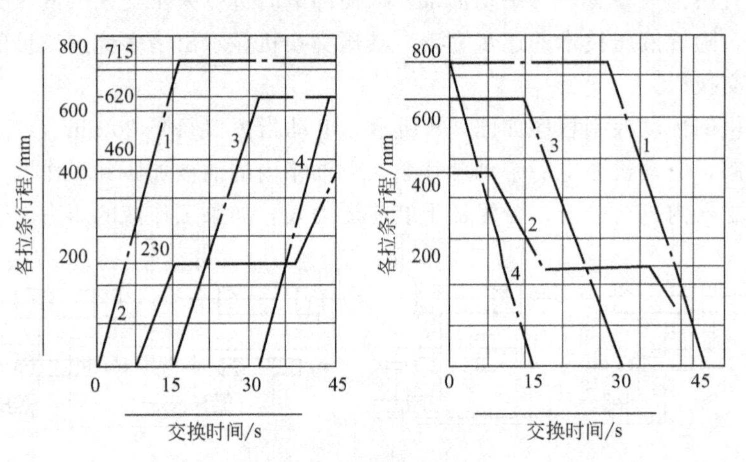

图 4-9　交换时间图表

1—高炉煤气系统（1）；2—焦炉煤气系统；3—废气系统；4—高炉煤气系统（2）

一、选择题

1. 加热焦炉煤气中掺入一部分焦炉煤气的量一般为（　　）。

A. 5%～8%　　B. 8%～10%　　C. 10%～12%　　D. 15%～18%

2. 一般设计规定总管煤气流速应小于（　　）m/s。

A. 15　　B. 18　　C. 20　　D. 25

3. 焦炉煤气管道上还设有冷凝液水封槽，为使煤气不致窜出液面，要求冷凝液排除管插入深度至液面间的有效水封高度一般为（　　）m。

A. 0.2～0.5　　B. 0.8～1　　C. 1～1.2　　D. 1.2～1.5

4. 一般大型炼焦炉烧高炉煤气时煤气交换的换向周期为（　　）min。

A. 15　　B. 15　　C. 20　　D. 25

5. 控制进入蓄热室的加热煤气、空气和排出燃烧所生成废气的设备是（　　）。

A. 废气盘　　B. 总烟道翻板　　C. 机侧分烟道翻板　　D. 焦侧分烟道翻板

二、简答题

1. 加热煤气管道一般由哪几部分组成?

2. 简述炼焦炉加热煤气交换的基本过程及其原因。

3. 比较杠杆式煤气交换器和提杆式煤气交换器的优缺点。

项目五

炼焦炉的生产操作

学习目标

1. 识读装煤、炼焦、推焦、熄焦、筛焦工艺的基本概念及基本原理；
2. 解读装煤、炼焦、推焦、熄焦、筛焦工序的主要工艺参数的控制要领；
3. 了解装煤、炼焦、推焦、熄焦、筛焦工艺的生产工艺技术规程，安全技术规程，岗位操作方法，生产控制分析化验规程，操作事故管理制度，工艺管理制度等；
4. 了解装煤、炼焦、推焦、熄焦、筛焦工艺的设备结构学会其操作方法。

炼焦工艺是将备煤车间送来的符合工艺要求的质量均匀的配合煤装入炼焦炉的炭化室内，在隔绝空气的条件下加热至（1000±50）℃，持续加热到规定的结焦时间使焦炭成熟，再将成熟的焦炭（红焦）由炉内推出，经过熄焦工序将其熄灭、冷却后送至筛焦楼筛焦分级为不同规格的焦炭产品，分别送给用户的工业技术。而从炼焦炉内产生的荒煤气，则经循环氨水一次冷却后，送往回收车间获取大量的多种化学产品，剩下的净煤气可作为炼焦炉燃烧室的燃料气或引出炼焦系统作为其他产品的化工原料，也可并入城市煤气管网作为城市燃气。

炼焦炉生产工艺的操作过程主要包括装煤、炼焦、推焦、熄焦和筛焦五道工序。各道工序的操作必须严格执行生产工艺技术规程、安全技术规程、岗位操作法、生产控制分析化验规程、操作事故管理制度、工艺管理制度等，以提升炼焦炉生产工艺的科学性、经济性。确保主要产品焦炭及其化学产品（包括煤焦油、粗苯、焦炉煤气等）的产能及质量，使生产过程平稳安全可靠、绿色清洁环保。

炼焦工艺是提高煤炭综合利用率，增加煤炭经济性的优秀方法之一。炼焦车间主要设备如下。

（1）装煤车　主要是用来将配合煤装入到炭化室的设备。

（2）推焦车　主要是用来将炭化室内成熟的焦炭（红焦）推出的设备。

（3）拦焦车　主要是用来推焦时将炭化室内的红焦导入到熄焦车内的设备。

（4）电机车　用来牵引熄焦车，并对熄焦车各动作控制操作的设备。

（5）熄焦车　它是用来装载由炼焦炉炭化室出来的赤热的红焦，并由电机车牵引送入熄焦塔进行湿法熄焦，而后将熄灭并冷却了的焦炭运往晾焦台卸出的设备。

（6）焦罐车　它是用来装载由炼焦炉出来的赤热的焦炭，并由电机车牵引送往干法熄焦装置，即将红焦装入干法熄焦炉的设备。

（7）熄焦设备　湿法熄焦塔或干法熄焦装置。

（8）其他炼焦炉设备　炼焦炉附属设备、自动控制设备等。

图 5-1 为炼焦工艺流程及主要设备，图 5-2 为焦炭生产工艺流程示意图。

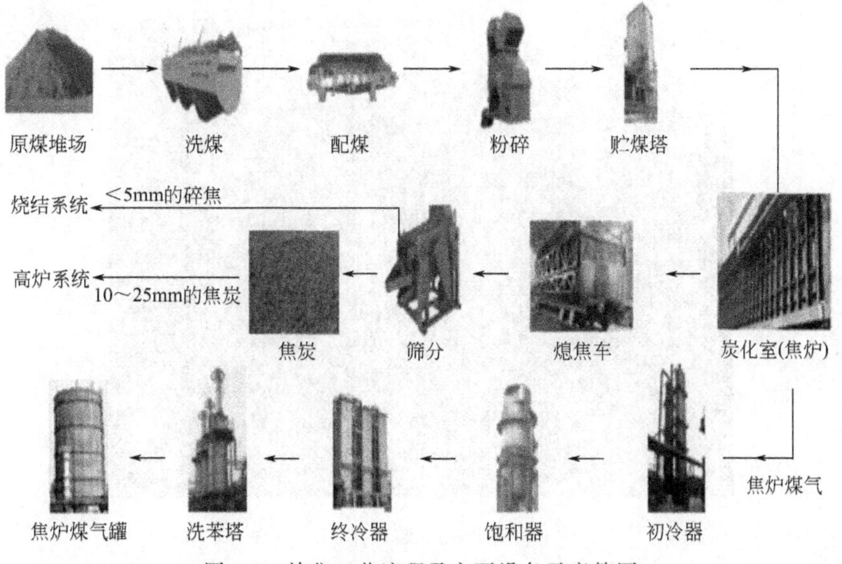

图 5-1 炼焦工艺流程及主要设备示意简图

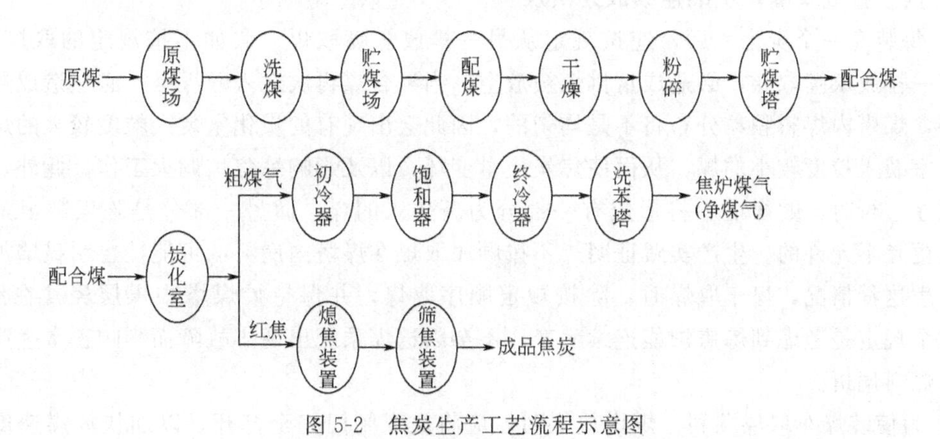

图 5-2 焦炭生产工艺流程示意图

任务一
学习装煤操作技术

一、装煤操作

1. 装煤操作技术基础

（1）从贮煤塔取煤　即从贮煤塔往装煤车（见图 5-3）放煤。操作应快速，使煤紧密结实，以保证装煤车煤斗足量，而煤斗底部不应压实，以防往炭化室放煤时煤流不畅。取煤应按煤塔漏嘴排列顺序进行，使煤塔内煤料均匀放出。

清塔的煤料因为属于变质煤，不允许装入炭化室底部，以防止发生后续工序推焦困难。

装煤车在贮煤塔下取煤时，必须按照车间规定的顺序严格进行。

图 5-3 装煤车

① 同一排放煤嘴，不准连续放几次煤。

② 每装完一个炭化室后，应按规定从另一排放煤嘴取煤，假如不按规定的取煤顺序，只从某一排放煤嘴取煤，必造成这排煤被放空。当配合煤再次送入贮煤塔，必然造成煤料颗粒偏析，煤塔内煤料颗粒分布将不是均匀的，因此会出现有的炭化室装入粒度较大的煤，有的炭化室装入粒度较小的煤，从而使焦炭质量变坏，以及影响炼焦炉调火工作。此外，取煤不按顺序进行时，贮煤塔中将形成有一部分为新送入的煤，而另一部分是陈煤甚至是变质煤，这更是不允许的。生产实践证明，不按顺序取煤在煤塔内崩料的可能性也明显增加。为了不发生这种情况，煤车取煤时，除按规定顺序取煤，并保持贮煤塔中煤层经常在约 2/3 处。这个规定是考虑到炼焦炉能连续生产，不会因送煤系统出现小故障而影响正常生产，以及减少煤料偏析。

③ 为使装煤车取煤顺利，煤塔放煤时，应将放煤闸门完全打开，以加快放煤速度，防止煤塔发生崩料现象。

④ 装煤车在接煤前、后应进行称量，目的是为了正确计量装入炭化室内的实际煤量，保证每个炭化室装煤量准确无误。

(2) 由装煤车往炭化室内装煤　每孔炭化室装煤量应均衡，与规定值偏差不能超过±1%。装满煤就是要合理利用炭化室的有效容积，以保证焦炭产量和炉温稳定。

往炭化室放煤应迅速，既可以提高煤料堆密度、增加装煤量，还可减少装煤时间并减轻装煤冒烟程度。放煤后应平好煤，以利粗煤气畅流，为了缩短平煤时间及减少平煤带出量，煤车各斗取煤量应适当，放煤顺序应合理，平煤杆不要过早伸入炭化室内。

2. 装煤操作技术的核心内容

(1) 装、平煤操作的分析　装、平煤操作影响炼焦炉生产的管理、产品质量的稳定。

① 炭化室装平煤操作大致可以分为三个阶段。

第一阶段：从装煤开始到平煤杆进入炉内，该阶段所用时间约 60s。这阶段的操作关键是选用合理的装煤顺序，因为它将影响整个装煤过程的好坏。

第二阶段：从平煤开始到煤斗内煤料卸完为止，用时一般不超过 120s。它与煤斗下煤的速度及平煤操作快慢有关。该阶段是装煤最重要阶段，它将决定是否符合装煤原则。为此装煤车司机和炉盖工要特别注意各煤斗下煤情况，及时启动振煤装置和关闭闸板。

第三阶段：从煤斗卸完煤到平煤结束，该阶段用时不应超过60s。这阶段要平整煤料，保证粗煤气在炉顶空间能自由畅通。不允许在平煤结束后再将炉顶余煤扫入炭化室内，以防止堵塞炭化室的炉顶空间。

装煤顺序是装煤操作的重要环节，但它往往因装煤孔数量、荒煤气导出方式、煤斗结构、下煤速度、各煤斗容积比以及操作习惯等因素影响，使每个厂各炉操作有所不同。现就三个或四个装煤孔的炼焦炉装煤顺序简单介绍如下。

a. 对于三个装煤孔的炼焦炉，双曲线结构煤斗的放煤顺序一般有如下两种。

ⅰ. 先放机侧煤斗，当下完后立即关闭闸板，盖上炉盖，同时打开焦侧煤斗闸板，待放完后，立即关闭闸板盖上炉盖，同时打开中间煤斗放煤，并打开小炉门进行平煤，直至平煤完毕。此装煤顺序缺点是操作时间较长，需要180～220s，焦侧容易缺角。其优点是装煤过程冒烟少。

如果将三个煤斗容积比改成机侧35%、中间25%、焦侧40%时，其装、平煤时可缩短20～25s，而且能使焦侧装满煤，不易缺角。

ⅱ. 先装两侧煤斗，待下煤约至2/3时，打开中间煤斗闸板放煤，当两侧煤斗放空煤后进行平煤，直至装煤结束。该种顺序操作时间短，而且使焦侧能装满煤，不易缺角，冒烟少，但操作麻烦。为了正确实施该装煤顺序应采用程序控制，来代替人工操作。

b. 对于四个装煤孔炼焦炉，双曲线煤斗各煤斗容积基本相等。推荐以下装煤顺序，先装3号煤斗（焦中）5s后关闭闸门，同时打开1号和4号煤斗（即机、焦两侧），待5～10s后，再打开2号和3号煤斗（机中和焦中）放煤，待两侧煤斗放完煤或煤斗内停止下煤时，就进行平煤，此时装煤过程就进入第二阶段，当中间两煤斗放煤结束，煤车离开炉顶，装煤进入第三阶段，直到把炉内煤料完全平好和保证炉顶空间沿炭化室全长畅通为好。

此装煤顺序优点：装平煤快，装平煤时间约160s，比各煤斗同时放煤快约20s，而且装煤满，不缺角，冒烟时间短，烟量也少，平均冒烟时间约35s。如果装平煤操作配合适当，冒烟时间只有12s，而其他装煤顺序冒烟时间长达65～75s。但此装煤顺序较繁琐，需要采用程序控制来代替人工操作才行。3号煤斗先放煤5s的目的是因为四个煤斗容积相同，如两侧煤斗先放煤容易造成焦侧缺角，装煤不满。为此先将3号煤斗先放5s以弥补4号煤斗容积偏少的不足。由于装煤顺序选择受各种条件影响，不能逐一介绍，但应以先两侧后中间，力求装满煤、平好煤、不缺角、少冒烟为原则。

② 平煤杆的调整　平煤杆进入小炉门的高度并不代表平煤杆在炭化室内的状态，而对炼焦炉平装煤操作有较大影响的是平煤杆沿炭化室全长所处的位置。

平煤杆进入炭化室后，沿着炭化室顶部向前伸至焦侧，如果没有下垂现象，这种状态的平煤杆在过去认为是最佳状态，生产实践证明它不能起到正常平煤作用，不能很好地平整炭化室的顶部煤料，不仅延长平煤时间，而且不得不使平煤杆长趟运行，带出余煤过多，往往装2～3炉煤后就得将推焦车开到单斗提升机处卸下余煤。而且容易形成在装煤孔之间煤料凹陷或在焦侧装煤孔堵塞。

另一种情况是平煤杆进入炭化室后，就开始下垂而插入煤料中，并将煤料压实，起不到平整煤料的作用，拖延平煤时间，并将带出大量余煤。当平煤杆前后运行时，逐渐向上抬起，而逐层将煤料压实，这将对焦炭质量起到不良影响，甚至会造成推焦困难。

上述两种平煤杆在炉内的状态虽不相同，但是在装煤过程中其工作效果却相似。

平煤杆最初调试应在炉间台平煤杆试验站进行。调整平煤杆的托辊和平衡辊的标高，使平煤杆外伸至焦侧，在自身重力作用下产生150～200mm自由下垂是较合适的。因为它在炭化室内能依靠煤料得到平衡。当平煤杆在炭化室内往返运动时，随着煤料升高，平煤杆也升高，既可将煤料沿炭化室全长拉平，又避免煤料过于压实。

为此试验站上平煤杆托轮的标高不应与小炉门的标高相同，因这种装置难以检验平煤杆的正确状态，也无需顾虑因托轮标高低于小炉门会造成平煤杆在试验过程中弯曲。当平煤杆在试验站调整后，应通过在炭化室内带煤料操作，再根据实际情况作适当调整，直至达到理想状态。

(2) 对装煤操作的要求　装煤操作是保证炼焦炉稳产、焦炭优质和顺利出焦的最重要环节。对装煤操作的要求是向炭化室装煤要做到装满、装实、装平、装匀、少冒烟。

① 装满煤　是指炭化室设计的有效容积都装上煤，这是装煤的主要问题。

如装煤不满，不但减少焦炭产量，而且使炉顶空间大而温度升高，这样会加剧焦炉煤气裂解程度，使化学产品分解，不但影响化学产品的产率和质量，而且加速了炭化室内石墨沉积，容易造成推焦困难和堵塞上升管。

但装煤也不应过满，装煤过满会使平煤时带出的余煤增加，延长装煤时间，平煤时容易堵塞上升管或压实炉顶的煤料，造成装煤堵眼或炉顶空间过小，使焦饼上部加热不足，产生生焦，影响焦炭质量，引起焦饼难推，粗煤气导出不畅，煤气压力增大，炉顶温度偏低，引起大量冒烟冒火，既减少煤气和化产产量，更重要的是易烧坏护炉铁件，有损炉体并造成环境污染。

一般规定：为保证装满煤，应根据炭化室有效容积、煤的堆积密度、煤的水分等规定每炉的装煤量，炭化室顶部空间高度一般规定为300～400mm。炭化室装满煤的标志是平煤杆由炉内退出时能带出一部分余煤。但是带出余煤过多也是不合适的，这样会带来平煤操作时间延长，而且带出的余煤因受炭化室高温影响，部分煤质已发生变化，这部分煤只准由单斗提升机回送至炉顶余煤槽中，并将它逐次放在煤车煤斗上部，可见装平煤时应注意少带出余煤，每炉余煤量应控制在100kg以内。

结论：应在保证每炉最高装煤量和获得优质焦炭及化学产品的原则下确定平煤杆高度。

应用举例：目前炭化室高度为6m的炼焦炉，在推焦车上设有余煤回送装置，推焦后将余煤送入炭化室。生产实践证明因送入余煤量不多又只送入炭化室端部，对生产没有多大影响。

② 装实煤　是指炭化室内煤料密实，尽量增加其堆积密度。这样，不但可增加装煤量，还可以改善焦炭质量，提高其机械强度。操作时，首先应尽量减少煤料偏析，如煤塔储量不少于其容量的2/3，装煤车取煤时应轮流按顺序进行。煤塔至装煤车和装煤车向炭化室装煤速度要快，这样不仅能做到装实，而且减少装煤时间，还可减少冒烟冒火。另外，平煤杆不能过早伸入炉内，以免影响下煤，平煤时带出的余煤，由单斗提升机回送至炉顶余煤贮槽，这部分煤只能装在装煤车煤斗的上部。

③ 装平煤　是指装煤后炭化室内煤料顶部平整，空间高度均匀，具体来说就是不堵眼、不缺角。堵眼可造成推焦困难，影响荒煤气排出，产生局部焦生等不良后果。缺角时因减少装煤量，降低焦炭产量，并可能造成炉温局部过高，烧坏炉墙，也可造成炉门上部冒烟冒火。为能做到装平，装煤车各斗取煤应适当。斗嘴下煤顺序合理，做到均匀不偏斗。平煤操

作要认真，平煤杆要短、中、长趟配合好。停止平煤前，应将平煤杆平到头然后再拉出炉外。平煤杆应安装良好。

④ 装匀煤　是指各炭化室装煤量要均匀，从而有助于炉温管理和均衡生产。装煤均匀的重要性：装煤均匀是影响加热制度、焦饼成熟均匀等的重要因素。因为对于每个炭化室的供热量是一样的，如果各炭化室的装煤量不均匀，就会使焦炭的最终成熟度不一致，炉温均匀性受到破坏，甚至出现高温事故。为此要做好各炉装煤量的计量。考虑到不同炉型炭化室容积相差较大，所以在考核装煤量均匀程度时，用每孔炭化室装煤量不超过规定装煤量的±1%为合格。

装煤均匀，不仅指各炉室装煤量均匀，也包括每孔炭化室顶面煤料必须拉平，不能有缺角、塌腰、堵塞装煤孔等不正常现象。

装入炭化室的煤料，不同部位的堆密度是不同的，尤其是重力装煤的情况下更是如此，它与装煤孔数量、孔径、平煤杆结构与下垂程度以及煤料细度、水分等因素有关。一般在装煤孔下部，机侧上部煤料堆密度较大。螺旋给料和圆盘给料的情况下，炭化室内煤料堆密度均匀性有所改善。

⑤ 少冒烟　是指装煤时冒出粗煤气不仅影响化学产品产率，更严重的后果是污染环境，影响工人身体健康，所以不仅要研究装平煤操作技术及缩短装煤时间，减少装煤过程中冒烟量，而且在平煤完毕后要立即盖好装煤孔盖，并用调有煤粉的稀泥浆密封盖与座之间的缝隙，并进行压缝，防止冒烟。

装煤过程中要正确使用高压氨水（或蒸汽）消烟法。其消烟原理：借助于高压氨水（或蒸汽）喷射力在炭化室内产生负压，把荒煤气吸入集气管内，减少煤气外泄。高压氨水在喷射过程中容易将煤尘和空气（通过装煤孔及小炉门处吸入）带入集气管中使焦油中含尘量和游离碳增加，甚至发生焦油乳化，造成焦油与氨水分离困难，影响化学产品质量及焦油深加工。因此在使用高压氨水或蒸汽时应控制适当压力，配合顺序装煤，装煤时严格密封装煤孔及小炉门的间隙，并在装煤结束后立即关闭高压氨水（或蒸汽），以减少喷射时间，减轻喷射高压氨水带来的副作用。

(3) 装煤操作的数字化分析及装煤操作的禁条

① 装煤操作的数字化分析　装煤车在每炉装煤前后均需过磅，以确定每个炭化室的装煤的装煤量，并计算装煤系数。

装煤系数 $K_{装煤}$ 标志着炭化室装煤量的均匀性。按下式计算：

$$K_{装煤}=\frac{M-A}{M} \tag{5-1}$$

式中　M——该班实际装煤的炉数；

A——与规定装煤量±200kg 以上的炉数。

装煤系数 $K_{装煤}$ 一般要求达到 0.9 以上。当装煤量少于规定 1t 以上时，应及时装二次煤。

② 装煤操作的禁条　为实现上述要求和维护炉体及设备，装煤操作严禁以下操作。

a. 装煤后不平煤或隔 30min 后才平煤。

b. 装煤量小于规定 1t 以上或隔 30min 后再补充装煤。

c. 平煤后自装煤口再扫入煤料，或将清扫煤塔的煤和平出的回炉煤装入煤斗下部。

d. 将泥土、废砖及铁器等杂物扫入炉内。

e. 在煤平通之前退出平煤杆和将炉盖盖上。

f. 装煤时，装煤车停在打开炉盖的炉口上而不进行装煤操作。

g. 炭化室装煤过满，即炉顶空间小于300mm。

h. 使用弯曲的平煤杆操作。

i. 炉门未对好关严或未清扫炉门、炉门框时装煤。

j. 炉顶剩余煤料。

k. 对非装煤炉号打开高压氨水或蒸汽阀门（或经常漏蒸汽、漏高压氨水）。

（4）装煤操作注意事项

① 生产时提前打开上升管盖，装煤孔盖的炭化室不许超过3个，如果要进行上升管清扫，每座炼焦炉打开上升管盖、装煤孔盖的炭化室不许超过4个，因故超过30min不能生产，应将打开的上升管盖、装煤孔盖重新盖好封严。

② 认真对机车（包括备用车）各机构进行检查，对润滑位给脂加油，检查装煤车轨道是否良好、轨道内有无障碍物，检查煤塔马口正常并确认；备用设备应停在适当位置，拉下总电源开关。

③ 各项操作动作都应准确到位，不允许频繁点动，不允许突然打倒车。

④ 对相邻班组的配煤质量稳定性要求：

a. 水分±1％；

b. 挥发分±1％；

c. 灰分±0.5％；

d. 细度±2％。

⑤ 装煤车各漏斗卸煤顺序以先两侧、后中间为原则。

⑥ 装煤开始时，应用高压氨水或蒸汽喷射，使炉内产生适当负压；平煤结束后，立即盖好装煤孔，用泥浆密封盖与座之间的缝，并进行压缝，同时关闭高压氨水或蒸汽。

⑦ 在推焦前应将煤孔上的泥和沉积炭扫净，炉顶余煤只能在平煤时扫入炭化室内。

⑧ 出废号后，炭化室底部必须清扫处理，炭化室底部不清扫干净不许装煤。

⑨ 遇到下列情况应停止出炉：

a. 炼焦炉停止加热时；

b. 炼焦炉在倒换加热煤气时；

c. 停风机无煤气供应时；

d. 煤塔无煤时；

e. 下暴雨时炉顶大量积水或其他自然灾害时。

（5）装煤过程的操作规程　按推焦计划表，完成从煤塔取煤及向炭化室装煤的全过程。

① 开车前先发走行信号，遇烟雾大、蒸汽大应缓慢行驶，机车开到炼焦炉炉组两端应减速慢行。

② 按推焦计划安排的时间，接到推焦车发出的“准备生产”的信号后，回应推焦车“装煤车已明白”的信号，准备生产。

③ 在煤塔放煤前，空车过磅；过磅后应按规定顺序在各排漏嘴下将配合煤放入装煤车煤斗中。发现煤中有杂物（草包、石块、铁器等），要立即清除；煤斗装满煤后，将马口关闭好并确认；再次过磅；确认该次装车符合要求后，离开地磅，在炉间台停下。

④ 接到推焦车“装煤车，××号装煤”的信号后，回应“装煤车明白”信号，将装煤

车开到出炉号下煤，下煤前，放下套筒，发通知推焦车“装煤”信号，接到“推焦车明白”信号后，开始装煤。

⑤ 往炭化室装煤应按顺序装煤，按料位指示进行操作。

⑥ 炭化室装满后，发出“推焦车平煤”信号，推焦车回应“推焦车明白”信号；待推焦车发出“平煤杆到头”信号后，回应“装煤车明白”信号，关闭闸板，提起套筒，通知推焦车“装煤结束”，这时推焦车回应“推焦车明白”信号；装煤车走行前先发走行信号，再开车离开装煤炉号。

⑦ 及时将余煤提升机的余煤放入装煤车煤斗，放余煤应该在空车过磅之后。

3. 装煤工岗位要求及操作步骤

(1) 装煤工岗位要求

① 装煤要装满、装匀、无缺角、不堵眼；当装煤量小于规定 1t 以上时，应及时装两次煤。

② 装煤 10min 后不许冒烟。

③ 高压氨水压力要符合要求，发现高压氨水阀门有问题，及时汇报。

④ 禁止将铁器、砖块等杂物甩入看火孔、炭化室；禁止将余煤扫在炉盖和看火孔盖上；禁止装炉煤进入看火孔。

⑤ 及时消除炉盖冒烟现象，炉盖不允许冒火。

⑥ 炉盖打开后因故不能生产，重新盖好炉盖、上升管盖，关闭翻板。

⑦ 生产受到影响时，及时关闭超过预定结焦时间炉号的机侧、焦侧上升管翻板。

(2) 装煤工操作步骤

① 按推焦计划看准炉号，提前 20min 打开炉盖、上升管盖，关闭上升管翻板。每次打盖数不许超过 3 个炭化室。当上升管同时进行清扫时，每座炼焦炉同时打盖数不能超过 4 个炉号。打盖时应先关闭上升管翻板，再打开上升管盖，最后缓缓撬开装煤孔盖，防止放炮。

② 打盖后随即检查装煤孔挂料情况，及时清扫装煤孔挂料，以保证顺利装煤。

③ 发现上升管冒大火、焦饼过生或过火，及时向班长或工长汇报。

④ 协助装煤车司机对位，下煤时打开上升管翻板，盖好上升管盖，打开高压氨水；并注意下煤情况，下煤不畅时和司机相互配合，搞好装煤工作。

⑤ 推焦车平煤后，待装煤车离开，及时将余煤扫入装煤孔，并确认平煤已经畅通，通知推焦车司机停止平煤，并按装煤顺序盖好炉盖。

⑥ 炉盖盖好后，用泥料将炉盖缝隙封好，关闭高压氨水，剩余煤料扫到下一笺号，做到出一炉扫一炉。

4. 炼焦炉装煤过程的烟尘控制

(1) 炭化室装煤时的烟尘特征 装煤产生的烟尘来自如下几个渠道。

① 装煤初期装入炭化室的煤料置换出大量空气，空气中的氧还与入炉的细煤粒不完全燃烧导致生成炭黑，而产生黑烟。

② 装煤初期装炉煤和高温炉墙接触后升温，产生大量水蒸气和粗煤气。

③ 随上述水蒸气和粗煤气同时扬起的细煤粉，以及装煤末期平煤时带出的细煤粉。

④ 因炉顶空间瞬时堵塞而喷出的粗煤气。

这些烟尘通过装煤孔、上升管顶部和平煤孔等处散发至大气导致操作环境恶化。每炉装煤作业通常为 3~4min。据实测装煤时产生的烟尘量（标准状况）约为 $0.6m^3/(min \cdot m^2)$。

该值因炉墙温度、装煤速度、煤的挥发分等因素而变化。装煤烟尘中粉尘的散发量，据德国某厂统计，其平均值约200g/t煤，有些资料提供的数据则更大。

（2）处理装炉烟尘的方法

① 顺序装煤　在利用上升管喷射（见②）造成炉顶空间负压的同时，配合顺序装煤可减轻烟尘的逸散。顺序装炉法的原则是，在任何时间内都只允许打开一个装煤孔。这样可以减少炼焦炉在装炉时所需要的吸力，炭化室内的压力能维持在零或负压的状态，可以避免炉顶空间堵塞，缩短平煤时间，因而取得较好效果。尤其是在双集气管的炼焦炉上采取顺序装炉的方法，将会产生更好的效果。采用顺序装煤法的最佳装煤顺序是1、4、2、3号煤斗（四斗煤车）或1、3、2号煤斗（三斗煤车），这样能有足够的吸力通过上升管把装炉时产生的烟气吸走。

② 上升管喷射　这是连通集气管的方法，装煤时炭化室压力可增至400Pa，使煤气和粉尘从装煤车下煤套筒不严处冒出，并容易着火。采用上升管喷射使上升管根部形成一定的负压，可以减少烟尘喷出。喷射介质有水蒸气（压力应不低于0.8MPa）和高压氨水（1.8～2.5MPa）。用水蒸气喷射时蒸汽耗量大，阀门处的漏失也多，且因喷射蒸汽冷凝增加了氨水量，也会使集气管温度升高。此外由于炭化室吸入了一定量的空气和废气，使焦炉煤气中一氧化氮提高。当蒸汽压力不足时效果不佳，一般用0.7～0.9MPa的蒸汽喷射时，上升管根部的负压仅可达100～200Pa。由于水蒸气喷射的缺点，导致用高压氨水喷射代替蒸汽喷射。利用高压氨水喷射，可使上升管根部产生约400Pa的负压，与蒸汽喷射相比减少了荒煤气中的水蒸气量和冷凝液量，减少了荒煤气带入煤气初冷器的总热量，还可减少喷嘴清扫的工作量，因此得到广泛推广。但要防止负压太大，以免使煤粉进入集气管，引起管道堵塞，焦油氨水分离不好和降低焦油质量。我国鞍钢、攀钢、包钢和首钢等焦化厂已成功使用高压氨水喷射无烟装煤系统，受到良好的使用效果。

在使用高压氨水喷射无烟装煤系统时，应考虑以下几点。

a. 使用结构合理的喷嘴。设计时要使喷嘴的喷洒角度与桥管的结构形式相适应，严禁氨水喷射到管壁及水封盘上；

b. 宜采用高低压氨水合用的喷嘴，避免高压氨水喷嘴喷头内表面挂料堵塞；

c. 选择合适的氨水喷射压力，保证上升管和炉顶空间产生较大的吸力；

d. 小炉门和炉盖尽可能严密；

e. 在考虑到上述几方面后，为达到比较好的无烟装煤效果，高压氨水喷射与双集气管、装煤车顺序装煤三者相结合是简单可行的优秀方法；

f. 在使用高压氨水喷射无烟装煤的同时，应解决粉尘堵塞管道和氨水焦油澄清槽的问题。

③ 连通管　在单集气管炼焦炉上，为减少装煤时的烟尘逸散，可采用连通管将位于集气管另一端的装炉烟气由该端装煤孔或专设的排烟孔导入相邻的、处于结焦后期的炭化室内。有的厂将连通管吊在专用的单轨小车上，有的将连通管附设在煤斗的下煤套筒上。

④ 带强制抽烟和净化设备的装煤车　装煤时产生的烟尘经煤斗烟罩、烟气道用抽烟机全部抽出。为提高集尘效果，避免烟气中的焦油雾对洗涤系统操作的影响，烟罩上设有可调节的孔以抽入空气，并通过点火装置，将抽入烟气焚烧，然后经洗涤器洗涤除尘、冷却、脱水，最后经抽烟机、排气筒排入大气。排出洗涤器的含尘水放入泥浆槽，当装煤车开至煤塔下取煤的同时，将泥浆水排入熄焦水池，并向洗涤器用水箱中装入净水。

洗涤器的形式有：a. 压力降较大的文丘里管式；b. 离心捕尘器式；c. 低压力降的筛板式等。吸气机受装煤车荷载的限制，容量和压头均不可能很大，因此烟尘控制的效果受到一定的制约。

⑤ 带抽烟、焚烧和预洗涤的装煤车和地面净化的联合系统　该系统的装煤车上不设吸气机和排气筒，故装煤车的负重大为减轻。装煤时，装煤车上的集尘管道与地面净化装置的炉前管道上，对应于装煤炭化室的阀门联通，由地面吸气机抽引烟气。装煤车上的预除尘器的作用在于冷却烟气和防止粉尘堵塞连接管道。上海宝钢采用该系统（图 5-4），并结合上升管高压氨水喷射，取得了良好的效果，其缺点是投资高、耗电量大和操作费用高。近年来，基于环保的要求和绿色煤化工生产的理念，我国各焦化企业大多采用这种比较先进的装煤集尘系统。

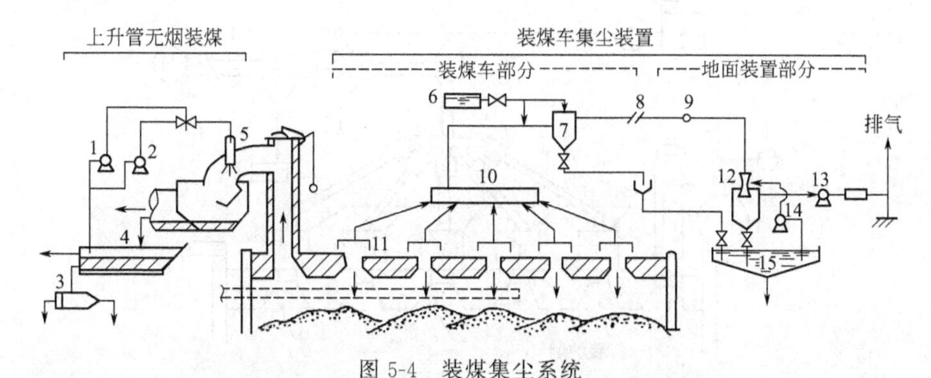

图 5-4　装煤集尘系统

1—高压氨水；2—低压氨水；3—离心沉降器；4—焦油分离器；5—喷嘴；6—水槽；7—除尘器；8—连接器；9—固定管道；10—排气燃烧室；11—洗尘罩；12—文丘里洗涤器；13—风机；14—水泵；15—浓缩池

(3) 其他改善炉顶操作环境的措施　提高炉顶操作的机械化、自动化程度是改善炉顶操作的重要措施，目前国内外焦化厂正在采用的有如下几种。

① 上升管和桥管操作机械化　包括上升管的液压驱动启闭、上升管和桥管的机械清扫或喷洒洗涤。

② 上升管盖水封密封　通过密封以降低上升管盖的温升、焦油凝结和固化，减轻清扫工作量。

③ 机械化启闭炉盖装置　多数采用一次定位、液压驱动或气动的电磁铁启闭炉盖装置。有的还附设风扫余煤、清扫炉盖和炉圈的装置。

④ 装煤孔盖密封　在装煤车上设置灰浆槽，用定量活塞将水溶灰浆经注入管流入装煤孔盖密封沟，或采用砂封结构的装煤孔盖、座。

⑤ 在全机械化基础上实行炉顶操作遥控。

二、装煤车

1. 装煤车的定义

装煤车是在炼焦炉炉顶上由煤塔取煤并往炭化室装煤的炼焦炉机械。

2. 装煤车的组成

装煤车由钢结构架、走行机构、装煤机构、闸板、导管机构、振煤机构、开关煤塔斗嘴机构、气动（液压）系统、配电系统和司机操作室组成。

3. 大型炼焦炉的装煤车的功能

大型炼焦炉的装煤车功能较多，机械化、自动化水平较高，一般应具有以下功能：一次对位，机械开启和关闭装煤孔盖和上升管密封盖；机械式开关高压氨水喷洒；机械式螺旋给料加煤和炉顶面清扫；PLC 自动操作控制。

由鞍山焦耐总院研制的具有国际先进水平的干式除尘装煤车，它将烟尘净化系统直接设置在装煤车上，其除尘采用非燃烧、干式除尘净化和预喷涂技术，装煤采用螺旋给料和球面密封导套等先进技术。

4. 应用举例

例一　为改善环境，一些大型炼焦炉的装煤车还设置了无烟装煤设施，如图 5-5 所示。

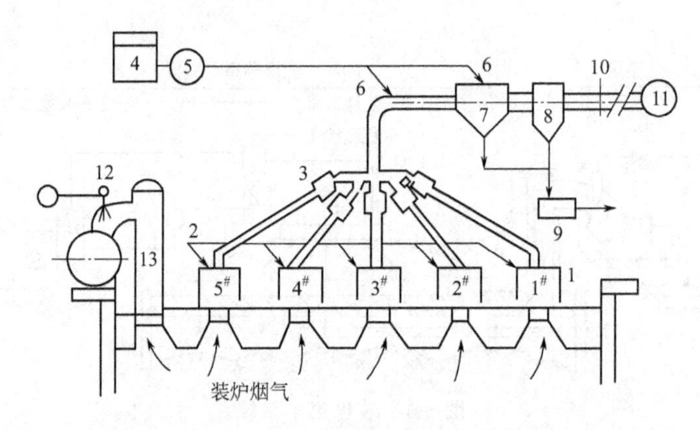

图 5-5　装煤车导烟流程

1—抽烟管；2—水喷嘴；3—燃烧筒；4—给水箱；5—水泵；6—水喷嘴；7—水洗器；8—分离器；9—排水槽；10—外接管；11—地面系统；12—高压氨水喷嘴；13—上升管

点火燃烧的目的是防止抽烟系统爆炸及沉积焦油堵塞管道，再者将烟气中含有的有毒物质烧掉，对环境保护有利。对于五斗煤车的抽气量约为 $1260m^3/min$。

燃烧后的烟气经过百叶窗式水洗器除尘并降温至 70℃，喷水量为 0.48t/min，水压为 $(24\sim29)\times10^4Pa$，水洗后气体进入离心式烟雾分离器脱水，污水净化后再循环使用。烟气在抽烟筒吸入时含粉尘量约 $10g/m^3$，经水洗后可降至 $2\sim3g/m^3$，因此改善了装煤时的环境污染。

例二　6m 炼焦炉装煤车

(1) 钢结构　钢结构的主体为门形平台式。装煤车的司机室、电气室、机械室由走廊连为一体，形成工字形，顶棚和侧壁镶有隔热材料，可以隔热防寒。

(2) 走行装备　装煤车走行装备的组成：由两组主动平衡车、两组从动平衡车、两组辅助轮组构成。而主动平衡车则由变频电动机、联轴器、减速机、制动器、开式齿轮、车轮、碟簧减振机构、平衡架等构成。走行装备由两台变频电机分别驱动两套传动机构。制动器采用液压推杆式制动器。车轮为双轮缘车轮。采用碟簧减振机构，能以小的变形承受大的负荷。

(3) 揭盖及导套装备

① 揭盖装备的工作原理　是利用电磁铁吸住炉盖，使其呈悬挂状态，通过液压缸操作使炉盖闭合和揭开。该装备可实行单元自动控制，也能手动按钮操作。而揭盖机是通过框架

组、导轨吊架与车轮组连接，在导轨上运动。揭盖机分为外台车、内台车，内台车装在外台车上随之运动。揭盖机则由油缸通过杠杆、松紧螺栓沿导轨上下、前后移动。

② 导套装备的构成　是由固定导套、内外活动导套以及连杆等构成的。固定导套与闸板的框架连成一体。内外活动导套可上下运动，装煤前将其放下，装煤后将其提起，内外活动导套的运动是通过液压缸驱动杠杆来完成的。

(4) 螺旋给料装备　螺旋给料装备中的煤斗壁采用不锈钢焊接而成，给料装备则通过变频电机带动摆线针轮减速机来驱动，煤斗上方设有连续料位仪，以监控煤位的高低。螺旋给料器的螺旋叶片的材质为不锈钢，螺旋壳体及螺旋叶片前端的下煤口为不锈钢，下煤口处设有闸板，由油缸驱动。

(5) 集尘装备　集尘装备由内外套、烟气调节阀、空气调节阀、安全阀、固定主管及伸缩连接管组成。

伸缩连接管是由集尘盖开闭装备、固定导套、移动导套、活动接口及滚轮等组成的。地面固定除尘管道多管阀由油缸驱动来打开，靠自重闭合，移动导套及活动接口由油缸驱动，通过滚轮在轨道内走行与地面固定除尘管道多管阀接口对接，在移动导套与活动接口之间装有弹簧，用以缓冲活动接口与地面管道接口的撞击力。

(6) 压缩空气装备　压缩空气装备主要作用是对装煤车各平台及轨道根部等部位进行吹扫，对炉顶清扫装备的气缸供气，以及对炉顶清扫装备的除尘器进行反吹供气。

例三　7.63m 炼焦炉装煤车

(1) 煤斗　煤斗在其顶部装配有锥面罩形结构，其倾角大于煤堆的安息角，这样煤能够充满整个内部空间，以便确保恒定的装煤容量。罩形结构的顶部应调节到尽可能靠近于煤塔的出口，这样可以确保煤塔闸门关闭时，不至于带出太多的余煤。每个煤斗由三个重量传感器支撑，使每个煤斗的重量可以随时监控。不锈钢煤斗闸门包括滑动闸门和操纵杆，用法兰固定到各个螺旋给料器的出口位置，如图 5-6 所示。

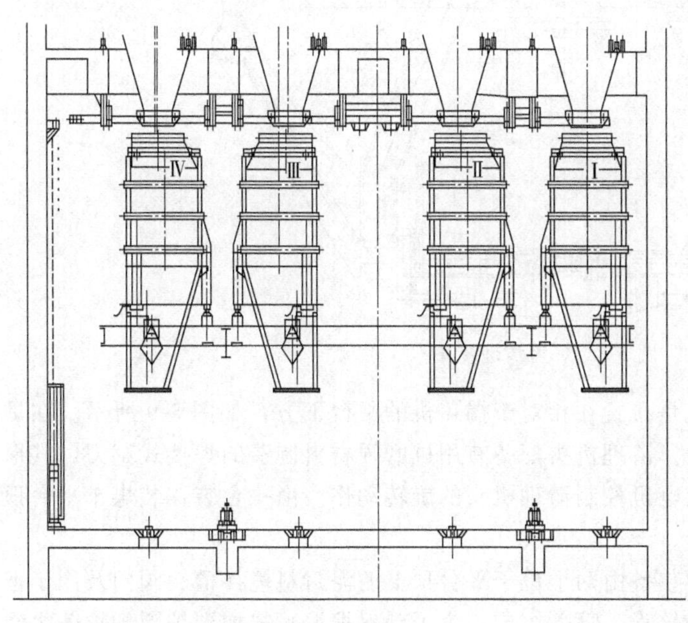

图 5-6　煤斗

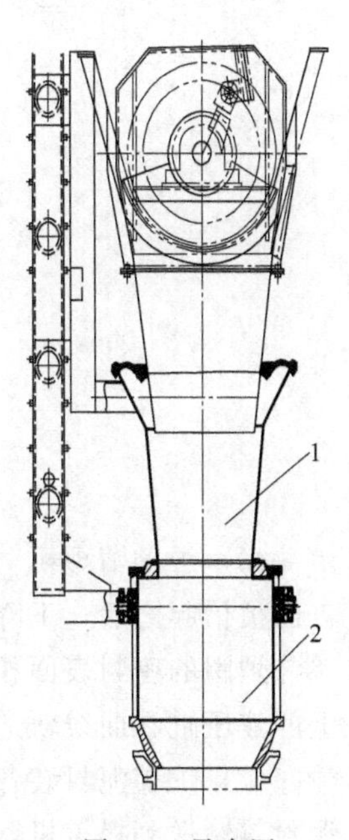

图 5-7　导套图

1—内导套；2—外导套

（2）螺旋给料器　每个装煤斗都配备有一个水平式螺旋给料器。而螺旋给料器则由螺旋和壳体组成。螺旋是由一台变频器控制的电动机驱动。整个壳与煤斗相连，并且密封，设有检修和清理用的掀盖式密封口。螺旋给料器设有过流保护，以防止因堵塞而损坏设备。在螺旋给料器出口设有旋转闸板，防止剩余的煤落下，堆积在炭化室顶部。

（3）导套　导套主要由一个活动式上导套和一个活动式下导套组成，如图 5-7 所示。活动式下导套是外导套，在它的底部有一个密封嘴，在它的顶部有一个密封沿。下导套采用万向式支撑在一个液压操作的滑架中。在整个装煤过程中，下导套受到来自液压缸和弹性部件的压力，从而保持密封。活动式上导套是内导套，在它的底部的外侧有一个球面密封沿，在中部有一个柔性补偿器。在外导套被压到炉圈中之后，内导套将被抬起，直到球面密封沿与外导套上部的锥面密封沿接触为止。

（4）揭盖机　揭盖机的作用是打开和关闭装煤孔。揭盖机布置在装煤车平台下面，在一个万向式悬挂的横梁上，安装有专用电磁铁。通过万向连接的悬挂装置，使炉盖即使偏心揭开，也能同心地复原。经由链式驱动的一台齿轮电机使支撑在球面中的磁铁旋转。由于是在复原炉盖时使用旋转运动（搓盖），所以炉盖被严格密封。炉盖的抬起和降下由液压缸控制按曲线轨道进行。

（5）炉盖清理装备　炉盖清理装备装在导套的引导轨道上，如图 5-8 所示。在炉盖抬起之后，旋摆到清理位置，以便于能在机器处于装煤位置的同时进行炉圈的清理。炉盖的旋转由电磁铁控制。固定式清理刷和刮刀接触炉盖，以便清理炉盖上的杂物。清理掉的残渣被输送到要装煤的炭化室中。

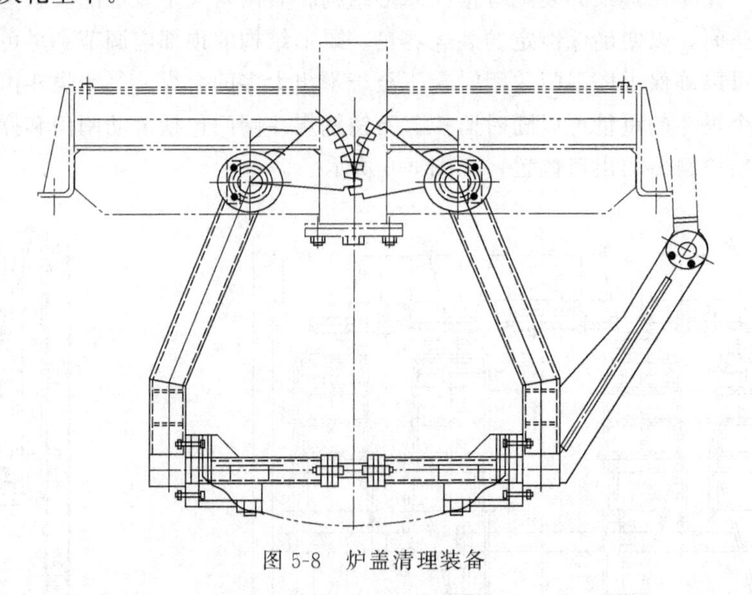

图 5-8　炉盖清理装备

（6）炉圈清理机　炉圈清理机是布置在相对于揭盖机的平台下方，如图 5-9 所示。在炉盖已被抬起之后，下降到清理位置。清理机头配备有用抗磨损材料制造的焊接式刮刀，其形状与炉圈的密封表面相吻合。齿轮电机控制清理机头的旋转动作。由一台装在装煤车平台顶上的液压缸在曲线轨道中控制升降。

（7）炉盖泥封装备　炉盖泥封装备由两个位于平台顶上的泥封料搅拌槽、阀门及用于把泥封料输送到揭盖机臂上的管子和软管、喷嘴组成。为了确保把泥封料加到炉圈和炉盖之间的槽道中，配备对中圆锥接口，可以实现自动对中。

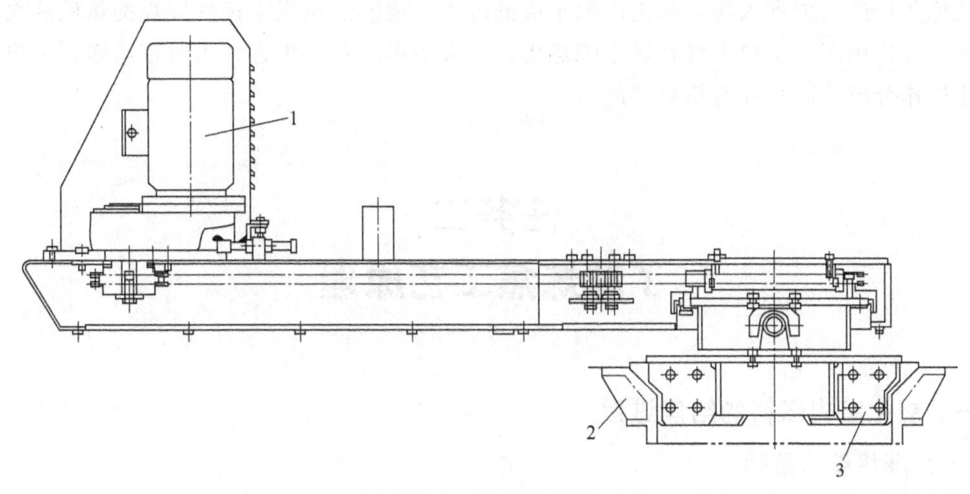

图 5-9 炉圈清理机

1—电机；2—装煤孔座；3—刮刀

(8) 煤塔闸门开闭装备　煤塔配备有从装煤车上打开和关闭的相互连接的闸门。有一个从车上打开和关闭的闸门的液压驱动装备。该系统与煤车在煤塔定位联锁。煤塔闸门开闭装备在对位条件具备时启动，打开煤塔闸门。同时走行驱动被联锁。煤流进装煤车的煤斗，并将装煤车的煤斗和煤塔下斗之间的空间充满。煤斗称重设备控制煤斗的装入量。在达到重量均衡的要求后，自动地关闭闸门。闸门关闭位置由装在开闭装置液压缸上的一个传感器检测。该传感器将释放走行驱动的联锁。

(9) 走行装备　装煤车配有 16 个车轮，位于 8 个两轮平衡架上。每个平衡架上设有一个主动车轮，如图 5-10 所示。主动车轮直接由变频调速系统控制的电机驱动，驱动装备由联轴器和具有空心轴和收缩盘的螺旋伞齿轮减速机组成。盘式制动器用于断电或停止情况下自动锁紧。该制动器用杯式弹簧液压制动。

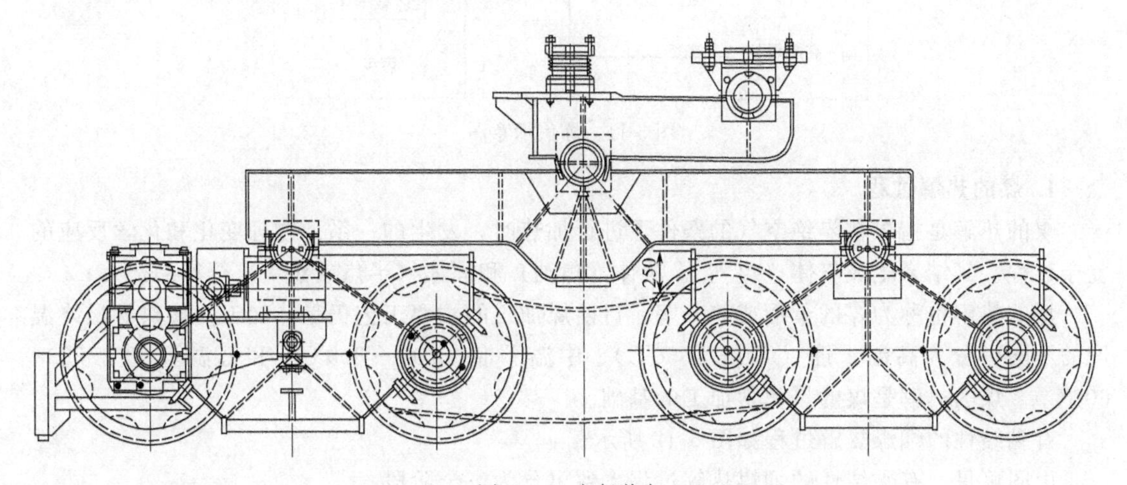

图 5-10　走行装备

弹簧荷载走行小车保证装煤车走行平稳，这样可以保护炉顶。在装煤车走行装备两端装有清轨器，可保持轨道清洁。在装煤车结构架中的两个车架间有顶起点，便于更换台车。

捣固炼焦则是将配合煤在捣固煤箱内用捣固机捣实成体积略小于炭化室的煤饼后，由托

煤板从炼焦炉的机侧推入炭化室内高温干馏的过程。成熟的焦炭由捣固装煤推焦机从炭化室内推出，经拦焦车、熄焦车将其送至熄焦塔，熄灭后再放置晾焦台，由胶带运输到筛焦装置经筛焦操作分成不同粒级的焦炭产品。

任务二 了解炼焦工艺原理

一、炭化室内煤料的结焦过程

（一）炼焦理论基础

煤的结构很复杂，是以芳香烃结构为主、具有烷基侧链和含氧、含氮、含硫基团的高分子混合物。煤炭组成具有复杂性、多样性和不均匀性，难以分离成简单的物质。煤焦化是人类综合利用煤炭资源的科学途径之一。煤焦化是将煤料隔绝空气后加热至1000℃左右，使其发生一系列特别复杂的物理变化和化学反应，最后得到成熟的焦炭和出炉煤气（图5-11）。煤的热解过程是炼焦工艺原理的核心。

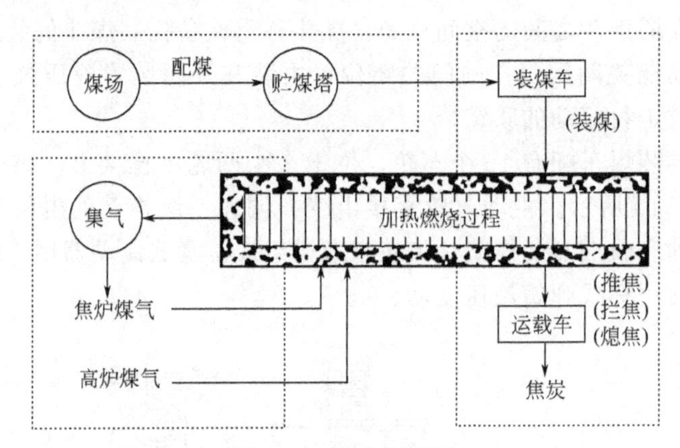

图5-11 炼焦示意图

1. 煤的热解过程

煤的热解是指煤在隔绝空气的条件下进行加热时，发生的一系列物理变化和化学反应的复杂过程。其结果生成气体（煤气）、液体（焦油）和固体（半焦或焦炭）等产品。

煤的热解也称为煤的干馏或热分解。目前煤加工的主要工艺仍是热加工。按热解最终温度的不同可分为高温干馏（950～1050℃）、中温干馏（700～800℃）和低温干馏（500～600℃）。煤的热解是煤的热化学加工的基础。

有黏结性的烟煤热解过程如图5-12所示。

由图可见，有黏结性的烟煤热解过程大致可分为三个阶段。

（1）第一阶段（室温～300℃） 主要是煤干燥、脱析阶段，煤没有发生外形上的变化。

① 120℃前，煤脱水干燥。

② 120～200℃，煤释放出吸附在毛隙孔中的气体，如CH_4、CO_2、CO和N_2等，称为脱析过程。

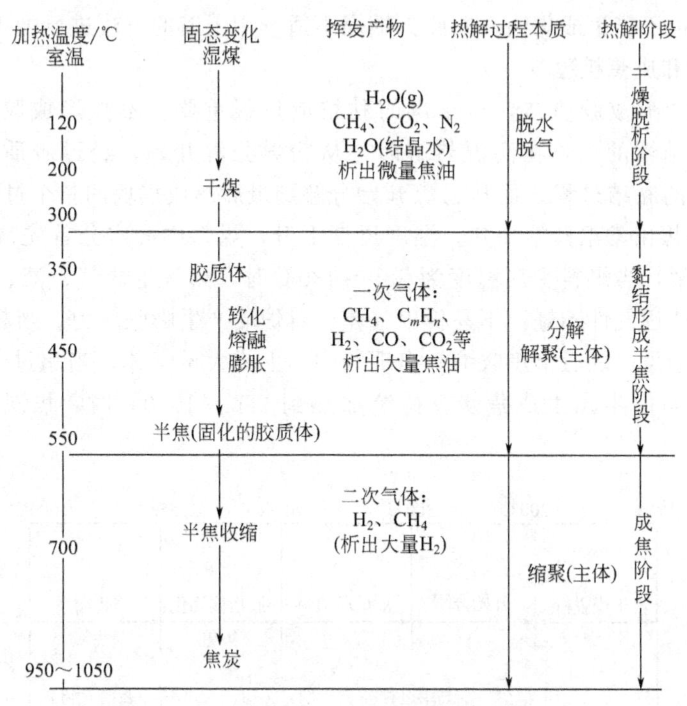

图 5-12 有黏结性的烟煤的热解过程示意图

③ 接近 300℃时，褐煤开始分解，生成 CO_2、CO、H_2S，同时放出热解水及微量焦油。而烟煤和无烟煤此时则变化不大。

(2) 第二阶段（300～550℃或 600℃） 该阶段煤的分解以解聚为主体，形成胶质体并固化而形成半焦。

① 300～450℃，此时煤剧烈分解、解聚，生成大量的热油和气体，焦油几乎全部在这一阶段析出。气体主要是 CH_4 及其同系物，还有 H_2、CO_2、CO 及不饱和烃等。这些气体称为热解一次气体。在 450℃时析出焦油量最大，在此阶段由于热解，生成气、液（焦油）、固（尚未分解的煤粒）三相为一体的胶质体，使煤发生了软化、熔融、流动和膨胀。液相中有液晶（或中间相）存在。

② 450～550℃（或 600℃），胶质体分解、缩聚，固化成半焦。

(3) 第三阶段（550～1000℃） 该阶段以缩聚反应为主，由半焦转变成焦炭。

① 550（或 600）～750℃，半焦分解生成大量气体。主要是 H_2 和少量 CH_4，称为热解的二次气体。一般在 700℃时生成的氢气量最大，在此阶段基本上不产生焦油。半焦因析出气体而产生裂纹。

② 750～1000℃，半焦进一步分解，继续生成少量气体（主要是氢），同时分解后残留物进一步缩聚，芳香碳网不断增大，排列规则化，半焦转变成具有一定强度和块度的焦炭。

煤的热解包括上述三个阶段，它是一个连续变化的过程，其后续阶段必须通过前面的各个阶段。煤化程度低的煤（如褐煤），热解过程大体与烟煤相同，但不存在胶质体形成阶段，仅发生剧烈分解，产生大量气体和焦油，无黏性，形成的半焦是散状的。加热到高温时，则生成焦粉。

高变质煤（无烟煤）的热解过程比较简单，是一个连续析出少量气体的分解过程，既不能形成胶质体，也不能生成焦油。因此无烟煤不适于用干馏的方法进行加工。

2. 煤的黏结和成焦机理

煤热解时能否形成胶质体，对于煤的黏结成焦很重要。不能形成胶质体的煤，没有黏结性。具有黏结性的煤，在高温热解时，从粉煤分解开始，经过胶质状态到生成半焦的过程，称为煤的黏结过程。而从粉煤开始分解到最后形成焦块的整个过程称为结焦过程，如图 5-13 所示。煤由常温开始加热，温度逐渐上升，煤料中的水分首先被干燥脱析，然后煤开始发生热分解，当煤料受热温度为 350～480℃时，热解生成气、液、固态产物，出现胶质体。因胶质体透气性不好，不易析出气体，对炉墙产生膨胀压力。当超过胶质体固化温度时，黏结生成半焦。之后半焦收缩，出现裂纹，生成大量气体，当超过 650℃左右时，半焦阶段完成。开始由半焦生成焦炭，持续加热到 950～1050℃时，焦炭成熟，结焦过程完成。

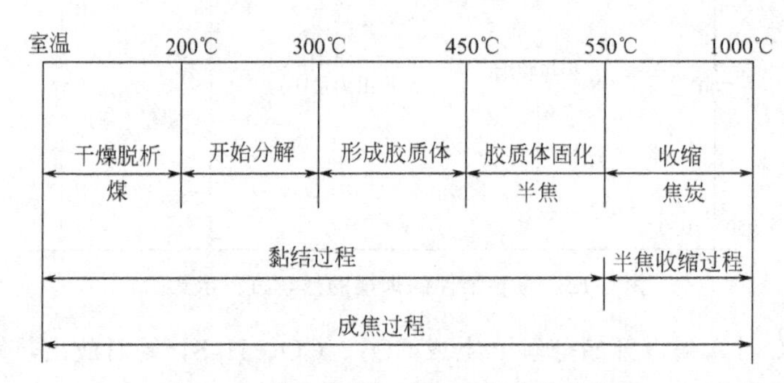

图 5-13　煤的黏结与成焦过程分段示意图

由此可见，煤的结焦过程有干燥脱析阶段、胶质体形成阶段、半焦生成阶段、焦炭生成阶段。大体可分为黏结过程和半焦收缩过程两个阶段。煤的黏结性则取决于胶质体生成的数量和胶质体的性质。不同的煤料其黏结性各异，详见配煤技术。

（二）炭化室内煤料的结焦原理

炭化室内煤料结焦过程的基本特点有两个：一是单向供热、成层结焦；二是结焦过程中传热性能随炉料的状态和温度而变化。

1. 温度变化与炉料动态

（1）单向供热　由于单向供热，炭化室内煤料的结焦过程所需热能是以高温炉墙侧向炭化室中心逐渐传递的。煤的导热能力很差（尤其是胶质体），在炭化室中心面的垂直方向上，煤料内的温度差较大。

（2）成层结焦　在同一时间，距炉墙不同距离的各层煤料的温度不同，炉料的状态也就不同，如图 5-14 所示。各层处于结焦过程的不同阶段，总是在炉墙附近先结成焦炭而后逐层向炭化室中心推移，这就是所谓的成层结焦。

（3）炼焦最终温度及其应用　炭化室中心面上炉料温度始终最低，因此结焦末期炭化室中心面温度（焦饼中心温度）可以作为焦饼成熟程度的标志，称为炼焦最终温度。据此，生产上常测定焦饼中心温度以考察焦炭的成熟程度，并要求测温管位于炭化室中心线上。

2. 各层炉料的传热性能对料层状态和温度的影响

（1）各层煤料的温度与状态由于单向供热和成层结焦，各层的升温速度也不同，如

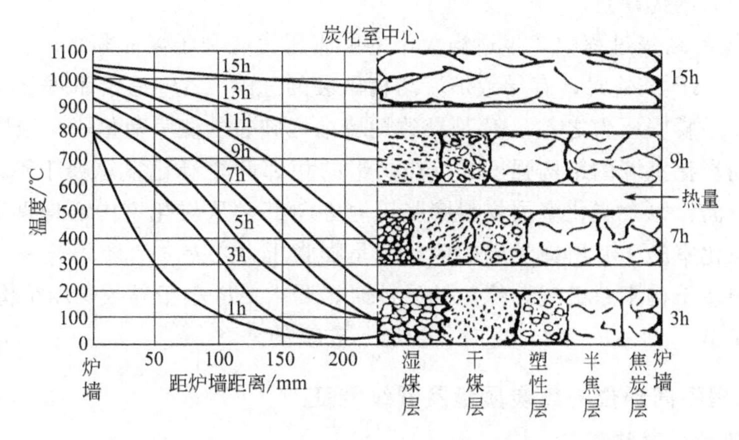

图 5-14 不同结焦时间炭化室内各层煤料的温度与状态

图 5-15。结焦过程中不同状态的各种中间产物的热容、热导率、相变热、反应热等都不相同，所以炭化室内煤料中是不均匀、不稳定温度场，其传热过程属不稳定传热。

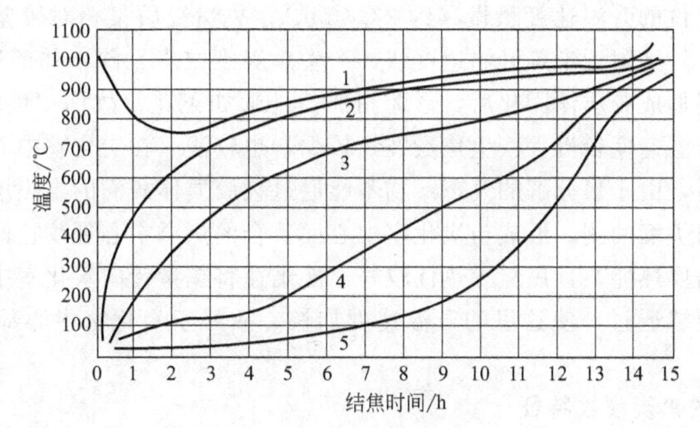

图 5-15 炭化室内各层煤料的温度变化

1—炭化室表面温度；2—炭化室墙附近煤料温度；3—距炉墙 50～60mm 处煤料温度；
4—距炉墙 130～140mm 处的煤料温度；5—炭化室中心部位的煤料温度

(2) 湿煤装炉时，炭化室中心面煤料温度升到 100℃以上所需时间相当于结焦时间的一半左右。这是因为水的汽化潜热大而煤的热导率小；同时由于结焦过程中湿煤层始终被夹在两个塑性层中，水汽不易透过塑性层向两侧炭化室墙的外层流出，致使大部分水汽窜入内层湿煤中，并因内层温度更低而冷凝下来，使内层湿煤中水分增加，从而使炭化室中心煤料长期停留在 110℃以下。煤料水分愈多，结焦时间愈长，炼焦耗热量愈大。

(3) 由于成层结焦，两个大体上平行于两侧炭化室墙面的塑性层也从两侧向炭化室中心面逐渐移动，又因炭化室底面温度和顶面温度也很高，在煤料的上层和下层也会形成塑性层。这样，塑性体及其周围煤粒就构成了一个膜袋，膜袋内的煤热解产生气态产物使膜袋膨胀，又通过半焦层和焦炭层而施与炭化室墙以侧压力（即膨胀压力）。膨胀压力是随结焦过程而变化的，当塑性膜袋的两个侧面在炭化室中心面汇合时，两边外侧已是焦炭和半焦，由于焦炭和半焦需热少而传热好，致使塑性膜袋的温度急剧升高，气态产物迅速增加，这时膨胀压力达到最大值，通常所说的膨胀压力即指最大值而言。

(4) 膨胀压力的优缺点

① 优点　煤料结焦过程中产生适当大小的膨胀压力有利于煤的黏结。

② 缺点　当 $\Delta P \geqslant W$ 时，有导致炉墙结构破裂的危险（ΔP 是相邻两个炭化室施于其所夹炉墙的侧负荷是膨胀压力之差；W 是导致炉墙结构破裂的侧负荷值——极限负荷）。

但要考虑到炭化室墙的结构强度。炼焦炉组的相邻两个炭化室总处于不同的结焦阶段，煤料膨胀压力方向：每个炭化室内煤料膨胀压力方向都是从炭化室中心向两侧炭化室墙面。所以相邻两个炭化室施于其所夹炉墙的侧负荷是膨胀压力之差 ΔP。

为了保证炉墙结构不致破裂，炼焦炉设计时，要求 ΔP 小于导致炉墙结构破裂的侧负荷值——极限负荷 W，即 $\Delta P < W$，这时，炉墙是安全的。

(三) 炭化室不同部位的焦炭质量及裂纹特征

1. 不同部位的焦炭特征

从图 5-15 可以看出，当炉料温度达到 350～500℃时，靠近炉墙的煤料（曲线 2）升温速度很快（约 5℃/min），即使装炉煤的黏结性较差，靠近炉墙的焦炭也表现为熔融良好，结构致密，耐磨强度高；距炉墙越远，升温速度越慢，则焦炭结构就越疏松，耐磨强度也更低，炭化室中心部位的升温速度最慢（约 2℃/min），故焦炭质量相对较差。在半焦收缩阶段（500℃以后），炉墙附近半焦升温速度快，产生焦炭裂纹多且深，并产生“焦花”（与炉墙表面接触的煤层形成胶质体固化后，形体扭曲，外形如菜花，故称“焦花”）；距炉墙较远的内层，由于升温速度较慢，产生焦炭裂纹较少，也较浅。在炭化室中心部位，当两个胶质层在中心汇合后，由于热分解的气态产物不能通过被胶质体浸润的半焦层顺利析出而产生膨胀，将焦饼压向炉墙两侧，形成与炭化室中心面重合的焦饼中心裂纹；此后，由于外层已经形成焦炭，不需要热能，且焦炭导热性较好，能迅速将热量传向炭化室中心，加以热气流直接经焦饼中心裂缝通过，使这里的升温速度加快，故处于炭化室中心部位的焦炭裂纹也较多。

2. 不同煤种的焦炭裂纹特征

造成焦炭裂纹多的根本原因是半焦的热分解和热缩聚反应。由于相邻层的升温速度不同，导致热分解和热缩聚的速度不同，进而使半焦收缩速度不同，收缩速度相对较小的那一层阻碍收缩，由此产生内应力，当此内应力大于焦炭多孔体结构强度时，焦炭就产生裂纹。气煤的胶质体温度间隔较窄，故半焦层较薄，加以气孔率大，焦炭物质脆，往往是本层内部由于收缩产生的拉应力使半焦或焦炭破裂，因此气煤焦炭的裂纹，主要是垂直于炭化室墙的纵裂纹，即气煤焦炭多呈细条状。肥煤由于胶质层温度间隔宽，半焦层厚，加以本层内部黏结性强，其拉应力的破坏作用居于次要地位，而相邻层间因收缩速度不同产生切应力，且相邻层间黏结力不强，故切应力的破坏作用是主要的，所以肥煤焦炭中以平行于炭化室墙的横裂纹居多。纵横裂纹使炭化室内的焦饼碎成不同块度的焦炭，也就具有不同的抗碎强度。炭化室内由于单向供热必然造成各层升温速度不同，从而使各层焦炭的块度、耐磨强度和抗碎强度也就不同。

(四) 工艺条件对结焦过程的影响

1. 加热速度

提高加热速度使煤料的胶质体温度范围加宽，流动性增加，从而改善煤料的黏结性，使焦块致密。实验证明这是因为改变了煤的热解动态过程，即快速加热使侧链断裂形成液相的速度和碳网增加，液相显出速度之差值增加，从而加大了胶质体的温度停留范围，改善了胶质体的流动性，同时单位时间内产生的气体增加，增大了膨胀压力，因而提高了煤的黏结性。利用快速加热，可以提高弱黏结性的气煤、弱黏煤甚至长焰煤的黏结性，这就扩大了炼焦煤源，热压型焦就属于这一基本原理。但快速加热对半焦收缩是不利的，因为提高加热速度使收缩速度加快，相邻层的联结强度加大，从而收缩应力大，产生的裂纹多，故合理的加热速度应是黏结阶段快，收缩阶段慢。

现代炼焦炉炭化室内的结焦过程无法调节各阶段的加热，且实际上湿煤、干煤、胶质体由于导热性能差，加热速度慢，半焦和焦炭反而加热快，这是现代炭化室的根本缺点。

2. 煤料细度

实验表明，煤料粉碎度和焦炭强度呈如下关系：同一种煤的粉碎度增加，焦炭强度增加，当煤粉碎度达到某极限值后，继续增加时焦炭强度反而降低。对不同的煤种，和其焦炭强度的极大值对应的粉碎度取决于煤的黏结性，黏结性愈好的煤，与其焦炭强度极大值对应的煤粉碎度愈高。这是因为粉碎度提高时，煤粉的分散表面积增加，由于固体颗粒对液体的吸附作用使胶质体黏度增大，不利于气体的析出，使黏结阶段的膨胀压力增大，因而使煤的黏结性提高。

煤料越肥，对焦炭强度的影响趋向于收缩应力的降低，故细粉碎有利于得到裂纹少、块度大、质量均一的焦炭。但对配合煤而言，应根据单种煤的特性，确定粉碎度。一般情况为增加弱黏结煤的用量，则应对强黏结煤粗粉碎以保持其黏结性，弱黏结煤细粉碎以利于分散。

因此对于不同的煤料，为得到强度最好的焦炭，应寻找各自最适合的细度。

3. 堆密度

增加装炉煤的堆密度，使煤粒间隙减小，膨胀压力增大，填充间隙所需的液态物质减少，在胶质体数量和性质一定时，可以改善煤的黏结性。但堆密度的增大，使相邻层的联结强度加强，且伴随着收缩应力的增加，使焦炭的裂纹增加。因此，只有当黏结性差的气煤配用量较大时，采用增加堆密度的方法来提高焦炭的强度。

4. 添加物

煤料黏结性不好时，可以加入沥青等黏结剂，增加结焦过程中的液相以改善黏结性。但这种黏结剂应要求在煤料胶质体阶段有较好的热稳定性，故最好采用高沸点沥青。

当煤料收缩性很大时，可在不使煤黏结性降低很多的情况下，加入经细粉碎的无烟煤粉、焦粉等瘦化剂以减少收缩内应力，从而提高焦炭块度。

（五）室式结焦过程中煤料硫分、灰分与焦炭硫分、灰分的关系

1. 硫的动态与焦炭硫分

配合煤硫分既可按单种煤硫分加和计算，也可直接测定。在炼焦过程中，煤中的一部分硫如硫酸盐和硫化铁转化为 FeS、CaS、Fe_nS_{n+1}，残留在焦炭中；另一部分硫如有机硫则转化为气态硫化物，在流经高温焦炭层缝隙时，部分与焦炭反应生成复杂的硫碳复合物而转入焦炭，其余部分则随煤气排出。

2. 焦炭灰分

配合煤灰分既可按单种煤灰分用加和计算，也可直接测定。在炼焦过程中，煤中的矿物

质只有某些组分如碳酸盐和二硫化铁等在结焦过程中分解生成氧化物和硫化铁等。因此从灰分这个概念而言，可以认为煤中灰分全部转入焦炭。

降低煤中灰分有利于焦炭灰分降低，可使高炉、化铁炉等降低焦耗，提高产量。

二、炼焦过程的化学产品

（一）概述

在胶质体生成、固化和半焦分解、缩聚的全过程中，都有大量气态产物析出。由于炭化室内成层结焦，而塑性层胶质体的透气性一般很差，大部分气态产物不能穿过胶质体层。因此，气态产物分为“里行气”与“外行气”两类。

“里行气”：炭化室内干煤层热解生成的气态产物和塑性层内所产生的气态产物中的一部分只能向上或从塑性层内侧流往炉顶空间，这部分气态产物称“里行气”，见图5-16所示。里行气约占气态产物的20%～25%。

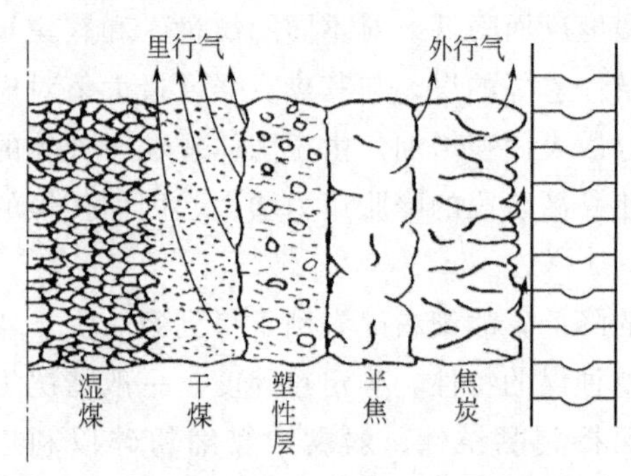

图5-16　化学产品析出示意图

“外行气”：塑性层内所产生的气态产物中的大部分及半焦层内产生的气态产物则穿过高温焦炭层缝隙，沿焦饼与炭化室墙之间的缝隙向上流入炉顶空间，这部分气态产物称“外行气”，外行气约占气态产物的75%～80%。

里行气和外行气最后全部在炉顶空间汇集而导出。煤热解的产物（常称为一次热解产物）在流经高温的焦炭、炉墙和炉顶空间时，不可避免地要发生进一步的化学变化，常称为二次热解。煤热解过程中的化学反应是非常复杂的，包括煤中有机质的裂解，裂解产物中轻质部分的挥发，裂解残留物的缩聚，挥发产物在析出过程中的分解和化合，缩聚产物的进一步分解，再缩聚等过程。总的来讲包括裂解和缩聚两大类反应。从煤的分子结构看，可认为，热解过程是基本结构单元周围的侧链和官能团等，对热不稳定成分不断裂解，形成低分子化合物并挥发出去。而基本结构单元的缩合芳香核部分对热稳定成分互相缩聚形成固体产品（半焦或焦炭）。

（二）煤热解中的化学反应

1. 煤热解中的裂解反应

（1）结构单元之间的桥键断裂生成自由基，其主要是：$-CH_2-$、$-CH_2-CH_2-$、$-CH_2-O-$、$-O-$、$-S-$、$-S-S-$等，桥键断裂成自由基碎片。

（2）脂肪侧链受热易裂解，生成气态烃类，如CH_4、C_2H_6、C_2H_4等。

（3）含氧官能团的裂解，含氧官能团的热稳定性顺序为：

$$-OH > \rangle C{=}O > -COOH$$

（4）煤中低分子化合物的裂解，是以脂肪结构为主的低分子化合物，其受热后，可分解成挥发性产物。

2. 一次热解产物的二次热解反应

炼焦化学产品主要是二次热解产物。二次热解的反应主要如下。

(1) 裂解反应

$$C_2H_6 \longrightarrow C_2H_4 + H_2$$
$$C_2H_4 \longrightarrow CH_4 + C$$
$$CH_4 \longrightarrow C + 2H_2$$
$$C_6H_5-C_2H_5 \longrightarrow C_6H_6 + C_2H_4$$

(2) 脱氢反应

$$C_6H_{12} \longrightarrow C_6H_6 + 3H_2$$
$$C_6H_4(CH_2)_2C_6H_4 \longrightarrow C_{14}H_{10} + H_2$$

(3) 加氢反应

$$C_6H_5OH + H_2 \longrightarrow C_6H_6 + H_2O$$
$$C_6H_5CH_3 + H_2 \longrightarrow C_6H_6 + CH_4$$
$$C_6H_5NH_2 + H_2 \longrightarrow C_6H_6 + NH_3$$

(4) 缩合反应

$$C_{10}H_8 + C_4H_6 \longrightarrow C_{14}H_{10} + 2H_2$$
$$C_6H_6 + C_4H_6 \longrightarrow C_{10}H_8 + 2H_2$$

(5) 桥键分解

$$-CH_2- + H_2O \longrightarrow CO + 2H_2$$
$$-CH_2- + -O- \longrightarrow CO + H_2$$

3. 煤热解中的缩聚反应

煤热解的前期以裂解反应为主，而后期则以缩聚反应为主。缩聚反应对煤的热解生成固态产品（半焦或焦炭）影响较大。

(1) 胶质体固化过程的缩聚反应，主要是在热解生成的自由基之间的缩聚，其结果生成半焦。

(2) 半焦分解，残留物之间的缩聚，生成焦炭。缩聚反应是芳香结构脱氢。苯、萘、联苯和乙烯参加反应。

(3) 加成反应，具有共轭双烯及不饱和键的化合物，在加成时，进行环化反应。例如：

$$CH_2{=}CH-CH{=}CH_2 + CH_2{=}CH-R \longrightarrow \text{环}[CH_2-CH{=}CH-CH_2-CH_2-CH_2] \left(\text{环}[CH_2-CH{=}CH-CH_2-CH(R)-CH_2]\right)$$

影响煤热解（化学产品生成）的因素很多，有原料煤的影响，它包括煤化程度、岩相组成、煤的粒度等，还有外界条件的影响，包括加热条件（升温速度、热解最终温度、压力）、装煤条件（散装、型煤、捣固、预热等）、添加剂和预处理（氧化、加氢、水解和溶剂抽提）等。

任务三
学习推焦技术

一、推焦操作

1. 推焦操作

推焦车及推焦操作见图 5-17。

(a) 推焦车

(b) 推焦某瞬间

图 5-17　推焦车及推焦操作

对推焦操作的要求：本操作按照推焦计划表，完成摘门、推焦、对门和平煤操作。对推焦操作总的要求是安全、准时、稳推。

① 保证推焦安全　如发生误推焦和红焦落地，后果特别严重，可能造成重大人身伤害和设备事故。因此，应做到各车及设备处于良好的状态，推焦前要做好一切准备工作。推焦计划编排正确、准确，摘炉门前看准炉号，防止误摘炉门。推焦前机侧、焦侧联系确认，准确无误后方可推焦。推焦时注意出焦情况，发现问题及时停推，推焦过程中电流超过规定值时，不准强行进行推焦操作等。

② 准时推焦　是指实际推焦时间应符合计划推焦时间。若不准时推焦，如果结焦时间不符合规定而使焦炭不熟或过火，不但降低焦炭质量，还可能造成推焦困难。不按时推焦不但影响本次周转，而且影响下一循环的结焦时间，并将破坏炉温的均匀稳定。

③ 稳推　是指对推焦操作要正确进行并加强管理，以使焦炭能够被顺利地推出炭化室。

何时可以推焦：在正常情况下，当焦饼成熟时与炉墙有 10～15mm 以上的收缩缝，就可使焦饼从炭化室内顺利推出。

炼焦炉的出焦操作，必须按推焦计划准时推焦，否则焦炭将不熟或过火，这不仅降低焦炭质量，还会打乱炼焦炉正常的加热制度。出焦时，只有确实获得拦焦车和熄焦车已做好接焦准备的信号后才能推焦。每次推焦应清扫炉门、炉门框、磨板和小炉门上的石墨及焦油渣等脏物，推焦后及时清扫尾焦。炉门应注意关闭严密，消除炉门冒烟，严防炉门冒火。

正确推焦的方法：推焦时，首先推焦杆头部应轻轻贴住焦饼正面，防止焦饼塌落，开始推焦时速度要慢，以免对位不准而冲撞炉门或将机侧焦饼撞碎，妨碍推焦。当推焦杆刚启动时，焦饼首先被压缩，推焦阻力达到最大值，此时指示的推焦电流为最大推焦电流。焦饼移动后，阻力逐渐降低，推焦杆前进速度可较快，终了时又放慢；焦饼推出后，为防止推焦杆过热变形，推焦杆应快速退回。整个推焦过程中，推焦阻力是变化的，它的大小反映在推焦电流的变化上。为此，推焦时要注意推焦电流的变化。对于每座炼焦炉，应根据炉体状况、推焦车状态等因素规定最大的允许推焦电流，超过该值即属于焦饼难推。

焦饼难推的定义：推焦电流超过规定的极限值时，焦饼移动困难或根本推不动。

如出现焦饼难推而强制推焦时，将会造成炭化室墙变形，变形严重时炉墙甚至会倒塌，这是不允许的。产生焦饼难推时，应及时分析产生的原因，采取相应的措施后，才能继续推焦，严禁盲目地进行二次推焦。

焦饼难推的后果：直接影响焦炭的产量和质量，扰乱甚至完全破坏炼焦炉的正常加热制度，打乱正常的推焦计划，严重损坏炼焦炉砌体，缩短炼焦炉及设备使用寿命，增加工人的劳动强度，因此，危害极大。

产生焦饼难推的常见原因：焦饼难推是由于焦饼与炉墙或炉底的摩擦阻力和其他阻力增大而引起的。焦饼难推虽多因推焦阻力增大而引起，但导致阻力增大的原因是多方面的。

① 加热温度过低或过高。因温度过低，焦饼不成熟以致收缩不够而增大焦饼与炉墙的摩擦阻力；温度过高，焦炭过火易碎，推焦时发生夹焦挤住现象。

② 炭化室顶部和炉墙石墨沉积过厚，炉墙和炉底砖变形，焦侧炉头损坏不平，平煤不良而堵塞了装煤孔，炉门框变形而导致夹焦，推焦杆变形。

③ 原料煤因结焦性差而使结焦过程中焦饼收缩值太小，使推焦阻力增大等。

造成推焦困难是一个由量变引起质变的过程，如果能及时发现问题，采取措施，消除隐患，就可避免焦饼难推。例如：①炉墙石墨的增长是由少到多，相应地推焦电流也会从小变大，当发现石墨增长较快，推焦电流变大时，可采用烧空炉或人工敲打的办法除掉石墨。②发现低温或高温炉号，及时处理和调节，可避免生焦或过火焦的出现。③对于特殊炉号，只要从推焦、装煤及加热都予以特殊管理，也可减少焦饼难推。因此，只要坚持经常性的炉墙维护，加强生产管理，焦饼难推是可以减少甚至避免的。

在炼焦技术规程中，对难推焦必须严格管理。

① 推焦时发现焦炭过生或过火，推焦电流过大，应立即汇报工长，没有得到工长的明确指示，不许继续操作。

② 严禁一次推不出焦后不做任何处理接连进行二次推焦。

③ 第一次未推出应查找原因，排除障碍后，由工长批准方可推第二次；三次以上推焦时需有车间主任或值班主任在场并经允许才能进行。

④ 再次推焦前，必须清理焦饼，将碎焦扒出，直至见到焦饼收缩缝为止。

⑤ 难推焦出现后应在短期内处理完毕。

⑥ 每次难推焦后，应记录难推原因及处理经过，并提出防止今后难推的措施。

⑦ 因石墨原因造成难推，必须在推焦后立即清除掉石墨。

2. 推焦串序

(1) 定义　一座炼焦炉的各炭化室装煤、出焦是按照一定的顺序进行的，此顺序即为推焦串序。它对炉体寿命、热量消耗、操作效率和机械损耗等方面均有影响。

(2) 合理的推焦串序的选择须遵循如下规律。

① 相邻炭化室的结焦时间最好相差一半。即与推焦炭化室的相邻炉室应处于结焦中期，正处于膨胀阶段，支撑着燃烧室，使炉墙不致因推焦时受压而变形，还可以减少出焦时与装煤后的两侧燃烧室的温度波动，导致砌体局部过冷或过热造成损坏。因为煤料在整个结焦过程中所需热量是变化的，结焦前半期特别是装煤初期煤料大量吸热，而结焦后半期需热较少，当相邻炭化室结焦时间相差一半时，燃烧室两侧的炭化室分别处于结焦前半期和后半期，即一侧燃烧室墙与煤料的温差较大而吸热较多，另一侧则吸热较少。这样使燃烧室的供热和温度比较稳定，减轻了因炭化室周期性装煤、出焦所造成的燃烧室温度波动，有利于保护炉墙，并节省炼焦耗热量。

此外，当相邻炭化室结焦时间相差一半时，出炉炭化室两侧的炭化室煤料处于结焦中期，即处于膨胀阶段，由两侧炉墙传来的膨胀压力可平衡推焦时对砌体的推力，从而可防止炉墙因单侧受力而变形损坏的可能。

② 新装煤的炭化室应均匀分布于全炉，沿炉组全长均匀推焦和装煤，以利集气管长向煤气压力（负荷）均匀和炉组纵长方向温度的均匀分布。

③ 适当缩短机械的行程次数，以提高设备的利用率，节省电力。

④ 应适当拉开出炉炭化室和待出炉炭化室的距离，改善工人的操作条件和炼焦炉维护的条件。

3. 推焦计划

为使炼焦炉均衡生产，保证各炭化室结焦时间一致，整个炉组实现准时出焦，定时进行机械设备的预防性维修，炼焦炉应按一定计划组织推焦、装煤和设备检修。

(1) 炼焦炉操作中的几个时间概念　为了制订推焦检修计划，应首先掌握炼焦炉操作中的几个时间概念。

① 结焦时间　指煤料结焦过程中在炭化室内的停留时间。即指由装煤后至推焦前的时间间隔。一般规定为，从平煤杆进入炭化室（即装煤时间）到推焦杆开始推焦（即推焦时间）的一段时间间隔。

② 操作时间　指某一炭化室从推焦开始到平完煤，关上小炉门，车辆移至下一炉号开始推焦为止所需的时间，也即相邻两个炭化室（按推焦串序的排列）推焦或装煤的时间间隔。按目前的炼焦炉机械水平，大型炼焦炉每炉的操作时间为 9～11min。操作时间愈短，机械利用率愈高，但要求车辆的备用系数也愈大。

缩短操作时间，有利于炉体维护，减少煤气损失和减轻环境污染，但必须以保证各项操作要求为前提。操作时间是由几个车辆综合操作情况而定，应以工作最紧张的车辆作为确定操作时间的依据。一般熄焦车操作一炉需 5～6min，推焦车要 10～11min，装煤车和拦焦车操作一炉的时间均少于推焦车。因此，对于 2×65 孔的炼焦炉炉组，除共用一台熄焦车操作外，其他车辆每炉一套，故操作时间应以熄焦车能否在规定的时间内操作完为准。

由操作时间的定义可以看出，操作时间中开始推焦前和开始平煤后的时间已属于结焦时间范围。

③ 炭化室处理时间　指炭化室从推焦开始（推焦时间）到装煤后平煤杆进入炭化室（装煤时间）平煤结束后的一段时间间隔，应与操作时间区别开。

④ 周转时间（也叫小循环时间）　某一炭化室从推焦（装煤）至下一次推焦（装煤）的时间间隔。指结焦时间和炭化室处理时间之和，即某一炭化室两次推焦（或装煤）的时间间隔。在一个周转时间内除将一组炼焦炉所有炭化室的焦炭全部推出、装煤一次外，多余时间用于设备检修，因此，周转时间包括全炉操作时间和设备检修时间。但全炉操作时间则为每孔操作时间和车辆所操作的炭化室孔数的乘积。

因此，对于每个炭化室而言：

周转时间＝结焦时间＋炭化室处理时间

对于整个炉组而言：

周转时间＝全炉操作时间＋检修时间

一般情况下，检修时间不应低于 2h。

⑤ 火落时间　是指炭化室装煤至焦炭成熟的时间间隔，焦炭是否成熟可以通过打开待出炉室上专设的观察孔，观察冒出火焰是否呈蓝白色来判定。焦炭成熟后再经一段闷炉时间，才能推焦。因此结焦时间＝火落时间＋焖炉时间。通过焖炉可提高焦饼均匀成熟程度和焦炭质量。火落时间是日本炼焦炉操作中的重要控制参数，作为指导炉温调节的依据，在国内宝钢炼焦炉生产中得到应用。

(2) 循环检修计划　为保证炼焦炉生产的正常进行，炼焦炉的机械设备应定期检修，焦化厂通常采用循环检修（推焦）计划组织出炉操作。循环检修计划按月编排，其中规定炼焦炉每天、每班的操作时间及出炉数和检修时间。

(3) 推焦计划的制订与评定　推焦计划根据循环检修计划及上一周转时间内各炭化室实际推焦、装煤时间制订。编制时应保证每孔炭化室的结焦时间与规定的结焦时间相差不超过±5min，并保证必要的机械操作时间。同时应考虑炉温及煤料的情况，遇有乱笺号应尽力加以调整。调整方法为：①向前提，即每次出炉时将乱笺号向前提 1～2 炉，这种方法不损失出炉数，但调整较慢；②向后调，即延长该炉号的结焦时间，使其逐渐调至原来位置，此法调整快，但损失出炉数。一般如错 10 炉以上时可采取向后调整的方法，但延长结焦时间不应超过规定结焦时间的 1/4，并注意防止高温事故。

4. 病号炉的推焦

如果因炉墙变形经常推二次焦的炉号，称为病号炉。

对于病号炉，尽量减少二次焦发生，防止炭化室墙进一步恶化的措施如下。

(1) 少装煤　在该炉变形部位适当少装煤，周转时间与其他正常炉一样。这样，病号炉推焦按正常顺序，不乱笺。但焦炭产量受损。此法在炭化室墙变形不太严重的炉号上可用。

(2) 适当提高病号炉两边立火道温度　将炉墙变形的炭化室两边立火道温度提高，保证病号炉焦炭提前成熟，有一定焖炉时间，焦炭收缩的好，以便顺利推焦。但改变温度给调火工和三班煤气工带来许多不便，一般不宜采用。

(3) 延长病号炉结焦时间　病号炉最好按其周转时间单独排出循环图表，每天病号炉推焦时间写在记事板上，防止漏排、漏推而导致高温事故。

5. 推焦工操作步骤

① 开车前先发走行信号，遇烟雾大、蒸汽大时应缓慢行驶；根据推焦计划安排的时间，发出“准备生产”信号，待其他机车回应后，再看准炉号，对准炉门；摘门时，确认上升管已打开。

② 将取门机构走行至前限，吊好吊钩，压紧压门栓，提起炉门，然后开启；炉门开启后，一定要抽回到位。

③ 接到熄焦车发出的“××号推焦”信号后，回应“××号推焦开始”信号，待熄焦车回应“熄焦车明白”信号后，再进行推焦；推焦时，推焦杆中心应对准炭化室中心，推焦至末期时应减速；推焦过程中，精力要集中，手不离操作手柄，并观察推焦电流和炭化室内部情况。

④ 推焦完毕，推焦杆开始返回炭化室时，发出“推焦结束”信号，这时熄焦车回应“熄焦车明白”信号。推焦杆头退回炭化室后，发出“推焦杆后退”信号，拦焦车回应“拦焦车明白”信号。推焦杆磨板退到炭化室机侧炉口时应减速。推焦杆应收回到位，但要注意磨板支架不能撞击推焦车底座。

⑤ 炉门开启到位后，用清扫装置（或人工）清扫炉门、炉门框、小炉门；给刮板机加水、清扫焦粉，炉头焦和尾焦扒进刮板机，然后输送到尾焦漏斗中，要保证漏斗中的红焦熄灭。

⑥ 接到炉门工可以对门的信号后，确认炉门、炉门框已清扫完毕，开始对门；对门时应使炉门对正，不得损坏炉门刀边，炉门要落到位。

⑦ 当接到拦焦车发出的“推焦车，炉门关闭”信号后，回应“推焦车明白”信号，待机侧炉门对好后，发出“装煤车，××号装煤”信号，做好平煤准备，这时，装煤车回应“装煤车明白”信号；装煤时，装煤车发“装煤开始”信号，推焦车回应“推焦车明白”信号；当接到装煤车司机发出的“推焦车平煤”信号后，打开小炉门，进行平煤。

⑧ 平煤杆进入炭化室平第一趟为长趟（即平到头），第一趟平完后，通知装煤车“平煤杆到头”信号，装煤车回应“装煤车明白”信号和“装煤结束”信号后，推焦车回应“推焦车明白”信号。装煤车离开装煤炉号后，即根据情况采取长、短趟不同形式平煤，直到装煤工发出停止平煤信号为止，但最后一趟必须是长趟，以保证装满平通。平煤结束后，关闭小炉门，压紧锁闭装置。小炉门冒烟要立即处理。

⑨ 每炉操作完毕，及时准确记录，及时将推焦车余煤放入余煤提升机。

⑩ 推焦时发现焦炭过生、过火，推焦电流过大，应立即汇报工长，没有得到工长的明确指示，不许继续操作。推焦过程中，听到紧急信号或有异常情况时，立即停止推焦操作，抽回推焦杆，待情况弄清后，再进行处理。

6. 拦焦车工的岗位要求及操作步骤

（1）拦焦车工的岗位要求

① 按照推焦计划表摘对炉门，对好导焦槽，使焦炭顺利导入熄焦车车厢内。生产前认真对机车各机构进行检查，试车确认正常，对润滑部位给脂加油，填写《设备点检本》。检查拦焦车轨道和焦方平台，确认无障碍物、无其他人员工作；开车前先瞭望并发出信号；遇烟雾大、蒸汽大时应减速行驶。

② 各项操作动作都应准确到位，不允许频繁点动，不允许突然打倒车。

③ 当打开炉门10min后仍不能出焦时，应及时与推焦车联系，确认推焦车不再推焦后，退回导焦栅，重新对好炉门，机车处于待命状态。

④ 推焦出现废号后，与推焦车、熄焦车共同配合，做好炭化室底部的清扫工作。

⑤ 倒换炉门时应仔细操作，不能刮坏炉门修理站。炉门放在炉门修理架上，压门栓要进钩到位，要确认安全。

(2) 拦焦车工操作步骤

① 按推焦计划安排的时间，接到推焦车发出的“各机车准备生产”的信号后，回应推焦车“拦焦车明白”信号，将拦焦车开到对应炉号，开始摘门。

② 摘门时，应看准炉号，防止错摘。此时导焦栅应退到后限，启门机对准炉门中心，吊好吊钩，压紧压门栓，提起炉门，然后缓缓外移，直至旋转到位，摘门过程中，注意安全。

③ 将导焦栅对好，固定好销子，确认后，向熄焦车司机发出“导焦栅对好”的信号，熄焦车应回应“熄焦车明白”信号。

④ 焦炭推出过程中，应观察导焦栅的位移或振动，发现异常，立即以紧急信号告诉推焦车停止推焦。焦炭推出后，在接到“推焦杆后退”的信号后，回应“拦焦车明白”信号，将导焦栅退回到位。

⑤ 用清扫装置对炉门框进行清扫。

⑥ 尾焦由炉门工用铁锹扒到刮板机中，由刮板机运至尾焦漏斗，保证漏斗中没有红焦。对炉门工反映的炭化室情况和炉门情况进行确认，并向工长汇报。

⑦ 接到炉门工发出可以对门的信号（声音或手势）后，开始对门。对门时，动作应准确，不得损坏炉门刀边，炉门要落到位。确认炉门对好后，向推焦车发出“炉门已关闭”信号，并将摘门机构收回到位，推焦车回应“推焦车明白”信号，完成一炉操作。

7. 炉门工岗位要求、操作要领

① 推焦前检查、清扫尾焦刮板机，并灌满水，摘门前启动运行，运行后要及时补充冷却水。尾焦漏斗装满时，配合司机将尾焦放掉。

② 按推焦计划看清炉号，协助司机摘开炉门，防止摘错。

③ 机侧在推焦杆磨板进入炭化室后，及时用短钎铲子清扫炉门框下部的两个拐角。

④ 推焦完毕，将尾焦甩入炭化室400mm以上。

⑤ 站在适当位置，用长短不一的钎子，将炉门、炉门框清扫干净。

⑥ 观察炉墙完好情况，发现问题及时汇报。

⑦ 尾焦和炉门框清扫完毕，通知并协助司机对门，确保压门栓进钩到位。

⑧ 清扫炉门框下的淌焦板；清扫平台上的尾焦、焦油。

⑨ 遇炉门冒烟，立即处理。

⑩ 炉门打开后因故不能生产，配合司机重新对门。

8. 装煤与推焦操作正确进行的要领

① 推焦前按计划炉号和时间提前20～30min打开上升管盖，同时关闭桥管水封翻板。缓缓打开远离上升管的炉盖，避免由于大量空气进入与煤气混合而发生强烈爆鸣，振坏炉体。空气经装煤孔、炭化室顶部空间，然后进入上升管排出，以烧去炉顶及上升管内石墨。并要观察上升管火焰，无色或浅蓝色火焰表示焦饼成熟良好；若为深褐色火苗表示焦炭成熟度不够，或有局部生焦。正常生产时，打开上升管盖的数目不得超过三个，

上升管打盖过早会破坏焦炉压力制度，烧掉炉墙石墨，造成串漏，而且损失荒煤气和恶化环境。

打盖后的上升管应清扫管壁及桥管内积聚的焦油和石墨，否则会越积越多，造成荒煤气通道堵塞，冒烟冒火。清扫时应用压缩空气将火压住后进行，并应尽量站在上风侧。清扫中应检查氨水喷洒的情况，发现问题及时处理。

② 推焦前10min打开出焦号全部炉盖，检查装煤孔是否有堵眼现象，如有堵眼应打通，以免影响推焦。应从炉口观察顶部焦饼的收缩情况，与炉墙间有10～15mm收缩缝表示成熟良好。并应清扫炉口石墨，避免积存过多而影响装煤。同时清扫炉口圈及炉盖上的积垢，以备装煤后炉盖密封。

③ 推焦前5min内摘下机、焦两侧炉门，及时清扫炉门、炉门框、磨板和小炉门上的焦油和石墨等脏物。如果清扫不净，则炉门刀边不能压紧在炉门框上，封闭不严，装煤后将造成冒烟冒火，会烧坏护炉铁件、漏失荒煤气和污染环境，结焦末期则会吸入空气，损害炉体和烧掉焦炭。

摘炉门不能过早，因故延长推焦时间10min以上时，必须将已打开的炉门重新对上，以免烧损设备、损坏炉头砌体、炉头焦饼倒落和烧掉焦炭。

④ 推焦前四大车均应做好一切准备工作。导焦槽对正焦侧炭化室炉号，紧贴炉门框，向熄焦车司机发出准许推焦信号；熄焦车应停在出焦位置，使车厢一端与导焦槽错位1～1.5m，检查确认风压足够、放焦闸门关严、走行可靠后，才能向推焦车发出准许推焦信号；推焦车司机确实得到熄焦车的准确信号后才能开始推焦。

⑤ 按计划推焦时间准时（±5min以内）推焦。推焦时，推焦杆中心线对准炭化室中心，并且保证推焦杆头的正面与炉头焦饼紧贴，推焦杆应缓慢启动，在接触焦饼前和进入导焦槽时应减速。推焦途中应注意观察推焦电流，发现电流过大或当得到停止推焦信号时，必须立即停止推焦杆前进。拦焦车司机和炉顶班长均应注视出焦情况。熄焦车接焦时行车速度应与推焦速度相适应，使推出焦炭能均匀地分布在车厢内。熄焦车司机应密切注意出焦或拦焦车动态，发现问题及时制止推焦。

⑥ 推焦后，推焦杆立即退回原位，若炭化室底部遗留较多的焦炭，必须用推焦杆再推一次。推焦司机准确记录实际推焦时间和推焦电流以及检查发现出焦炉号的一切不正常现象（如炉温过高、过低，炉体损坏和装煤不满等）。炉门工应及时处理炉头尾焦，炭化室两端炉底部400mm远不许存有过多焦炭，以免影响炉门落严。然后对正机侧、焦侧炉门，横铁落到位，保证对门严密并防止炉门脱落。

⑦ 在整个出焦过程中，要求各岗位正确操作，动作敏捷、准确，配合默契。炭化室自开炉门到关炉门的敞开时间不应超过7min，补炉时也不宜超过10min。焦饼推出到装煤开始的空炉时间不宜超过8min，烧空炉时也不宜超过15min。

⑧ 装煤前，装煤车应从煤塔取煤并做好一切装煤准备工作。取煤时应按煤塔漏嘴的排列顺序依次进行，取煤量应按规定进行，开至磅秤过秤，然后开至欲装煤炉号的上风侧。

⑨ 装煤车司机确认机侧、焦侧炉门已经对好，推焦车做好平煤准备，炉盖已全部打开，得到准确指令后，才能开始向炭化室内装煤，以免将煤装在外边。

⑩ 装煤时装煤车的煤斗与装煤孔完全对正，闸套严密地落在装煤孔上，装煤工迅速关闭上升管盖，同时打开水封翻板和高压氨水。装煤车立即打开煤斗闸门，向炭化室内装煤。

打开闸门的放煤顺序必须使煤料在炭化室内分布均匀。

待炭化室自然装满而不再下煤时，发出平煤信号，推焦车立即开始平煤。平煤杆不宜过早伸入炉内，否则容易把平煤杆烧弯或压弯，并妨碍下煤。当各斗已达料位标准时，关好煤斗闸门，提起闸套，离开装煤孔，返回煤塔并过磅，然后从煤塔为下一炉取煤。在整个装煤过程中，装煤工应密切配合装煤车装好煤，看好闸门、闸套并协助煤斗均匀下煤。

⑪ 当所有装煤孔无堵塞、炉顶空间已平通时，装煤车司机通知推焦司机停止平煤，将平煤杆退出炭化室，关闭小炉门，并将小炉门锁紧。平煤过程中，平煤杆应行程到位，并应长、短趟配合恰当，既要达到装满不缺角，又要达到平通不堵眼，而且使平煤杆从炭化室内带出煤料较少。

⑫ 在平煤杆退出前，装煤工立即将装煤孔剩余煤料扫入炉内，然后盖好炉盖并浇泥浆封严，消灭冒烟。确认机侧小炉门已压好，及时关闭上升管喷射的高压氨水。忘关高压氨水，将使炉内产生很大的负压，会吸入空气，损坏炉体。采用双集气管的焦炉则能将另一侧喷洒的氨水抽入炉内。

9. 出焦过程的烟尘治理

（1）出焦过程的烟尘来源　推焦过程中的烟尘来自以下几个方面：

① 炭化室炉门打开后散发出的残余煤气及由于空气进入使部分焦炭和可燃气燃烧产生的烟尘；

② 推焦时炉门处及导焦槽散发的粉尘；

③ 焦炭从导焦槽落到熄焦车中时散发的粉尘；

④ 载有焦炭的熄焦车行至熄焦塔途中散发的烟尘。

上述②、③两项散发的粉尘量为装炉时散发的粉尘量一倍以上，其中主要是③，由于焦炭落入熄焦车，因撞击产生的粉尘随高温上升气流而飞扬。尤其是当推出的焦炭成熟度不足时，焦炭中残留了大量热解产物，在推焦时和空气接触，燃烧生成细粒分散的炭黑，因而形成大量浓黑的烟尘。

据有人测量，推焦时，每吨焦炭散发的烟尘有0.4kg之多。由于推出的红焦时间短，仅1min左右，故产生的烟尘具有阵发性。国外有人对炭化室尺寸12m×0.45m×3.6m的焦炉进行过测量，其推焦烟尘量在正常出焦时可达124m^3/min；若推出的焦炭较生，则产生的烟尘量更大。综上所述，由于出焦及熄焦过程中，烟尘散发量大，严重污染环境，一些国家采取过多种治理出焦烟尘的技术措施，其烟尘控制效果各异。我国这方面的工作才仅仅开始。

（2）出焦过程的烟尘治理措施　减少出焦烟尘的关键是保证焦炭充分而均匀地成熟。为收集和净化正常推焦时散发的烟尘，国内外有多种形式。

① 焦侧固定式集尘大棚　焦侧集尘大棚是用一座钢结构的大棚盖住整个焦侧操作台。大棚从焦侧炉顶上空开始，一直延伸到晾焦台，将拦焦车轨道和熄焦车轨道全部罩在大棚内，依靠设在大棚顶部的排烟主管将烟尘抽出，再经洗涤器净化后排出。

焦侧大棚的优点包括：可有效地控制焦侧炉门在推焦时排除的烟尘；原有的拦焦车和熄焦车均能利用；焦侧操作台和焦侧轨道不必改建。存在缺点是：抽吸的气体体积很大，故净化系统设备庞大，能耗较高；较粗大的尘粒仍降落在棚罩内，焦侧现场很脏，操作工人是处在大棚之内生产，因而，操作人员本身的工作环境更加恶化。此外，棚罩的钢构件易受腐蚀。

② 移动集尘车　在现有的熄焦车上安装固定吸尘罩，它封闭了熄焦车的顶部及三个侧面，仅向焦炉的侧面开放，以接受红热焦炭。在熄焦塔内，喷洒水可由该侧面向熄焦车上的焦炭进行喷洒。

由于导焦槽的两个侧面及顶部、底部也被密封，当熄焦车停在接焦位置时，敞开侧可被拦焦车上安设的密封挡板构成第四个密封侧面。

集尘罩内的含尘烟气由罩顶吸尘管道进入与熄焦车一起行走的集尘车，车上装有全部净化和抽烟机等设备。其中包括热水洗涤器，该设备通过喷嘴将200℃、235×10^4Pa的热水喷出，由于降压变成蒸汽而洗涤烟尘，借助水流的冲力对气体产生推动作用，因而减轻了抽烟机的负荷，否则风机太大无法在车上安装。这种系统由于罩盖密封性较好，推焦后，熄焦车开往熄焦塔过程中，集尘车仍随熄焦车行走并运转，故提高了集尘效率。该系统的优点是：使用这种净化系统时，不要求对焦炉原有设备改造，尤其对推生焦时可以得到同样的吸尘效果。其缺点是：净化单元的总重量大（200t以上），熄焦塔需改造；采用文丘里洗涤器时，压降大、操作成本高；集尘车在焦侧行走时，放出大量饱和蒸汽，钢结构的建造投资提高等。

③ 移动罩——地面集尘系统　在熄焦车上方有固定式集尘罩，推焦时散发的烟尘经集尘罩通过沿炉组长向布置的固定通道式洗涤系统净化。集尘罩上的出气管与固定通道的支管（每个炉孔一个）由气动闸门或连接器等装置接通。

宝钢焦化厂即采用这种集尘形式，如图5-18。

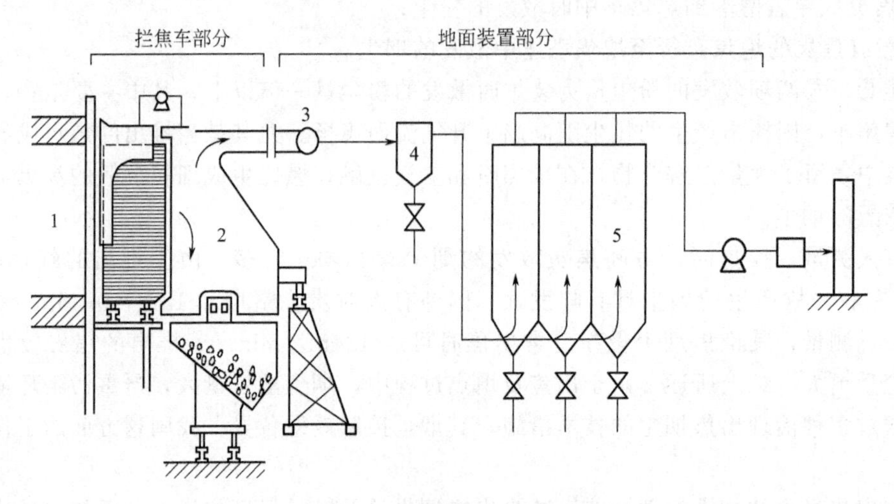

图5-18　固定通道式焦侧集尘系统

1—炼焦炉；2—集尘罩；3—连接阀；4—预除尘器；5—布袋过滤器

集尘罩固定在导焦槽上，并随拦焦车移动，集尘罩的宽度与熄焦车的宽度相同，长度根据焦炭落入熄焦车后烟尘持续时间t、熄焦车接焦的移动速度n和在时间t内落入熄焦车相应长度l决定。即集尘罩的长度$l=nt+l$。

正常推焦时，$t=10\sim30$s，罩长因炉高而异，一般为6～10m。即熄焦车长向只在焦炭下落和发烟持续范围内才被集尘罩覆盖。为防止烟尘从开口处喷出，要求开口处具有一定的吸力。为收集炉门和导焦槽上部的烟尘，在炉门框和导焦槽的连接处还设有挠性罩。

由集尘罩抽出的烟尘经连接管、固定通道、预除尘器、布袋式除尘器后经抽烟机排出。上述系统只在熄焦车接焦时起作用，接完焦，熄焦车开往熄焦塔时则不能继续集尘。

德国密纳新特——施坦英焦化厂1975年投产的这类系统，采用了一种可以随熄焦车沿焦侧连续移动的集尘罩，解决了上面提到的缺点。该系统的集尘罩悬挂在转送小车和托架上，转送小车可在熄焦车外侧支撑在钢结构上，并沿炉组配置的敞口固定集尘通道上方的专门轨道上行走。集尘烟道敞口面上覆盖了专用的橡胶（耐高温）皮带，转送小车作为它的提升器，使集尘罩的排烟管经转送小车连接到固定通道上。这种连接方法允许集尘罩在熄焦车上方沿固定集尘通道连续移动，并且省掉了固定通道上的许多支管及连接阀门等机构，也简化了操作。

移动罩——地面集尘系统的主要优点是，熄焦车不必改造，净化系统固定安装在地面上，安装、使用和维修方便，采用袋式除尘器效率高，较文丘里管成本低，操作环境好。但是，由于要配置沿炉组长向的集尘通道，空间拥挤，其投资也较高，而且能耗大。

二、推焦设备——推焦车

1. 推焦车的组成

推焦车主要由钢结构架、走行机构、开门装置、推焦装置、清除石墨装置、平煤装置、气路系统、润滑系统以及配电系统和司机操作室组成。

2. 推焦车的作用

推焦车可完成启闭机侧炉门、推焦、平煤等操作。

3. 大型炼焦炉推焦车应具备的功能

（1）一次对位完成摘挂炉门、推焦和平煤操作；

（2）机械清扫炉门、炉门框和操作平台；

（3）机械实现尾焦的采集和处理；

（4）用压缩空气清扫上升管根部的石墨；

（5）推焦电流的显示及纪录；

（6）PLC自动操作控制。

推焦车在一个工作循环内，操作程序很多，但时间只有10min左右，工艺上要求每孔炭化室的实际推焦时间与计划推焦时间相差不得超过5min。为此，推焦车各机构应动作迅速，安全可靠。为减少操作差错，最好采用程序自动控制或半自动控制，为缩短操作循环时间，使车辆服务于更多的炉孔数，今后车辆的发展尽可能采用一点停车，即车辆开到出炉号后不再需要来回移动，就能完成此炉号的推焦和上一炉号的平煤任务，这样不仅可以缩短操作时间，而且可以改善出炉操作。

实现一点停车，可以减少车辆的启动次数，减少行走距离，提高设备的利用率，目前一般大型焦炉的推焦车最多能为80孔焦炉工作，如改成一点停车则可提高到130孔炉室。

三、推焦辅助设备——拦焦车

1. 拦焦车的组成

拦焦车（见图5-19）是由启门、导焦及走行清扫等部分组成。启门机构包括摘门机构和移门旋转机构。导焦部分设有导焦槽及其移动机构，以引导焦饼到熄焦车上。

(a)

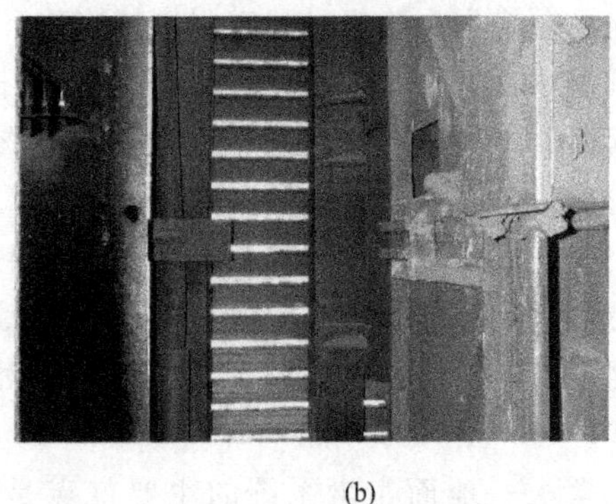

(b)

图 5-19 拦焦车

2. 拦焦车的作用

拦焦车的作用是启闭焦侧炉门，将炭化室推出的焦饼通过导焦槽导入熄焦车中，以完成出焦操作。

为防止导焦槽在推焦时后移，还设有导焦槽闭锁装置。拦焦车工作场地狭窄，环境温度高，烟尘大，故对其结构的要求是稳定性好，一次对位完成摘挂炉门和导焦槽定位，安全可靠，防尘降温，定位次数少。拦焦车在运转过程中，导焦槽的底部应与炭化室的底部在同一平面上，以防焦炭推出时夹框或推焦杆头撞击槽底而损坏。摘门机构除与推焦车相同外，炉门的提起高度和回转角度应完全符合要求。为减轻劳动强度，增设机械清扫炉门、炉门框和操作平台的装置以及尾焦采集装置，并能实现 PLC 自动操作控制。

任务四
交流熄焦与筛焦的相关知识

经推焦车出来的焦炭温度高达 950～1050℃，为了使焦炭便于运输和贮存，要使焦炭温度降到 300℃以下，该过程即为熄焦。

熄焦方法分为湿法熄焦和干法熄焦两种，传统的湿法熄焦方法简单、操作简便，建设投资少，被大多数企业广泛采用，但该方法存在浪费能源和污染环境等缺点。干法熄焦以其特有的优势正被逐渐推广。

一、干法熄焦工艺

1. 干法熄焦原理

干法熄焦技术是采用惰性气体熄灭赤热焦炭的熄焦方法。以冷惰性气体（主要成分为氮气）冷却红焦，吸收了红焦热量的惰性气体作为二次能源，在热交换设备（通常为余热锅炉）中给出热量而重新变冷，冷的惰性气体再循环去冷却红焦。在热交换过程中，焦炭的冷却速度除与焦炭块度有关外，主要取决于惰性气体的温度、惰性气体穿过焦炭层的速度以及焦炭分布的均匀性。

2. 干法熄焦工艺

干法熄焦的主要设备有多室式、笼箱式和集中槽式等。多室式占地大、投资高，目前已趋于淘汰；笼箱式由于笼箱内气流分布不均匀，间歇操作且热效率低，仅适用于小厂。下面介绍集中槽式干熄焦工艺流程（见图 5-20）。

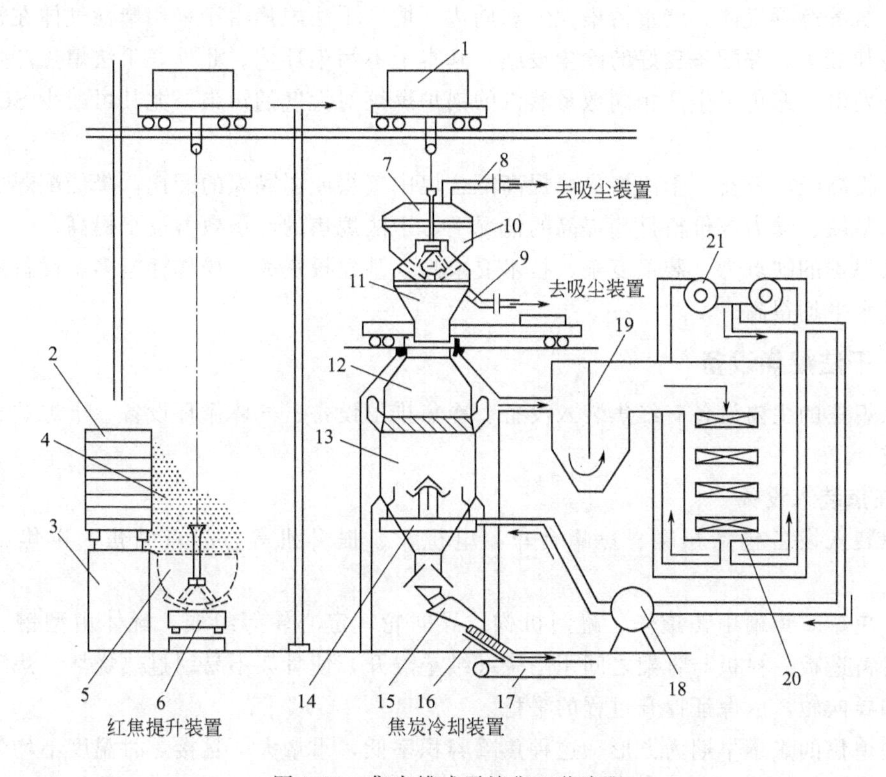

图 5-20 集中槽式干熄焦工艺流程

1—提升机；2—导焦槽；3—操作台；4—红焦；5,10—焦罐；6—台车；7—盖；8,9—排尘管；11—装料装置；12—预存室；13—干熄室；14—气体分配帽；15—排焦装置；16—焦台；17—皮带机；18—循环风机；19—重力沉降槽；20—锅炉；21—旋风除尘器

成熟的红焦从炭化室中推入焦罐，经焦罐车运至提升机，再由提升机提升到干熄焦槽顶。红焦装入干熄槽，在冷却室中与惰性气体进行逆流热交换，冷却至 200℃以下。冷却的焦炭由干熄槽底部排焦设备排至带式输送机送往用户。冷惰性气体经循环风机送入干熄槽，与红焦换热后，升温至 950℃左右。热惰性气体在一次除尘器中除去夹带的粗粒焦粉后进入余热锅炉，锅炉出口处的气体温度降到 200℃以下，再经二次除尘器除去气体中的细粒焦粉。由锅炉出来的冷循环气体经旋风除尘器二次除尘后，温度降至 160～180℃。再由循环风机加压，并由气体冷却装置冷却至 130℃后进入干熄炉循环使用。

3. 干法熄焦的特点

干法熄焦与湿法熄焦相比有以下优点。

(1) 改善焦炭质量　与湿法熄焦相比，干法熄焦避免了湿法熄焦急剧冷却对焦炭结构的不利影响，其机械强度、耐磨性、真密度都有所提高，其中 M40 提高 3%～6%，M10 降低

0.3%～0.8%，反应性指数CRI明显降低，焦炭的热态性能也显著改善。

(2) 回收红炭显热，提高焦炉生产能力　出炉红焦显热约占焦炉能耗的35%～40%，湿法熄焦中红焦的显热白白被浪费掉，而干法熄焦中，80%的红焦显热则可通过惰性气体回收生成水蒸气和发电，显著降低产品成本，并达到节能降耗的效果。

(3) 有效提高焦炭热利用率，避免环境污染　常规的湿法熄焦排放出大量酚、氰化物、硫化氢、氨等有毒气体，严重污染大气和周边环境。干法熄焦由于采用惰性气体在密闭的干熄槽内冷却红焦，并配备良好的除尘设施，基本上不污染环境。此外，干法熄焦产生的蒸汽还可用于发电，避免了生产相同数量蒸汽的锅炉燃煤对大气的污染，尤其可减少SO_2、H_2S的排放。

(4) 提高经济效益　干法熄焦可提高配合煤中气煤或弱黏煤的配比，降低配煤成本。在世界能源紧缺、动力煤价格日趋提高的情况下，干法熄焦的经济效益逐步提高。

干法熄焦的缺点为：装置复杂，技术要求高，基建投资大，操作耗电多，设备运行精度及自动化水平均很高。

二、干法熄焦设备

干法熄焦的主要设备有红焦装入设备、冷焦排出设备、气体循环设备、干熄炉、干熄锅炉等组成。

1. 红焦装入设备

红焦装入设备包括焦罐、焦罐台车、电机车、提升机等，起着结焦、送焦、装焦的作用。

(1) 焦罐　焦罐由焦罐体、罐门机构、导向轮、定心轮等组成。罐体由型钢、钢板制成，内衬铸造板。衬板与骨架之间用陶瓷纤维垫隔开，使骨架不易因过热烧坏。焦罐两侧装有吊杆和导向轮，以保证提升过程的平稳。

干法熄焦的焦罐早期为方形，这种焦罐容积率低，重量大，且接焦时温度不均匀，内部应力变化较大，造成角处的焊缝经常出现裂纹。如今使用的焦罐多为圆形旋转焦罐，其流线型好，容积率高，还降低了集中应力。两种焦罐接焦时的料线分布见图5-21。

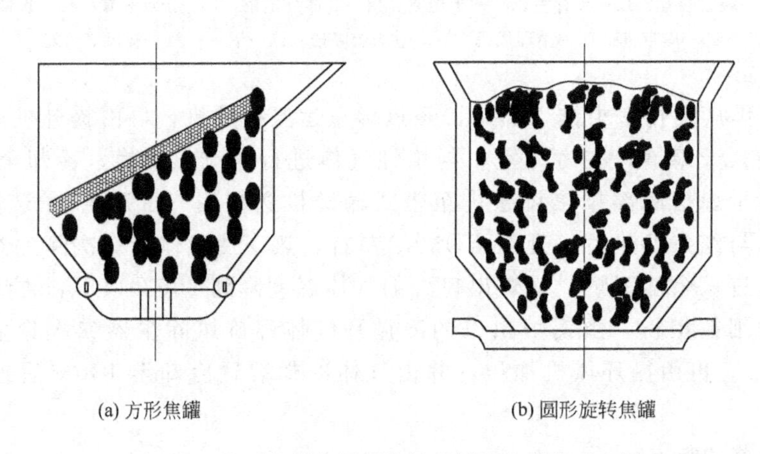

(a) 方形焦罐　　(b) 圆形旋转焦罐

图5-21　方形焦罐与圆形旋转焦罐接焦料线示意图

(2) 焦罐台车　焦罐台车由车本体、车轮组、转盘、焦罐选择传动装置和焦罐导向架等部件组成。其制动由气缸驱动，压缩空气由电机车引入。焦罐台车由电机车牵引，沿熄焦轨道运行，往返于焦炉提升井架之间，用于承载输送焦罐，并在电机车的控制下驱动旋转焦罐接焦。

(3) 电机车　电机车运行在焦侧的熄焦轨道上，用于牵引焦罐台车、控制焦罐旋转和弯沉接送红焦的任务。电机车主要由车体、走行装置、制动装置、气路系统、空调系统及电气系统组成。

(4) 提升机　提升机运行于提升井架和干熄炉顶轨道上，将装满红焦的焦罐提升并横移至干熄炉顶，与装入装置相配合，将红焦装入干熄炉内。装完红焦后又将空罐提升、走行和下降落座在焦罐台车上。提升机由提升装置、走行装置、吊具、焦罐盖、机械室等部分组成。

(5) 装入装置　装入装置位于干熄炉顶部，与提升机配合将焦罐中的红焦装入干熄炉。装入装置主要由料斗、台车、炉盖、驱动装置、集尘管道等部分组成，由装入电动缸通过驱动装置牵引设置在台车上的炉盖和料斗沿轨道行走，顺时针完成打开炉盖，将料斗对准干熄炉口，或将料斗移开干熄炉口，关闭炉盖。

2. 冷焦排出设备

冷焦排出设备由排出装置及运焦皮带组成，它位于干熄炉底部，将冷却后的焦炭定量、密封地排列到皮带上。由交替开放的阀门控制排焦，并防止炉内惰性气体溢出。早期设计的都是用多道闸门交替开闭或振动给料器与多道闸门组合的方式间歇排焦。现在该装置有了改进，采用电磁振动给料器和旋转封闭阀组合成连续排焦装置，改善了间歇排焦的不足，实现了连续排焦。

3. 气体循环设备

气体循环系统包括循环风机、干熄炉、一次除尘、二次除尘、锅炉等设备，以及一些测量元件。循环风机为气体循环系统提供动力，并根据工况调节转速改变循环风量。一次除尘设备是重力沉降槽，用重力除尘的原理将循环惰性气体中的大颗粒焦粉分离。在负压下操作时，其除尘效率近 50%。二次除尘器采用旋风分离器，也在负压下操作，将循环惰性气体中的小颗粒分离，以保护风机。二次除尘器的除尘效果远高于一次除尘器，分离效果可达 85%～90%。

4. 干熄炉

干熄炉由预存室、斜道和冷却室组成，是惰性气体与红焦交换热量的场所，也是干法熄焦的主要设备。干熄炉多为圆形竖桶，也有方形竖桶，外壳由钢板制成，内衬隔热砖。干熄炉上方为预存室，可容纳 1.5h 的焦炭量。除了预存，还能解决焦炉间断推焦与干熄炉连续熄焦的矛盾。预存室的外围是环形烟道，用以汇集从斜道口排出的气流。炉体下部为冷却室，底部锥段安装供气装置。下部壳体有两个进气口，惰性气体分两路进入冷却室，热惰性气体经预存室和冷却室之间的斜道汇集在环形气道，借助每个斜道口的调节装置沿冷却室径向均匀分布。干熄炉结构见图 5-22。

5. 干熄锅炉

干熄锅炉由“锅”、“炉”、附件仪表及附属设备组成。“锅”是锅炉本体部分，包括锅筒、过热器、蒸发器、省煤器、水冷壁、上升管、下降管和集箱等部件；“炉”由炉墙和钢架等部分组成。干熄锅炉结构示意图见图 5-23。

锅炉系统分为锅炉给水系统、锅炉汽水循环系统及蒸汽外送系统 3 个部分，主体支吊在钢结构大板梁上，整体可自由往下膨胀。循环气体从上部水平引入锅炉，垂直往下先后经过

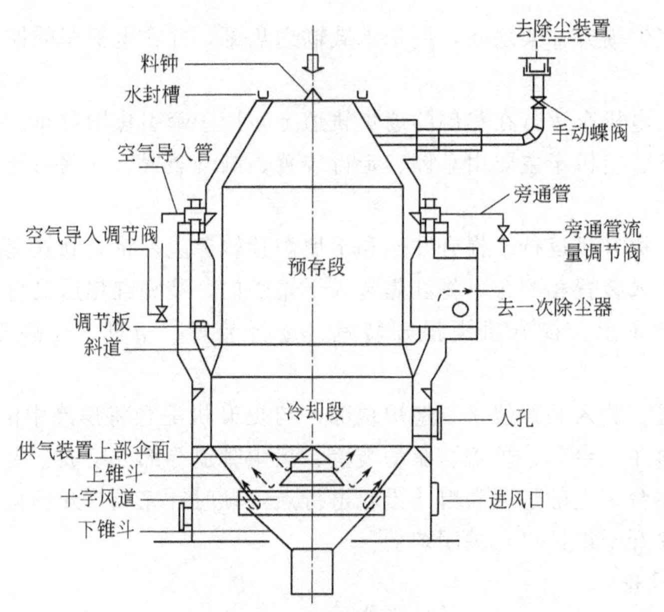

图 5-22　干熄炉结构

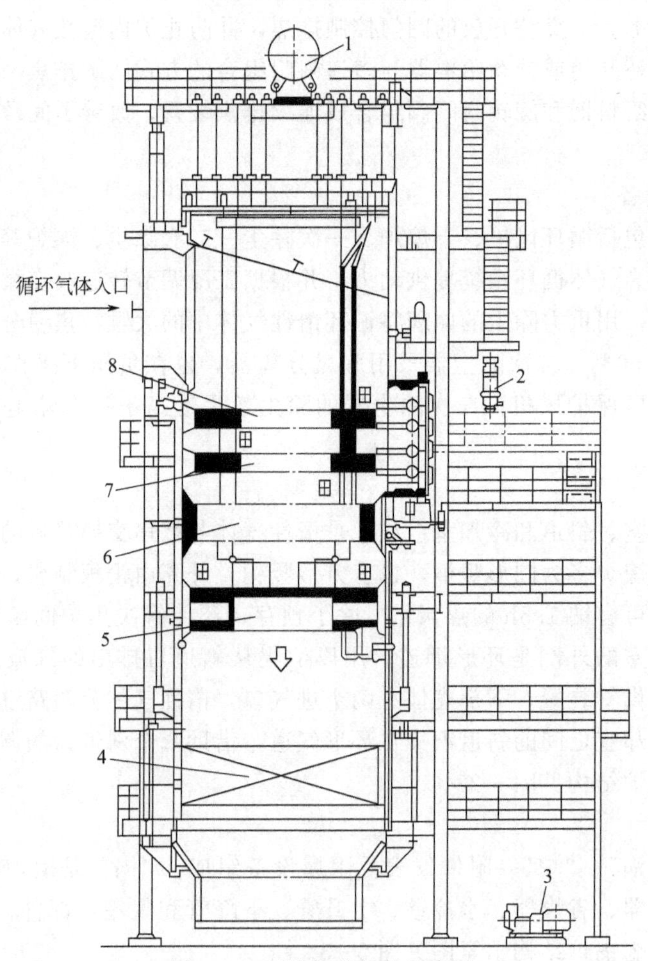

图 5-23　干熄锅炉结构示意图

1—锅筒；2—减温器；3—强制循环泵；4—省煤器；5—鳍片管蒸发器；
6—光管蒸发器；7—一次过热器；8—二次过热器

二次过热器、一次过热器、光管蒸发器、鳍片管蒸发器和省煤器，最后排出锅炉。锅炉给水从省煤器下集箱进入锅炉，换热后从省煤器上集箱引出，经省煤器上升管进入顶部平台的锅炉。

锅炉水循环分为自然循环和强制循环，从锅筒下部引出，经下降管进入四面水冷壁，经水冷壁上升回锅筒为自然循环；从锅筒下部引出，经强制循环泵加压后分别进入鳍片管蒸发器和光管蒸发器，再从蒸发器出口集箱引入锅筒为强制循环。

锅筒内饱和蒸汽从锅筒顶部引出，进入一次过热器后经喷水减温器再进入二次过热器，出来的过热蒸汽即为主蒸汽。

三、湿法熄焦工艺

目前大多数焦化企业都采用传统的湿法熄焦技术，即将出炉的红焦用喷水的方式熄焦。湿法熄焦的装置包括熄焦塔、喷洒装置、水泵、粉焦沉淀池及粉焦抓斗等。其操作要点为控制水分稳定，一般全焦水分不大于6%。

传统湿熄焦的优点是工艺较简单，装置占地面积小，基建投资较少，生产操作较方便。但湿熄焦的缺点也非常明显：红焦显热浪费大、污染环境、焦炭质量低等。为解决湿熄焦存在的问题，各国焦化工作者进行了不懈的努力，对湿熄焦装置及湿熄焦工艺不断进行改进，改进的湿法熄焦工艺主要有低水分熄焦、压力熄焦和稳定熄焦。

1. 低水分熄焦

低水分熄焦工艺是美国钢铁公司开发的一种新型熄焦工艺。低水分熄焦是相对于传统湿法熄焦后焦炭的水分而言的，与传统湿法熄焦相比，该工艺只是改变了熄焦时的供水方式，焦炭的水分降低了。

在低水分熄焦系统中，熄焦水在一定压力下喷射到焦炭层内部，使顶层焦炭只吸收少量水，其余大部分的水流过各层焦炭直到熄焦车倾斜底板，从门上的孔与车门衬板缝中流出。熄焦车内各层红焦与水接触后产生大量水蒸气，产生的巨大推力使蒸汽自上而下通过焦炭，对焦炭冷却降温。

低水分熄焦系统主要由工艺管道、水泵、高位水槽、一点定位熄焦车以及控制系统等组成（见图5-24）。一点定位熄焦车可在不移动的情况下接受所有从炭化室推出的焦炭，避免了使用常规熄焦车时在车的一端大量堆积焦炭。

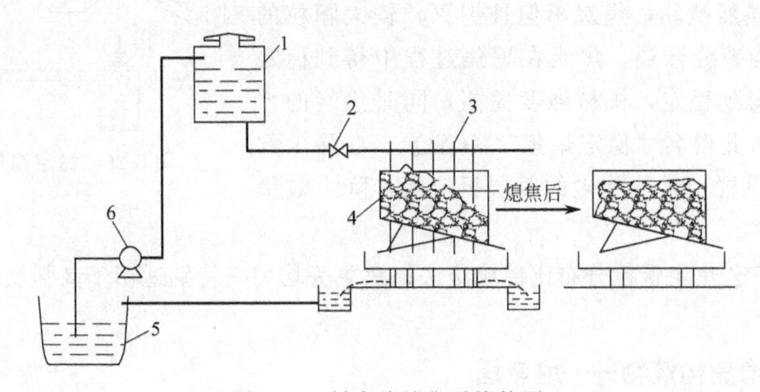

图5-24 低水分熄焦系统简图

1—高位槽；2—调节阀；3—喷头；4—熄焦车；5—循环水池；6—水泵

低水分熄焦能适用于原有的熄焦塔，有效降低焦炭水分，缩短熄焦时间，在改善焦炭质

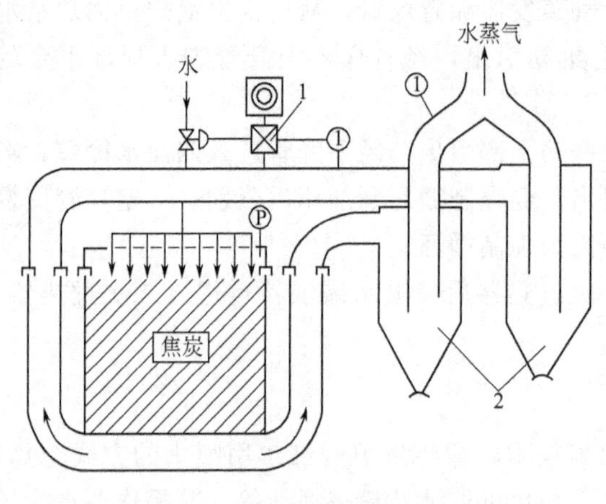

图 5-25　压力蒸汽熄焦工艺示意图

1—自动加水控制器；2—旋风除尘器

量、节能等方面比传统熄焦具有一定的优势。

2. 压力熄焦

压力熄焦是德国埃斯威勒尔公司开发的一种压力蒸汽熄焦工艺（见图 5-25）。这种工艺可改善传统湿法熄焦显热损失大、污染环境的情况。

压力蒸汽熄焦系统主要包括密闭出焦系统和压力熄焦系统两部分。推焦时，红焦从炭化室推出，经导焦槽和烟罩落入焦罐，烟尘被风机抽走，经洗涤、除尘后排放。焦罐由熄焦车送至熄焦塔下部，经液压装置使整个焦罐上举，与上部喷水盖形成密封结构。水从喷水盖均匀下喷，产生的水蒸气经红焦层下降熄灭红焦。产生的蒸汽从下部箅条处导出，除尘后放散。

压力熄焦的最大优点是节省熄焦水，焦炭的质量也得到相应改善。缺点是尚不能回收红焦显热，操作时间较短，仅 8～10min，工艺尚待完善。

3. 稳定熄焦

稳定熄焦工艺是德国在传统湿法熄焦工艺上发展而来的，英文缩写为 CSQ。CSQ 工艺同时采用了喷淋熄焦和水仓式熄焦。主要工艺特点是提高了熄焦速度，快速降低焦炭温度，缩短熄焦时间。目前我国仅在引进的 7.63m 焦炉上采用稳定熄焦。稳定熄焦与低水分熄焦都采用定点结焦和间接结焦的方式，但其熄焦洒水方式独特，有顶部熄焦和底部熄焦（特制的熄焦车底部夹层的若干出水口喷水熄焦）。稳定熄焦示意图见图 5-26。

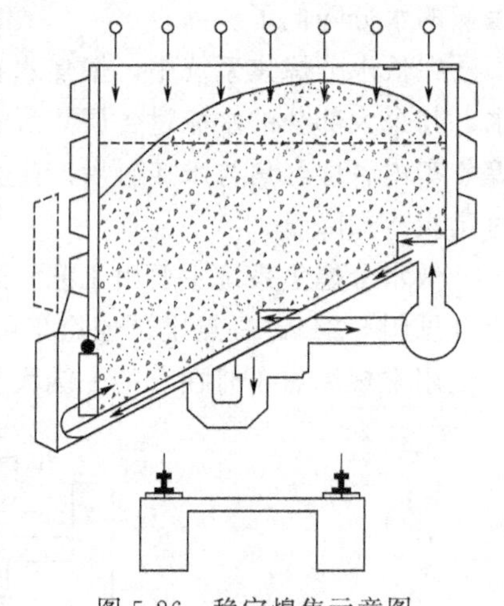

图 5-26　稳定熄焦示意图

稳定熄焦依靠高压力大水流瞬间产生大量水蒸气，通过水蒸气的强烈搅动，焦炭不但被熄灭，较大颗粒的焦炭还会按结构裂缝开裂。焦炭在熄焦过程中得到稳定化处理，粒度得到稳定，机械强度提高，同时焦炭的水分低且均匀，由此得名“稳定熄焦”（CSQ）。在除尘方面，CSQ 工艺设置了最佳除尘的双层折流板，降尘效果显著增强。

稳定熄焦工艺焦炭颗粒分布比传统湿法熄焦更为均匀，特别适用于高强度喷煤、喷油的大型高炉。

四、湿法熄焦构筑物——熄焦塔

熄焦塔通常是钢筋混凝土构架支撑的构筑物，内衬防腐蚀、耐急冷急热的钢砖。熄焦塔的断面尺寸取决于单孔炭化室焦炭产量和熄焦车的外形尺寸，熄焦塔高度取决于熄焦蒸汽通过熄焦塔时的阻力，使熄焦蒸汽产生的热浮力克服除尘栅板阻力后，熄焦蒸汽还有足够的余压从塔顶排出。除尘栅板阻力越大，熄焦塔就越高，CSQ 工艺的熄焦塔最高达 70m，如图 5-27 所示。

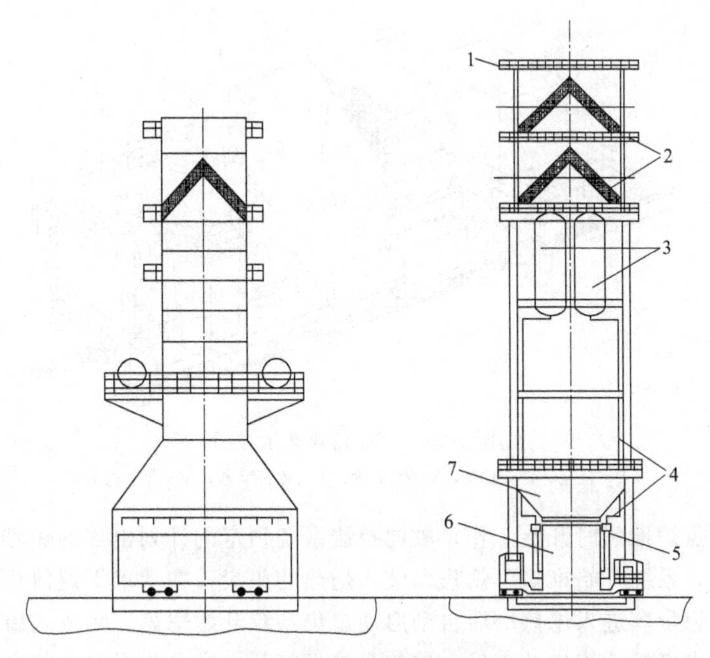

图 5-27 CSQ 熄焦塔示意图

1—操作平台；2—捕尘栅格；3—熄焦水高置槽；4—主水管；
5—接水管；6—一次定位熄焦车；7—焦炭收集斗

CSQ 熄焦塔下部一段是钢筋混凝土结构，上面是一个自支撑木结构的高大烟囱。在侧面水泥墙 25m 处有一个熄焦水罐，经一个带有快速关闭阀门的管道直接通到塔内熄焦装置。在熄焦塔下部熄焦车车厢正上方装有一个特殊钢材质的漏斗形钢箱，能阻止周围空气涌入，减少蒸汽体积膨胀，并阻止蒸汽从熄焦塔下部龙门框溢出。此外钢箱还作为收集漏斗，将熄焦时甩出的焦炭收集送回熄焦车。

熄焦塔约 40m 处装有喷淋用的管道系统，用以喷淋并冷却蒸汽。熄焦塔最上部装有保护装置，它由布置成屋顶形状的薄片形折流结构组成。蒸汽在折流结构处转向，通过离心分离和薄片表面静电吸附的共同作用分离粉尘。

五、湿法熄焦设备——熄焦车

熄焦车是大型炼焦炉的配套设备，一般运行于炼焦炉焦侧下面的轨道上，用来承接由导焦车导出的高温焦炭，并将其运输至熄焦室进行熄焦，并最终将熄灭的焦煤运送到指定地点。

熄焦车主要包括行走部分、车体、护板、开门机构等，主体为钢结构件，与焦炭接触的内表面采用耐热铸铁作为护板材质。车体本身普遍采用焊接联接，整体性强，常温下刚性好。

图 5-28 为 CSQ 熄焦车，其料仓很深，可将全部焦炭推在一个部位，仅有少量焦炭表面与空气接触，减少了燃烧和污染物的排放。熄焦车沿其行走方向前后各有一个方形接水管，该接水管与布置在车厢下方的输水管相连。熄焦车底部为特制夹层，车厢分两层，焦炭在内

层，外层底部有进水口，侧面是进水管。其内层分布若干出水口，倾斜夹层与输水管道相连。

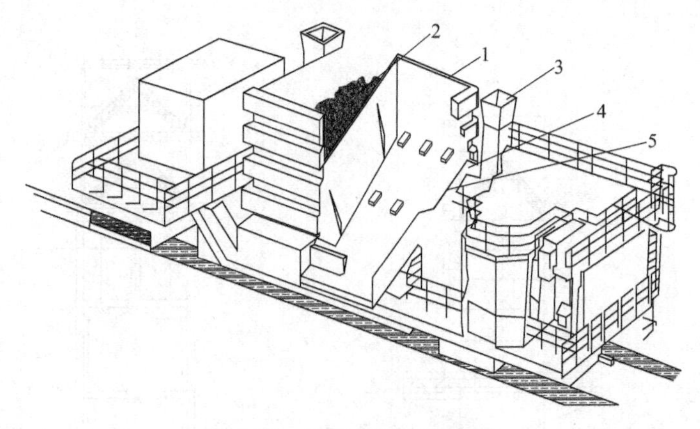

图 5-28 CSQ熄焦车示意图

1—料仓；2—焦炭；3—接水管；4—夹层车厢；5—夹层底板

熄焦车在炼焦炉推焦时开始工作，驶向控制系统预定的计划出焦的炉号。当熄焦车到达指定炭室下方时，系统开始推焦，熄焦车装入灼热的焦炭，在烟罩下逗留片刻后由电机车牵引送入熄焦塔。熄焦车进入熄焦塔后自动启动熄焦系统开始熄焦。水进入熄焦车外的车厢并迅速与内层的焦炭接触。熄焦结束后，熄焦车挡板打开，排出焦炭料仓的水，然后驶向晾焦台，打开内测门卸出焦炭，再驶向下一个待出焦的炉号。

六、筛焦工艺及其设施

筛焦工艺主要是将焦炭通过筛分设备进行分级，而焦炭的分级是为了适应不用用户对焦炭块度的要求。各厂的筛焦工艺流程及筛焦设备类型均有不同。一般较大规模的焦化厂，设有筛焦楼，将焦炭通过辊动筛、条筛或振动筛筛分为＞80mm、80～40mm、40～25mm、25～10mm、≤10mm 五个级别。

现代大型高炉要求高炉用焦块度均匀，机械强度高，筛焦过程应加大对大块多裂纹焦炭的破碎作用，实现焦炭整粒，使一些块度大、强度差的焦炭，在筛焦过程中就能沿裂纹破碎，并使块度均匀。通常可采用切焦机实现焦炭整粒。焦炭先经间距为 80mm 的箅条筛，大于 75～80mm 的大块焦炭被输入切焦机破碎，然后与箅条筛下的焦炭一起进行筛分分级。

目前，各厂使用的筛焦设备主要是辊动筛和惯性振动筛。

辊动筛一般为九轴和十轴，各轴平行配置一个倾斜 12°～15°的斜面，各轴上装配一组带齿的圆盘筛片，组成旋转的筛辊。辊动筛筛面筛孔为 40mm×40mm，用以筛出＞40mm 粒级的焦炭。辊动筛运行可靠、生产能力较大、筛分质量好，适用于筛分较大块度的物料，但其结构复杂、噪声大、检修困难，且潮湿的粉焦易堵塞筛网，故已逐渐被振动筛替代。

振动筛按振动传动方法可分为冲击、电动、惯性和共振。其中惯性振动筛和共振筛广泛应用于筛焦。根据不同要求，振动筛筛板的筛孔尺寸不同。筛板装在筛箱上，筛箱最多可装三层筛板。筛箱与底座之间安装有隔振弹簧。目前，振动筛的筛板多由耐磨性好、使用周期长的复合橡胶制成。振动筛具有结构简单、振幅大、筛分效率高（90%）、耗电量少等优点，但要求供料连续均匀，投产前调整工作量较大。图 5-29 为共振筛。

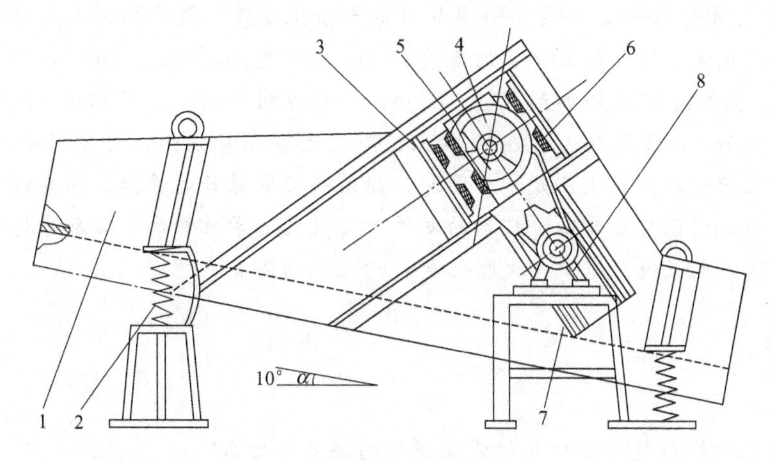

图 5-29　共振筛

1—筛箱；2—支撑弹簧；3—下缓冲器；4—激振器；5—附加配重；
6—上缓冲器；7—板簧；8—电动机

七、贮焦工艺及其设施

筛分后的焦炭可由焦仓装罐外运，也可用皮带机直接连续地送往焦仓存放。

一般大中型焦化厂均设有焦仓和筛焦楼，筛焦楼是高层建筑物，焦仓分为钢筋混凝土和钢结构两种结构。如有需要，筛焦楼和焦仓可合建在同一建筑物内。

筛焦楼和贮焦槽的布置分为分开式和合并式两种。对四座大型炼焦炉组成的炼焦车间，有两条通往筛焦楼的混合焦皮带机，筛焦楼内需要装的筛分设备和皮带机较多，贮焦量大，可采用分开式布置，能简化工艺，降低厂房高度；对于两座炼焦炉组成的炼焦车间，筛焦系统设一个焦台，通往筛焦楼的混合焦皮带机也只有一条，设备较少，工艺简单，贮焦量也较少，此时宜采用合并式布置，既可减少厂房和占地面积，节省建设投资，又便于管理和集中通风除尘。

贮焦槽容量的大小决定于各级焦炭产量、每次进厂装焦车辆和来车周转时间等因素。一般情况下，块焦槽容量应不小于 4h 的炼焦炉生产能力，中小型焦化厂的块焦槽容量因来车不均，应按炼焦炉 8～12h 的生产能力来考虑。小于 25mm 的碎焦槽和粉焦槽容量一般应不小于 12h 的炼焦炉生产能力。

贮焦槽通常为方形或矩形结构，槽顶装料口至底部排料口的净高一般为 10～14m，槽宽 6～8m，槽底斜壁衬钢砖或铸石砖。为保证顺利下料，块焦槽底倾角应在 40°～45°，碎、粉焦槽底倾角应为 60°。贮焦槽的布料方式视槽顶长度而定，小于 40m 时，一般可用衬铸石的长溜槽布料，大于 40m 时应用可逆皮带机布料。

独立焦化厂和商品焦较多的焦化厂还可设置贮焦场。贮焦场要求所卸焦炭尽量不落地，以免焦炭破损，并采用机械化装卸。

大型炼焦炉

早在 1927 年，德国斯蒂尔公司在鲁尔区的诺尔斯特恩炼焦厂就成功地建成了一座炭化室高度为 6m、长 12.5m、宽 450mm 的炼焦炉。现在有许多炼焦炉炭化室的容积已达到

$40m^3$，有的甚至达到$50m^3$。可见，炼焦炉正向大型化发展。随着炼焦工业的发展，炼焦炉日趋大型化和现代化，炼焦炉炭化室的高度从4m左右增加到6m、7m、7.63m，甚至达到8m或8.65m，长度由13m增加到17m、18m，个别达到20.8m，容积由$25m^3$左右增加到$40m^3$、$50m^3$、$80m^3$，最大可达$100m^3$以上。建设大容积炼焦炉，可降低基建投资和操作费用，增加焦炭产量，提高生产效率。同时，随着煤炭资源日趋紧张，炼焦煤价格的大幅上扬，冶金高炉的大型化与富氧喷吹技术的发展对焦炭的力学性能和高温反应性和反应后强度提出了更高要求，也促使炼焦炉向大型化和自动化方向发展。

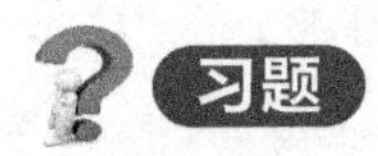

简答题

1. 装煤过程的操作规程如何？对装煤操作的要求是什么？
2. 什么叫单向供热、成层结焦？
3. 什么叫炼焦最终温度？
4. 什么叫里行气？什么叫外行气？
5. 煤热解中的裂解反应如何？
6. 对推焦操作总的要求是什么？
7. 焦饼难推的定义是什么？焦饼难推的原因是什么？焦饼难推后果是什么？
8. 了解焦炉操作中的几个时间概念。
9. 病号炉推焦的注意事项是什么？
10. 推焦工操作步骤是什么？
11. 拦焦车工操作步骤是什么？

项目六

炼焦炉砌体的日常维护

学习目标

1. 识读炼焦炉砌体的日常维护的基本概念及工艺原理。
2. 解读炼焦炉砌体的日常维护的工艺参数的控制。
3. 掌握炼焦炉砌体的日常维护的操作规程。
4. 学会炼焦炉砌体的日常维护的设备结构及使用方法。

任务一 识读对炼焦炉生产的要求

炼焦炉是炼焦工艺的核心设备，初投资很大，延长炼焦炉的使用寿命直接关系到炼焦工艺的经济性的优劣，所以正确使用炼焦炉、严格按照生产规程生产是维护炼焦炉的一个重要层面。如果忽视这一点，不按客观规律进行生产，必然会使炼焦炉受到严重损坏，为了延长炼焦炉的使用寿命，组织炼焦生产应该考虑以下层面的因素。

一、对炼焦炉生产能力的要求

（1）满负荷生产期　一般炼焦炉自建成投产 6 个月后，就应迅速达到设计生产能力而满负荷生产，追求生产能力最大化，经济性最佳化。按设计结焦时间生产，20 年内应该始终稳定在这个结焦时间下生产并不断地优化生产过程。

（2）减负荷生产期　在炼焦炉的晚期，由于各部位损坏较严重而不能再继续按设计结焦时间生产时，就应该根据具体情况适当延长炼焦炉的结焦时间而减负荷生产，此时炼焦炉的生产能力已达不到设计能力，须按照炼焦炉的实际生产能力要求组织生产。

（3）超负荷生产的后果　无论在炼焦炉的前期或晚期，如果单纯追求焦炭的生产能力而任意强化生产即超负荷生产，必将给生产操作带来很大的困难，使炼焦炉砌体受到严重损坏，影响焦炭生产的可持续性。

二、对炼焦原料配合煤的煤质要求

（1）配合煤各个参数的维稳　配合煤各个参数中，如配煤的组成、细度、水分等都应保持稳定不变，避免因配煤水分波动而导致炉温波动。

（2）特殊煤种的特殊处理　对于收缩性小的煤、膨胀压力过大的煤或结焦性不好的煤要进行合理配煤，同时加强煤场与煤塔的管理，用旧煤存新煤，杜绝使用过期煤。

三、对炼焦炉加热煤气的质量要求

加热煤气的组成、发热值、温度应保持稳定，炼焦炉煤气中的萘和焦油以及高炉煤气中的水分、杂质应尽量减少，以防堵塞气流通道而导致温度分布不均匀，影响焦炭的产量与质量。

四、对炼焦炉生产操作的要求

(1) 对装煤的生产要求　要按推焦计划装满、平通。

① 装满、平通不但要求各个炭化室装料一样，而且在同一个炭化室内的煤料在高向与长向都应均匀。禁止缺角、堵眼与煤线不平的现象出现，以避免每个燃烧室或同一个燃烧室的各火道温度波动。

② 要防止把煤装进火道内，堵死斜道。

③ 在装煤操作完毕后，余煤应该扫净，以免烧坏拉条。

④ 此外，还要防止氨水、蒸汽冷凝水漏进炭化室内，损伤砌体。

(2) 对推焦的生产要求

① 禁止提前摘门，以免炼焦炉砌体过分冷却。

② 不许使用有缺陷的推焦杆推焦，以免推坏炼焦炉炉墙。

③ 相邻两侧炭化室结焦时间相差太大或炉墙严重变形的炉室，要禁止推焦。

④ 生焦与炉墙的间隙小，过火的焦炭太碎，它们都容易导致推焦困难而损伤炼焦炉的炉体。

⑤ 推焦时，推焦杆宜缓慢接触焦饼，然后匀速不间断地推出，以防焦饼散塌增加推焦阻力。

⑥ 在推焦过程中，如推焦发生困难，应暂停推焦，待找出原因后再做处理。

(3) 对摘门与对门的生产要求　动作宜轻缓，严禁撞击炉门框。炉门、炉门框应及时清扫干净，防止冒烟着火而烧坏护炉设备。对冒火的炉门或炉门框，严禁用水浇灭，以免产生变形。对已变形的炉门、炉门框，应及时检修或更换。

五、对炼焦炉护炉铁件的要求

护炉铁件应始终处于完好的工作状态，并对砌体施加足够的保护性压力，以有效地维护炼焦炉。

六、对炼焦炉生产中调温与调压要求

按照合理的热工制度保持炉内各点温度与压力正常是保证焦炭优质、节约能源、炉体长寿的重要因素。

1. 调温要求

炉温过高会出现“过火焦”而容易碎裂，严重的还会烧熔炼焦炉砌体；炉温太低则导致“生焦”，甚至还会损坏炉墙，这种情况以炉头部位最为普遍。因此，要求硅砖立火道最低温度（主要指端火道）在空炉（未装煤）时不得低于700℃，在任何结焦时间下生产时机侧、焦侧严禁低于1100℃（翻修火道时特殊要求除外）。硅砖炉火道的最高温度不许超过1450℃，全炉各火道温度均应保持均匀。

2. 调压要求

压力制度对焦炉砌体的影响很大，炭化室内压力太大，荒煤气漏失严重，炭化室内若长期进行负压操作，将导致墙面结渣，从而使推焦困难，故在集气管正下方炼焦炉炭化室底部压力在结焦末期应为5Pa。蓄热室顶部上升、下降气流的吸力应保持在合理的范围内。同一种气流的吸力不一致，将发生蓄热室单、主墙和斜道串漏的现象，或导致煤气燃烧不正常。每个火道顶部压力必须保持在5Pa左右，若正压太大，不利于测温操作；若负压太大，不仅大量吸入冷空气从而降低炉温，而且大量煤粉也易落入，特别是废气循环炼焦炉的上升气流看火孔盖一旦较长时间移开时，将导致火道内气流产生“短路”而烧熔斜道。

七、炼焦炉炭化室墙面对石墨厚度的要求

石墨对于炼焦炉是一把双刃剑。石墨是粗煤气在高温下裂解的炭粒逐渐沉积而形成的。

(1) 石墨对于炼焦炉的优点　①具有密封炼焦炉炉墙各缝隙的作用；②具有固结炼焦炉砌体的作用。旧焦炉（炭化室墙面布满缝隙）能够长期坚持生产的原因：砌体灰缝的作用、护炉铁件的作用、石墨的作用。而且三个原因中主要是石墨的作用。

(2) 石墨对于炼焦炉的缺点　当石墨沉积得太厚，妨碍推焦操作时，将引起推焦困难，甚至可能导致炉墙变形、倒塌。因此，应该将石墨保持在一定的厚度。

(3) 石墨生长快的原因　石墨增长的速度与炉内温度有直接关系，结焦时间越短，标准温度越高，煤气中的碳氢化合物裂解越多，石墨生长也越快，具体如下：

① 加热水平值小，或炉顶煤线较低，或焦饼垂直收缩较大，会使炉顶空间温度提高，石墨生长加快。

② 炉体结构对炉顶空间温度有很大的影响。上跨式炼焦炉，炉顶空间温度就比其他各种炼焦炉高，因而石墨生长较快。

(4) 石墨生长慢的原因

① 装入的配合煤水分含量对炉顶空间温度影响很大，一般水分含量每提高1%，空间温度会下降约20℃，从而可使石墨生长速度减慢。

② 火道鼻梁砖窄，空气与煤气在斜道口外相交的角度就大，过剩空气多，使用炼焦炉煤气加热等，都会使火焰变短，炉顶石墨生长减慢。

(5) 减缓石墨增长的速度或将其维持在适宜的厚度，应从设计、生产操作、温度制度等多方面着手。当炉体结构一定时，一般常用的减缓石墨增长的速度或将其维持在适宜的厚度方法有以下几种。

① 铲除石墨法　此法也有两种：一种是利用安装在推焦杆顶端的合金钢刮刀在推焦时把顶部石墨刮掉，每次只允许刮5～10mm厚，它的操作麻烦，需要经常调节刮刀的高度，如若调节不当，不是刮不到石墨就是把炉顶砌体刮变形；另一种是在推焦后用人力借助钢钎铲除石墨，此法简单，但操作环境不好，劳动强度大，特别有时炉墙的砖片往往会随石墨一起被铲掉，使炉墙逐渐减薄。

② 空气吹烧石墨法　此法共有两种：一种是在每次推焦时利用安装在推焦杆头部顶端的吹风管，以一定的风压吹烧顶部石墨；另一种是在推焦前打开装煤口盖与上升管盖并关严翻板，先用从装煤口进入的空气灼烧顶部的石墨，当此炉推完后合上两侧炉门继续吹烧，待下一个炭化室推完焦后，才允许此炭化室装料。一般炼焦炉烧空炉的时间为1～2炉焦的出炉时间间隔。利用空气吹烧石墨的办法简单易行，具有一定效果，一般多将此法与别的方法同时并用。

③ 延长结焦时间减慢石墨生长速度法　延长结焦时间就需要降低火道温度，从而降低炭化室墙面温度，使荒煤气分解量减少，石墨生长速度减慢。当结焦时间延长至24h以上时，虽然标准火道温度一般不再降低，但结焦前期炭化室墙面温度还要下降，特别是在结焦末期，已基本没有荒煤气产生，故石墨不再继续增长。此法的缺点是焦炉生产能力受到影响。

一般炼焦炉在生产20～25年以后，由于炭化室墙面剥蚀严重，裂缝较多，比较容易挂结石墨。这样的炼焦炉在设计结焦时间下，因为石墨生长快，推焦电流大，一般无法维持正常生产，可采用适当延长结焦时间的办法继续生产。

任务二
学习炼焦炉砌体的日常维修

一、概述

炼焦炉在生产过程中由于多种因素的影响，每时每刻都在发生变化，当砌体各部位出现凹凸、剥蚀、裂缝、熔融、掉砖、错台与局部堵塞等情况时，用清扫、灌浆、喷涂、勾缝、抹补、焊补及矫直等方法就能消除缺陷并防止它蔓延，一般称为对炼焦炉砌体的日常维修。

炼焦炉在长期的使用中，受到高温、机械及物理化学反应等作用，炉体总是逐渐衰老和损坏的。墙面剥蚀、炉墙与顶砖出现裂缝、炉长增长、炉墙变形、炉底砖磨损产生裂纹、燃烧室砖烧熔等现象均会发生。究其原因如下。

① 硅砖的剥蚀　炼焦炉建材硅砖中的SiO_2在粗煤气裂解的炭、氢、一氧化碳等构成的还原气氛中，温度高于1300℃时，会发生如下化学反应：

$$SiO_2 + C \longrightarrow SiO + CO\uparrow$$

该反应是逐步进行的，导致硅砖墙面中SiO_2的减少，降低了硅砖的性能。煤料中的Fe_2O_3、FeO、Al_2O_3等都能与硅砖中的SiO_2结渣，硅砖表面形成低熔点的共熔物如硅酸铁$2FeO \cdot SiO_2$等，降低了硅砖的耐热性能和抗机械磨损的能力，导致炼焦炉衰老与损坏。

② 黏土砖的剥蚀　炼焦配煤的含硫量较高，在炭化室内有70%～80%的硫留在焦炭中，其余的硫除生成硫醇（RSH）、噻吩（C_4H_4S）、羰基硫（COS）和二硫化碳（CS_2）外，还有95%的硫生成硫化氢（H_2S），均进入荒煤气中。未经处理就直接进入火道中燃烧，产生大量的二氧化硫气体。荒煤气中所含的大量氨气与废气中的二氧化碳反应，也生成大量一氧化氮。二氧化硫在一般情况下是不易转变成三氧化硫的，但存在一氧化氮时，这个反应就容易实现。再与水蒸气冷凝成的水生成硫酸。硫酸与黏土砖中的三氧化二铝反应生成硫酸铝后，其膨胀系数与未腐蚀部位不一样，因温度急变而逐渐剥蚀。

炼焦炉非正常损坏的原因如下。

① 砌炉时留下了隐患，使用了质量差的耐火砖或砖缝大小不合适。

② 烘炉时没有控制好温度升高的速度，导致炉体产生裂缝。

③ 生产操作不科学，炉门冒烟冒火，发生高温事故，二次推焦较多，炭化室出现负压

操作，炉门或炉盖打开时间太长，推焦和平煤均不准确等。

④ 铁件管理不科学，不能及时调节炉柱负荷，导致铁件失去应有的作用，使炉体局部自由膨胀，导致变形或倒塌。

⑤ 热工制度不稳定，经常改变结焦周期，导致炉体经常收缩或膨胀。

⑥ 炼焦用煤的膨胀压力过大或收缩过小，导致炭化室墙变形、鼓肚或凹陷甚至机焦侧墙面出现波浪形弯曲，说明配煤质量不高。

⑦ 热修维护不好，发现炉体局部损坏后没有及时修补，加快了炉体的损坏。

炼焦炉正常损坏的原因如下。

① 温度激变导致剥蚀、裂缝、变形、断裂、碎裂等。特别是炉头、装煤口部位。

② 机械力的作用：摘装炉门及推焦所产生的机械力使炉墙原有的裂缝扩大和墙面变形加剧，推焦困难时影响更大。

③ 物理化学作用：硅砖中的二氧化硅与煤料中的金属氧化物（氧化钠、氧化亚铁）生成低熔性硅酸盐（Na_2SiO_3、$FeSiO_3$）。

④ 炉长增长与炭沉积。炭化室墙面受机械力和温度变化冲击产生裂纹，装煤时裂纹被沉积炭填充，裂纹不能闭合，只有向外扩张，使炉体伸长。炉长伸长原因很多，还有硅砖砌体晶型转化引起等。炉长增长到一定程度时，如炉长为14m以上的大型炼焦炉，总伸长量达450～550mm时，炼焦炉就难以维持生产，需要大修或拆除重砌。

炼焦炉的衰老损坏可分为正常自然衰老损坏和非正常衰老损坏两种情况。正常的衰老就是炼焦炉正常生产使用条件下的自然衰老过程，是不可避免的。而非正常衰老，则是事故性的，一般是可以避免的。通常用炉长的年增长量来衡量炉体的衰老程度。炼焦炉裂缝被石墨填充拥塞使炉长增大达400～500mm时，一般认为炼焦炉已不能正常生产，需要拆除重修。耐火砖的膨胀在炼焦炉工作一年后已基本结束，按每年增长量8～10mm计，炼焦炉正常炉龄为20～25年以上。操作不科学，管理不科学，则会加速炼焦炉的衰老和损坏，使炉龄缩短。

按科学的要求使用炼焦炉和对炼焦炉砌体的日常维修，通常都称为炼焦炉的维护工作。这项工作既包括炼焦炉维修瓦工对炉体的翻修，还包括生产操作人员在生产过程中对炼焦炉的维护。图6-1～图6-5为炼焦炉维修图片。

图6-1 燃烧室热维修

图6-2 蓄热室维修

图 6-3 炉底维修

图 6-4 烟囱维修

图 6-5 炼焦炉维修

炼焦炉的维护与翻修是保护炼焦炉使其处于完好状态，以期达到优质稳产与长寿的两大类工作。这两大类工作应以维护为主，翻修为辅。凡是能维护好的砌体就不应当翻修，因为翻修立火道与蓄热室的工作量大，需要的时间长，故往往使保留的砌体因过度冷却而损坏，而维护是一种预防性工作，充分重视它往往可以延缓或减少缺陷的产生，并且可以把它消灭在萌芽状态。

1. 维修人员的配置

多年的实践经验表明，随着炼焦炉炉龄的增长，维护工作量也相应增加，原有的维修人员（瓦工）定员数量已不能满足客观需要，为了及时妥善地维修炼焦炉，应该适当增加维护人员。

2. 维修材料库与相关设备

大型焦化厂要构建全厂性的耐火砖库、耐火泥库及修炉用具库（图 6-6），库里应贮备足够数量的火道、炉顶、蓄热室及其他常用的砖及修炉材料。这些炼焦炉用砖必须按炉型、砖号分别整齐堆放，在每个砖垛正面应挂标明炉型、砖号、砖数的牌子，每块砖的正、侧面均应盖有砖号的戳印，每个砖垛的高度不应超过 2.5m，以防倒塌，砖垛与砖垛之间应留有适当的距离，便于人力及各种车辆进行搬运。所有不定形耐火材料、保温材料及建筑材料均应分类贮放，不允许混进杂质或互相混合。

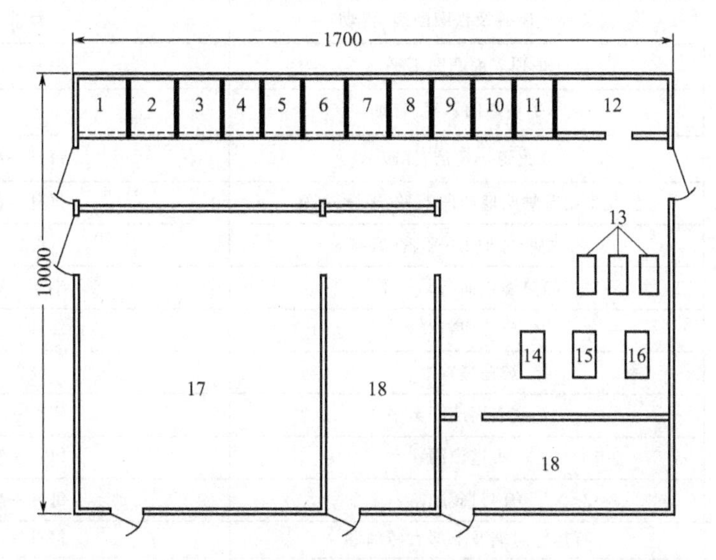

图 6-6 耐火材料及工具库护炉铁件装配

1—硅火泥；2—粗黏土火泥；3—细黏土火泥；4—水泥；5—河沙；6—白灰；7—硅藻土灰；8—石英砂；9—精矿粉；10—沥青；11 —石棉纤维；12—磷酸及水玻璃；13—浆桶；14—和灰槽；15—机械筛；16—搅拌机；17—砖库；18—工具室

每个炼焦车间除了设置维修人员（瓦工）休息室外，还应按图 6-6 所示设置耐火砖库、耐火泥库与工具库。由于车间瓦工班对所负责的炉体进行日常维修工作，所需的砖形、砖号与砖、耐火泥的数量都较少，各库的面积都应比图 6-6 所示为小。有的厂在靠抵抗墙处设置耐火材料库，在炉间台设置工具室，既经济又方便快捷。在炉端台设有悬臂吊，炉下设置泥浆搅拌机及切砖机均属于常规情况。

3. 炉体档案的构建

建立炉体档案的必要性：①可以了解炉体现状；②还可以通过它知道炉体缺陷产生的原因、发展过程、处理方法、泥料配方以及维修后的效果。

这是一件很细致、很重要的工作。每座炼焦炉的每个炭化室、火道、蓄热室、斜道、炉顶区、分烟道、总烟道及烟囱等各个部位，在一代炉龄里都应该按检查日期、缺陷情况、修理日期、修理方法、配料比、修理质量与特点、遗留问题以及生产后效果逐项填写。炉体检查项目与检查周期见表 6-1，对损坏严重的旧炼焦炉，可根据具体情况缩短其中某些项目的检查周期。

表 6-1 炉体检查项目与检查周期

部 位	项 目	检查周期
炉顶区	炭化室干燥孔脱落	半年一次
	上升管衬砖脱落	每月一次
	上升管根部冒烟	经常
	桥管接头处冒烟	经常

续表

部　位	项　目	检查周期
炉顶区	看火孔座砖及铁圈断裂、冒烟	经常
	装煤孔座砖及铁圈断裂、冒烟	经常
	炉顶表面凸凹不平	每月一次
	小炉头凸凹不平、冒烟	经常
	立火道不清洁、掉砖	每月一次
炉台区	炭化室墙及炉头墙凸凹不平、裂缝、掉砖	每月一次
	底脚砖凸凹不平、冒烟	经常
	隔热墙正面凸凹不平	半年一次
	炉肩缝泥料脱落	每月一次
	炉柱缝冒烟	经常
	炉底表面凸凹不平	每季一次
	火道串漏	每月一次
	炉门衬砖脱落	每月一次
蓄热室区	蓄热室封墙及上部大砖串漏	每月一次
	废气盘部位串漏	每月一次
	小烟道下火及其单、主墙串漏	每月一次
	砖煤气道串漏、堵塞	每月一次
	隔热墙正面凸凹不平	半年一次
	废气盘保温、刷浆	半年一次
	烟道、烟囱根部裂缝	半年一次
	炉柱缝冒烟	经常
	清扫孔及立管根部混凝土裂纹	每年一次
	烟道通廊花墙损坏	每年一次

二、处理砌体裂缝、凹面的方法（包括技术及维修设备和工具）

对裂缝、凹面、小反错台等缺陷，修补的方法通常有：①湿式喷涂；②灌浆；③抹补；④勾缝；⑤半平式喷补；⑥焊补；⑦喷吹粉末；⑧机械压入；⑨铲磨法。

1. 湿式喷补技术及其设备

湿式喷涂、灌浆、抹补、勾缝法这四种方法可以归纳为两种，喷涂法与灌浆法实际为一种，而抹补法与勾缝法也基本类似，可归纳为另一种。由于这四种方法所需要的用具少而且构造简单，使用方便、灵活，操作效率高，时间短，并且使用范围较广，不论热态、冷态，还是炭化室墙面、火道内部、蓄热室、斜道及炉顶各部位均可使用。对赤热的墙面而言，喷涂、抹补是主要修理手段。其中抹补所用的泥料含水较少，故对砌体的损坏也较小，但对小裂缝的密合作用不大（由于裂缝窄抹不进去），而对大裂缝及洞穴的密合速度很快，是其他方法所不能比拟的。

（1）湿式喷涂喷浆机的使用要领（图 6-7）　使用时，把配制好并静置一夜（放出泥浆中的气泡）的磷酸泥浆倒入喷浆机内，若为水玻璃火泥浆应随配随用。一般使用的风压为 0.25MPa。喷涂时，喷嘴距墙面为 200～250mm，并与墙面呈 30°～45°角，出料力求均匀，落在墙上缺陷处的喷料不应太厚，一般每层浆要小于7mm，喷完一层，待它赤红后再喷第二层，直至喷料比墙面约低2～4mm为止。这时，先关进风阀，打开放散管，放尽罐内气体。待剩余泥浆由罐底放出后，用清水冲洗罐体与管道。抹补时，先铲掉炉墙缺陷处的石墨并用风吹扫干净后，喷涂一层3～5mm厚的泥浆，接着用带支点的大铲（图6-8）进行抹补。抹补时，应根据缺陷的形状、方位、大小铲出相应数量与形状的泥料，将泥料按在墙面上几秒钟后，再沿墙面平行的方向滑动泥铲。每次抹在墙面上的泥料不宜太厚，以免泥料因重力作用而脱落。抹完后，应用铲子铲平。

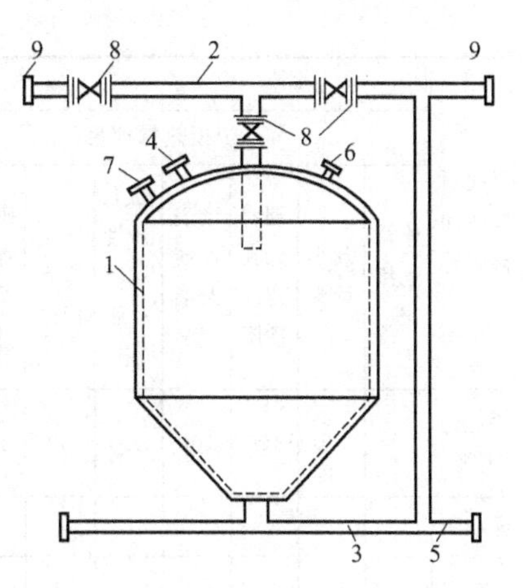

图6-7 湿式喷涂喷浆机

1—机壳；2—进风管；3—泥浆排出管；4—物料注入管；5—清洗管；6—放散管；7—压力表；8—风阀；9—软管接头

炼焦炉用的耐火材料的物理性质、化学性质、细度应符合耐火砖技术要求。泥料应按热修部位所需要的配比进行配制，配料时要混合均匀，在使用前加入磷酸的，应在前一天配好，配制黏土火泥或水玻璃要随配随用。

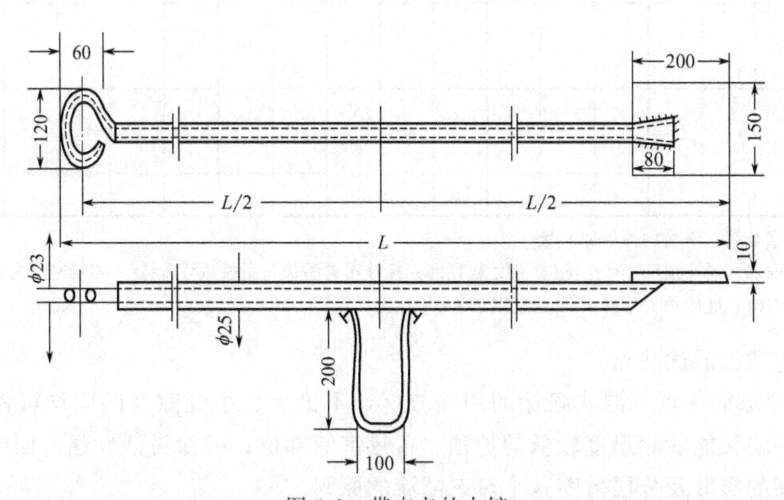

图6-8 带支点的大铲

调和泥浆用的水和工具要保持清洁，盛泥料的桶要有盖，以免混入焦粉等杂物，泥浆在装入喷浆机前要经过铁丝网过滤，以免堵塞喷嘴，炼焦炉各部位热修泥料配比见表6-2。

表6-2 炼焦炉各部位热修泥料配比（质量分数/%）

耐火材料或泥料名称	炼焦炉部位及热修项目																		
	炉顶热修项目								炭化室热修项目						蓄热室热修项目				
	修桥管接头	砌小炉头	砌看火孔砖及铁圈	砌表面砖及灌浆	砌上升管衬砖及底座	抹上升管根部	砌装煤口及铁圈	填拉条沟	喷炉头墙	抹炉头墙	修补炉底砖	砌隔热墙	炉门框灌浆	砌炉门	砌蓄热室封墙	修废气盘连接处	喷补砖煤气道	抹清扫孔及立管根部	废气盘保温
低温硅火泥						50							100		10	20	40	40	

续表

耐火材料或泥料名称	炼焦炉部位及热修项目																		
	炉顶热修项目								炭化室热修项目						蓄热室热修项目				
	修桥管接头	砌小炉头	砌看火孔砖及铁圈	砌表面砖及灌浆	砌上升管衬砖及底座	抹上升管根部	砌装煤口及铁圈	填拉条沟	喷炉头墙	抹炉头墙	修补炉底砖	砌隔热墙	炉门框灌浆	砌炉门	砌蓄热室封墙	修废气盘连接处	喷补砖煤气道	抹清扫孔及立管根部	废气盘保温
黏土火泥		100	100	100	100	50	100		70	85	100	100	100	100	90	80	60	40	10
鸡毛灰																			80
硅藻土								100	30	10									
精矿粉	50																		
水泥沥青	50																		
水泥																		20	10
水玻璃												10			5～10	5～10			
磷酸									40	20～30	30								
沥青								50											

注：1. 表中水玻璃、磷酸均为外加入量。

2. 喷补用磷酸加入量按浓度40%，相对密度为1.26；抹补用磷酸加入量按浓度68%，相对密度为1.5。

3. 炉门框灌浆时，硅砖炉头用硅火泥，高铝砖炉头用黏土火泥。

(2) 湿式喷涂的优缺点

① 湿式喷涂的优点　湿式喷涂的用途较广，不论大、小缝隙及凹面均可使用。它既能喷涂赤热的炉墙又能喷涂温度较低的炉顶、蓄热室等部位；喷涂灵活性强、回弹量少，并且能够实现较高的雾散及分层薄喷这个热态喷涂的原则。

② 湿式喷涂的缺点　泥浆含水量较多（占总量20%～40%），不仅使泥料孔隙增多，质地疏松，而且在它与炉墙接触的部位，由于水分的蒸发而影响泥料与墙面的黏结力，所以挂料时间较短，特别是它将使砌体过冷而龟裂，导致挖补期的提前到来，从而缩短炉体寿命。

2. 焦炉半干法喷补技术及其设备

由于喷补时喷补料水分低，故称为半干法喷补技术。中国已经从德国引进并消化半干法喷补技术。

(1) 半干法喷补技术含义　只加约12%的低含量水即半干法喷补技术（湿法喷补需要把水加到40%～50%），这是现代的喷补料技术发展水平。这种喷补料工作温度可达1400℃，并且由于不同的粒度，它们可以适用于修补从最小的损坏到整个砖掉下来的损坏，此项技术适用性广。

(2) 半干法喷补技术工作原理　是干喷补料在干喷机中经压缩空气和掺混器加湿，通过喷管运送，将掺混后含水10%～12%的喷补料供于破坏部位，用抹子压实、抹平以达到喷补的目的。由于喷补时干喷补料含水约10%～12%，可以消除湿法喷补对炉墙的损坏，设备少、维修时间短、使用寿命长，特别适用于炭化室炉头部位的维修。

(3) 半干法喷补技术设备　半干法喷补机，安装有连续调节装置，操作者可以准确地调节送料的数量，可以分别处理从最细小的到很深的多种焦炉损坏情况。设备上安装有压缩空气和混合水的进入软管，喷枪进料口端部的手动混合装置是最关键部件，上面针式阀用来调节修补所需水的比例，含水量一方面决定于原料需要的水量，另一方面决定于炭化室对喷枪的热辐射情况。见图6-9。

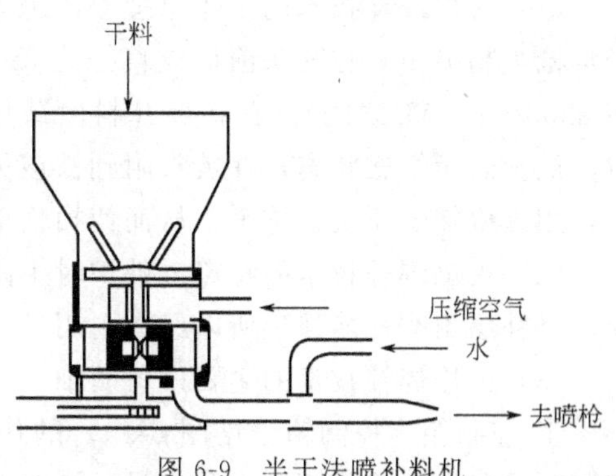

图6-9　半干法喷补料机

(4) 半干法喷补机的维护方法　气锤应避免连续长时间清扫，每隔4～5min放入油桶内冷却一下。每次喷补结束后，应及时用风吹干净料管中的余料，用水冲洗干净喷枪，以防管路被堵塞；每次喷补结束后，要清扫干净料斗和轮盘中的余料，倒干净过滤器内的杂物；若长时间不用，应每一个月左右开动一次喷补机，并检查有无异常；在轮盘厚度小于原始厚度的1/3时必须进行更换，喷补机和喷枪等设备应放在干燥处存放。

(5) 半干法喷补技术维修操作步骤　按照需要修补面的位置，选择合适的喷管长度并旋紧到掺混器上。原料在掺混器中加湿，通过喷管运送，到达损坏的部位。一般把喷嘴调至合适的角度，操作时需要梯子和支架来支撑长而重的喷枪。还有包括各种长度的刮板，用来刮平需要修补的部位，真空敲击锤清理损坏面。

① 喷补前检查并确认水、电、动力风满足工作要求，半干法喷补机等设备、工具完好、齐全。

② 在炼焦炉损坏部位经常发现相当数量的杂质，这些杂质有：老的修补料、熔融砖、熔渣、石墨、焦油和一些疏松的墙砖。在对损坏部位进行维修之前，需彻底清理这些损坏部位。

③ 用气锤将待喷补面的石墨、灰浆等清扫干净。清扫所用风压为0.4MPa，清扫以工作面干净为准，避免损伤砌体。为防止气锤长期受热损坏，每隔4～5min要将气锤放入油桶内冷却一下。

④ 清扫完成，撤掉清扫装置，进行喷补。喷补前，接好喷枪、水、电、动力风，喷补机料斗内倒入喷补料。喷补机和喷枪由专人操作，喷补机操作人员按照先开气，然后送喷补料，再开水的顺序开动喷补机。喷枪操作人员要缓慢调节混合器前的调节阀，使喷在喷补面处的泥料细腻均匀，不下落，不干枯。

⑤ 喷补时，喷枪口距墙面约100～300mm，与墙面夹角约45°～90°，喷枪头自下而上逐渐移动，并根据喷补部位的损坏情况进行分层喷补，不要在某点一次喷补到位。

⑥ 喷到墙面上的泥料应根据其干燥程度，适时用铲子铲平、压实，使喷补面不高于相邻墙面。

⑦ 修理面的喷补除最后要抹平外，如果需要，还要刮平。

⑧ 修补后，炭化室要被加热到生产温度，在装煤之前至少要空烧2h，保证修补料必要

的烧结时间和效果。

⑨ 喷补完毕，应先停喷补料，再吹扫干净料管后，停动力风，再冲洗干净喷枪后，停水。对上炉门前，必须将炭化室底部及磨板上的泥料清理干净。

3. 火焰焊补技术及相关工具

（1）火焰焊补技术的工作原理　作为火焰热源的丙烷气和助燃氧气经控制器进入焊枪，经焊枪喷嘴喷出，在喷头前形成直径约150mm、长约600mm的近似圆柱形火焰（火焰温度在2200～2500℃之间）。粉状焊补料由载体氧气携带，通过焊枪喷头形成的丙烷-氧气火焰时，被加热至熔融状态，并被吹附到被该火焰预热至表面层处于半熔融状态的破损砖面上黏结，用焊枪抹子压实、抹平，从而使损伤部位得到修补。

（2）火焰焊补技术的特点　补炉时不降低炉温，不破坏砌体结合面的表面结构，黏结牢固，修补层耐磨性能强，所以经久耐用。

（3）火焰焊补技术的主要设备明细

① 控制箱　控制箱（见图6-10）的作用是将气、水源提供给设备的流量及压力调节，控制到设备所需的使用压力及流量，同时调节喷补粉料的流量。

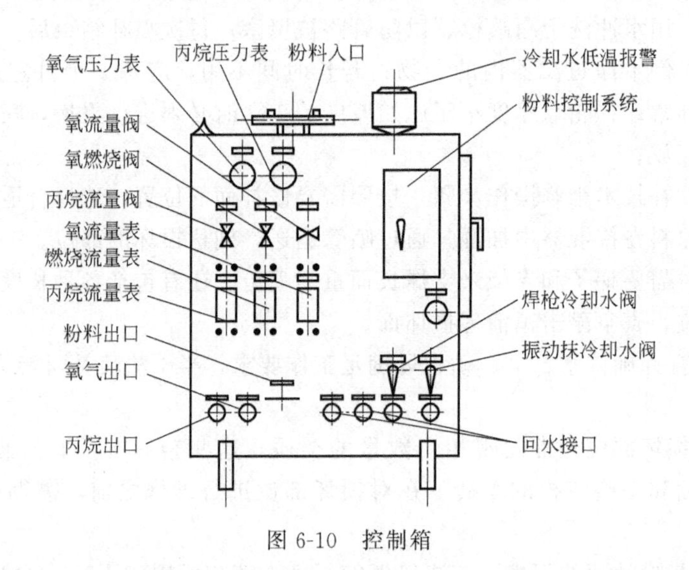

图6-10　控制箱

② 焊枪　焊枪的作用是将由控制箱提供的一定压力及流量的氧气、丙烷在枪头上形成火焰，并将带出的粉料形成熔融状态喷涂到待修补的墙面上。一般枪头的形式有两种：圆形和方形。枪杆的长短可根据焊补的部位制作，1～2立火道可采用2.5m，3～4立火道可采用3.5～4m，见图6-11。

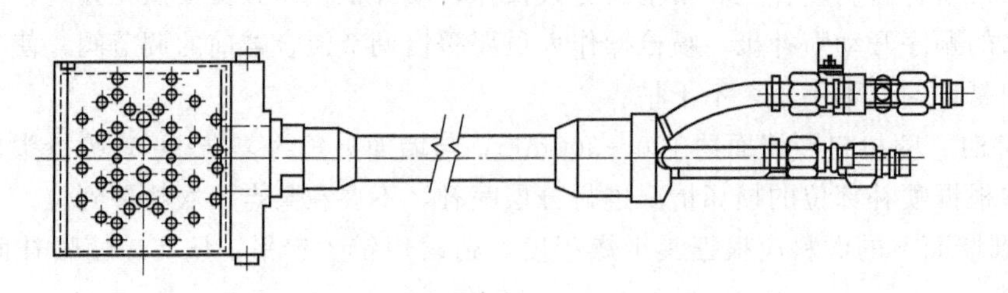

图6-11　焊枪

③ 振动抹　振动抹的作用是配合焊枪操作，将由焊枪喷涂到炉墙上的熔融状态的粉料

抹平的设备。其长短尺寸的制作同焊枪，形式为水压振动水冷式（见图 6-12）。

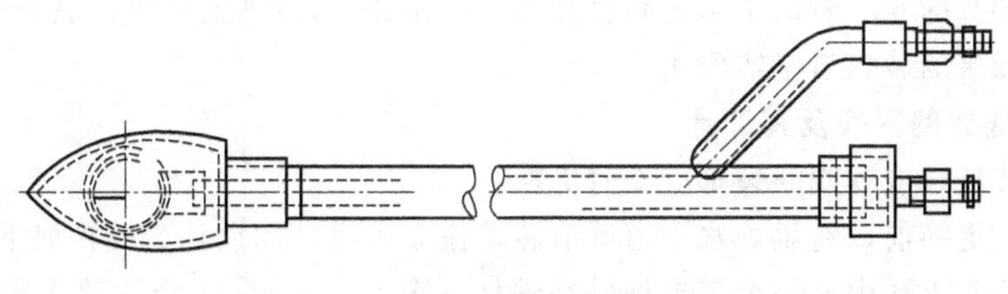

图 6-12 振动抹

④ 空气锤 空气锤的作用是焊补前将损坏墙表面的石墨及砖渣清除掉，以便焊补的效果更佳，见图 6-13。

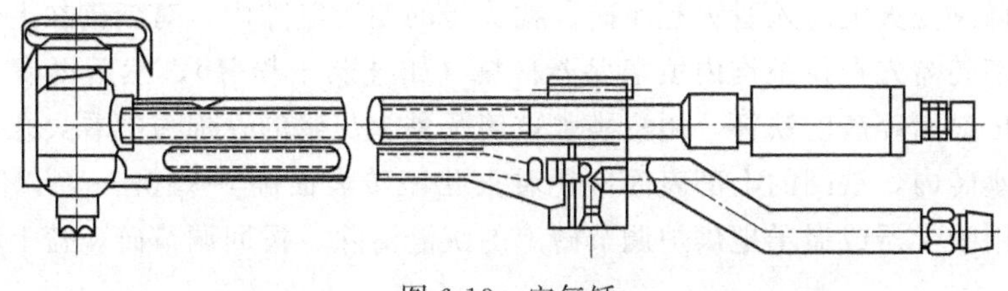

图 6-13 空气锤

氧气源、丙烷气源、水源焦炉火焰焊补设备，一般氧气用量比较大。处理能力为 50kg/h 的火焰焊补设备，需要流量为 $20m^3/h$ 的丙烷气体。因此在设备的使用过程中，一般可选择 50kg 的液化气罐四个为一组，并联同时使用，这样可使瓶内丙烷充分利用。

火焰焊补设备由于在高温环境下工作，如果没有冷却措施，必然造成焊补设备内部密封垫等部件的损坏，所以焊补设备要设置一个能满足操作需要的水源，一般一个容积为 $10m^3$ 的贮水罐及一个水泵就可以满足水回流的冷却需要。

火焰焊补技术最早从日本引进，由于其焊枪出口部位火焰温度很高，适宜在炉头以外部位进行火焰焊补工作。半干法喷补技术是从德国引进，适宜在装有铁件的炉头等部位进行喷抹工作，半干法可消除湿法喷抹对炉墙的损坏，可快速实施炉头部位喷抹。因此，两种技术互补使用效果更佳，采用火焰焊补技术、半干法喷补技术对炼焦炉进行维护，必将对炼焦炉的长寿起到积极影响。

三、炉顶部位的维修

1. 装煤口座砖与铁圈的更换

如果装煤口座砖或铁圈断裂严重并导致经常冒烟着火现象时，应该进行更换。

更换前要检查上升管翻板和盖的活动情况，此外还要检查直管、桥管，确认畅通后方可检修。

维修方法：更换时，在结焦末期关闭桥管翻板，切断炭化室与集气管的通路，再打开上升管盖、装煤口盖各一个，从装煤口伸入喷枪对其下部各处裂缝、凹面进行喷涂。然后用撬棍取下装煤口圈与座砖，清除残留的石墨、焦油、灰渣。铺匀用水调制的黏土灰浆，在灰浆上面安置新炉口座砖。座砖的上表面应比相邻炉顶表面低 10～15mm，以免投用后由于开、关炉盖而使座砖和铁圈活动，造成石墨填入而导致座砖凸出。在座砖槽内铺匀黏土灰浆，把新铁圈置于座砖槽里面，铁圈与座砖要靠紧，圈与砖的表面应该平齐，其中心还应和全炉相应装煤口中心连线与炭化室轴线的交点相吻合。接着，用较稀的黏土灰浆灌入四周缝内，盖

好装煤口和上升管盖，同时打开翻板。部分焦化厂在更换装煤口座砖时，是采用40%左右的黏土火泥、10%的600号矾土水泥和直径为30mm的50%黏土砖块，混匀后浇铸装煤口，这比用黏土砖砌筑的装煤口坚实耐用。

2. 看火孔座砖的更换及其工具

看火孔座砖破碎或铁圈断裂都应随时更换。

维修方法：更换前，将烘炉水平道调节砖盖住立火道，用铁钩、撬棍取下看火孔铁盖与铁圈。接着，往看火孔内放一个带支杆的小铁杯（图6-14），防止杂物落入火道里。用撬棍拆除坏的看火孔座砖及相邻的枕头砖，消除砖块与灰渣。在沿看火孔的周边均匀铺黏稠的黏土火泥，然后用大砖夹子（图6-15）夹起新看火孔座砖，平稳地落在黏土火泥上。新看火孔座砖的中心应与本身看火孔中心相重合，其高度与相邻看火孔座砖一致。接着砌筑相邻的枕头砖，并用稀黏土火泥灌入看火孔座砖、枕头砖的四周缝隙内。对新砌在上升管与装煤口附近的看火孔座砖需先在拉条沟内填塞保温材料（如硅藻土粉等），然后再灌浆，以免烧坏拉条。接着取出盛满碎渣的铁杯，用浸满水玻璃及黏土灰浆的石棉绳把看火孔铁圈四周缠紧并置于看火孔座砖内，铁圈的上部表面应比看火孔座砖表面高0～10mm，以防雨水漏进看火孔里。然后用吸尘器或撮子把烘炉调节砖上的灰渣清除，拨回调节砖，盖上看火孔盖。

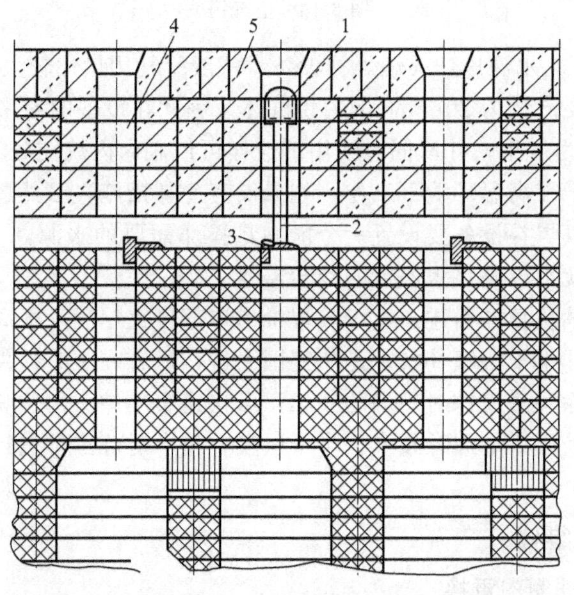

图6-14　更换看火孔座砖时火道防堵塞措施

1—铁杯；2—支杆；3—调节砖；4—看火孔；5—更换的砖

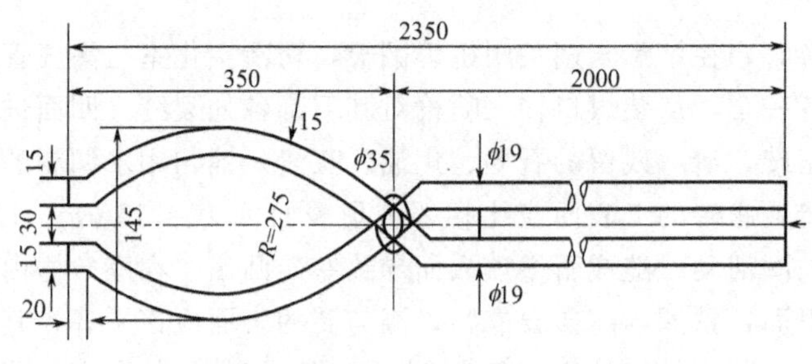

图6-15　大砖夹子

对无烘炉水平道或滑动调节砖的炼焦炉，可在修理看火孔座砖前，先往看火孔内各堵一团石棉绳，或利用铁制接灰盒接渣（见图6-16）。

3. 确保炉顶表面的严密

因为炭化室部位均为硅砖砌筑，而且此处温度较高，故膨胀量比用黏土砖砌筑的炉顶区大，致使炉顶及表面砌体从砖缝处拉开，从而引起荒煤气串漏。其中不少缝隙将被石墨、焦油堵死，但仍有一些大缝隙不能被密封，所以需要进行灌浆与勾缝。

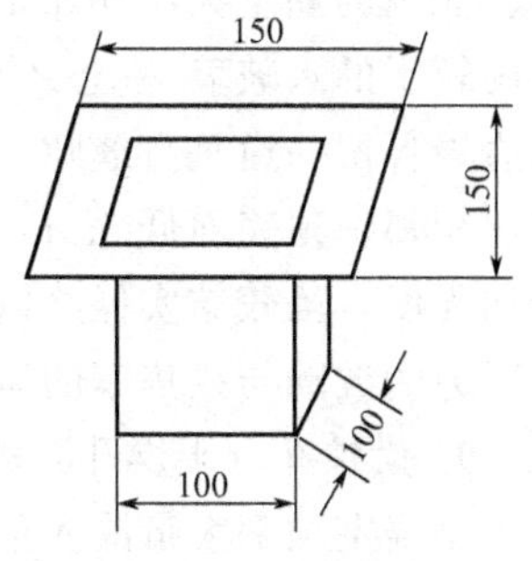

图6-16 看火孔接灰盒

维修方法：在灌浆前，应先用压缩空气把砖缝中的灰渣吹干净，灌入用水调制的黏土火泥稀浆。灌时应打开附近看火孔盖，随时检查浆液是否漏进火道内，如有漏入应立即停止，待浆液干后继续采用间断法灌入。炉顶表面的砖缝一般利用较干的黏土火泥进行勾缝。有的厂用80%黏土火泥、20%矾土水泥掺匀后勾缝，比用纯黏土火泥坚实。

4. 炉顶表面砖的局部修理

炉顶表面砖严重损坏或凹凸不平时，不但妨碍扫炉盖工作的顺利进行，并且会积存雨水，从而导致炉温剧烈下降和炉体损坏。

修理方法：应先拆除破损的旧表面砖，扫净灰渣，接着在铺匀较干的黏土火泥后砌砖。新砌表面砖应用2m长木靠尺、水平尺找平，表面应与相邻旧表面砖平齐。有的厂为了增加炉顶表面砌体的强度，在黏土火泥中外加20%的矾土水泥和20%粗石英砂，效果较好。

5. 桥管接头的密封

桥管接头密封不好将会引起冒烟现象，恶化操作环境。

修理方法：在结焦末期关翻板并打开上升管盖，抠出桥管接头（承插处）的填充物。接着塞入浸透用水玻璃调制的黏土火泥稀浆的石棉绳，用钢钎打实。其上部留出20～30mm深的地方，用30%～40%的沥青、40%～50%的精矿粉和20%～30%的石英砂混匀后再填入并捣实。

6. 上升管根部的密封

上升管根部与座砖接缝串漏时，应先将根部泥块杂质清扫干净并浇水浸润，然后用50%的黏土火泥、50%的精矿粉、外加10%的水玻璃调制成较干的泥状物料填入缝隙内，捣实、抹平。

7. 拉条沟及其盖砖的修理

拉条在装煤口或上升管附近的部位，容易因高温、化学作用而损坏，故应及时修理或更换，以防砌体松散。在这种情况下，必须对拉条沟盖砖进行拆除重砌。

维修方法：操作时，先拆除全部拉条沟盖砖，松动拉条沟内的保温填料，取出拉条，用压缩空气清扫净沟内杂物。接着用黏土火泥稀浆把沟内缝隙灌满，灌时要防止浆液串漏进火道内。置入新拉条后，往沟内填充硅藻土粉或包其他隔热材料，接着在拉条沟上部铺上较干的黏土火泥并砌砖，或者不砌砖敞口空着。

8. 小炉头的修理

当小炉头严重变形或冒烟着火而用勾缝、灌浆的方法不能解决时，需要对它进行修理。

维修方法：首先，拆除小炉头砌体，抠净保护板或炉门框上部与内部砌体间的石棉绳与石墨。用浸透水玻璃及黏土火泥稀浆的石棉绳填满间隙内并捣实，在其上部用50%的精矿粉、50%的黏土火泥外加15%的水玻璃拌匀的填料覆盖、抹平。接着对内部保留砌体的砖缝用较干的水玻璃-黏土火泥勾严密，然后仍用黏土砖和黏土火泥砌筑。砌筑时，沿炉柱两侧边缘各留一道垂直缝隙，便于以后再翻修。新砌小炉头正面应与炉柱背面平齐，顶部表面应比相邻炉顶表面低5mm。有的厂在黏土火泥中掺20%正磷酸或10%～20%的矾土水泥以增加强度，虽较结实但给以后修理带来困难。翻修小炉头较危险，操作时，应严密监视集气管压力的波动与拦焦车的运行，以防伤人。

9. 烘炉孔（干燥孔）的堵塞及其工具

燃烧室顶部大量漏入荒煤气，并且在对应的炭化室墙面不存在大裂缝的情况时，多为烘炉孔内的塞砖脱落导致的结果。它不仅影响火道温度与压力制度，而且也容易产生高温烧坏炼焦炉砌体。检查时，可逐个打开装煤口，或站在推焦车、拦焦车上观察。

维修方法：修理时，应先打开一个上升管盖，同时，关闭桥管翻板，然后站在拦焦车或推焦车上，利用钩子（图6-17）钩住塞砖尾部小洞，粘满用水调制的硅火泥浆，接着塞入烘炉孔内。塞砖的外露表面不应凸出于炭化室墙面，以防推焦时刮掉。如果装煤口下方的烘炉孔塞砖脱落，应站在炉顶装煤口附近，用同样的方法进行堵塞。

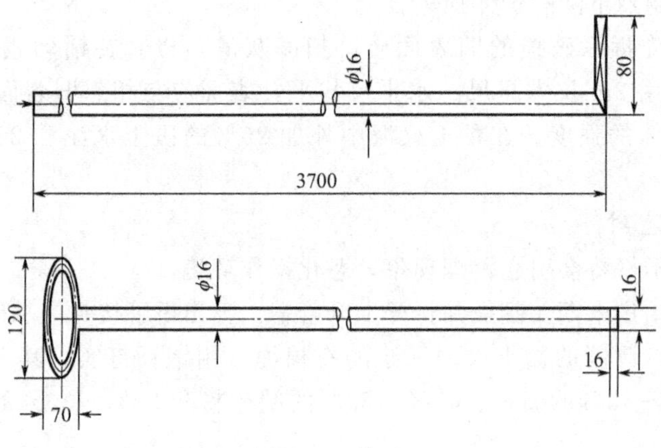

图6-17　钩子

10. 看火孔的抹补及相关工具

炉顶砌体不严密将导致装煤时往看火孔里串漏荒煤气，妨碍对火道的观察与测温工作，并破坏加热制度。

维修方法：修理时，于结焦末期打开上升管盖，同时关闭桥管翻板。接着往看火孔内放入用1mm厚钢板制成的杯子，杯子的上部焊有两根具有90°弯的钢棍，用它挂在看火孔座砖上（图6-18）接渣。然后用长把抹子（图6-19）或喷泥机进行修补，补完后取出杯子，盖上看火孔盖、上升管盖，并打开桥管翻板。

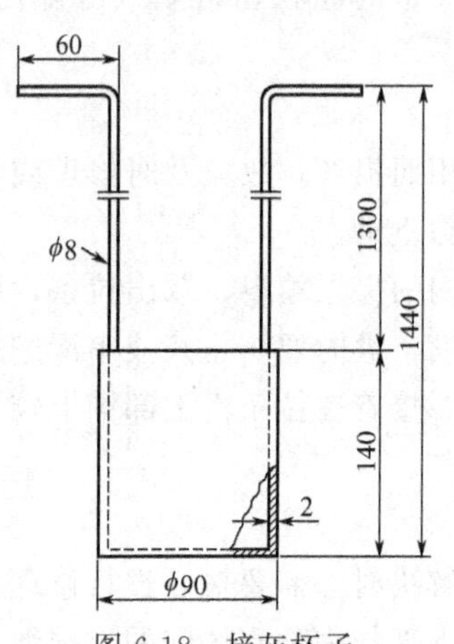

图6-18　接灰杯子

11. 上升管衬砖的砌筑或上升管的更换及工具

上升管内衬脱落会导致钢制外壳烧毁，应立即更换或修补。

维修方法：修理衬砖时，必须把上升管拆下在常温处进

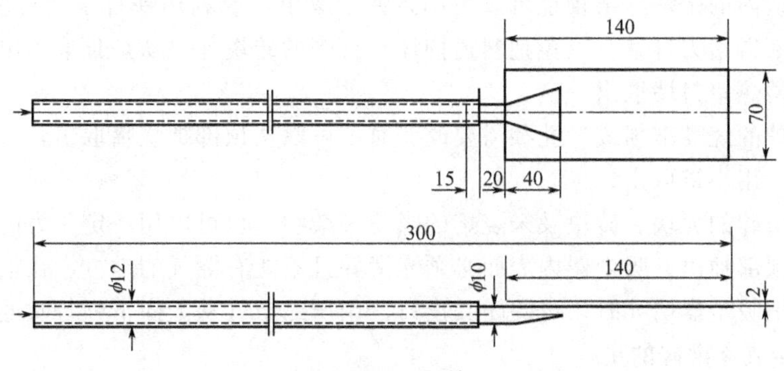

图 6-19 长把抹子

行，在推焦前 4h 停止供应氨水，关闭桥管翻板，同时打开另一侧上升管并关闭桥管翻板（单集气管炼焦炉可在焦侧装煤孔上安装临时烟囱）。适当降低集气管压力，清除桥管接头处的填料和石棉绳，卸掉上升管与桥管的连接螺栓，吊起桥管，拆除上升管座砖及上升管，用专用炉盖将阀体、上升管孔座盖严，并向阀体接入工业水，防止荒煤气溢出，恢复集气管压力。在把拆下的上升管筒内的砖块、石墨清除并用压缩空气吹扫干净后，开始砌内衬。所砌内衬与筒壳之间应垫 2～3mm 的波纹纸形成膨胀缝，新砌内衬的卧缝不应超过 5mm，垂直缝不超过 4mm。砌筑用的泥料有的是用清水调制的黏土火泥，也有的加 8％的水玻璃和 10％的矾土水泥以增加强度。砌筑时应防止雨水浇湿，砌完毕要在砌体完全干燥后方能使用。安装时应先砌上升管座砖，座砖标高要求与相邻号的一致。接着安装上升管与桥管。待调整好后，在桥管接头填入水玻璃黏土火泥稀浆的石棉绳并用钎子捣实，接着填入 30％～40％的沥青、20％～30％的石英砂与 40％～50％的精矿粉的混合物并压实。用同样的材料严密上升管根部，或用 45％的黏土火泥、45％的精矿粉外加 10％的水玻璃调匀的泥料，最后盖上升管盖，打开桥管翻板（或拆除临时烟囱）。

12. 斜道、火道的清扫及其工具

斜道内掉入少量砖块、煤粉、耐火泥等杂物，影响气流分配，引起火道温度波动，故应及时清除。清扫前必须检查工具是否有断裂的情况，以免铁制工具部分脱落并掉进火道内。对斜道内的砖块、灰渣，可用铁链子（图 6-20）或铁刮刀（图 6-21）伸进斜道内，沿斜道长向上下来回清扫。

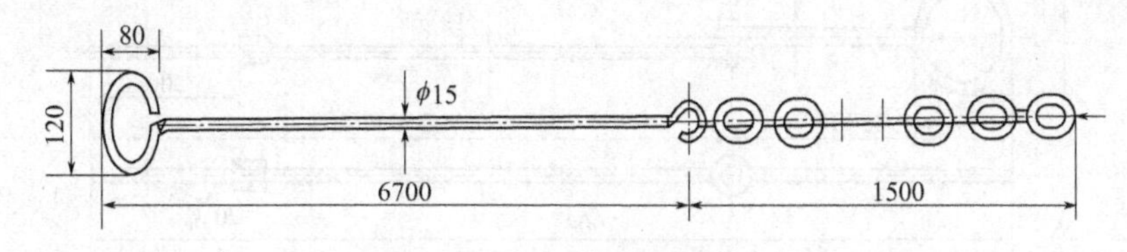

图 6-20 清扫斜道用铁链子

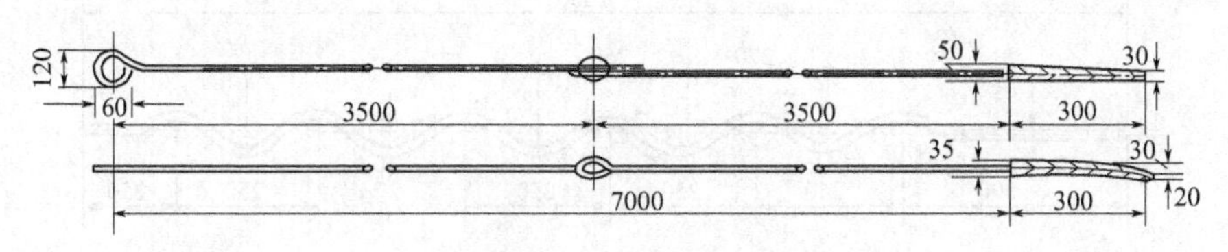

图 6-21 清扫斜道用铁刮刀

火道与斜道内的砖块等杂物也可以用小砖夹子取出，或利用铁钎子把砖块打碎后取出。用钎子打砖时不得用力过猛，以免把斜道捅坏。打碎的砖块如果从炉顶取不出来，可捅到格子砖上，打开蓄热室封墙取出。

侧入式焦炉的烧嘴破损或者孔径需要改变时，可以从顶部把烧嘴取出，或将它击碎后拨入砖煤气道中，用小铲取出。

对于能被击碎的泥块、砖块及未烧熔的煤粉等杂物，也可以用一定压力的压缩空气，用吸尘器从火道顶部抽出。吸尘器内表面必须光滑并且不能有漏气的地方，在抽吸的过程中遇到砖块或灰渣把吸尘器堵死时，可关闭其出口，用压缩空气从上向下强行吹通。

13. 牛舌砖或鼻梁砖的更换

调节火道温度或更换损坏的牛舌砖时，应先把量好尺寸的新牛舌砖进行预热。国内一些焦化厂通常是预热至50～60℃就放进高温的火道里，这样往往容易引起牛舌砖炸裂。一般都是将牛舌砖预热至600～700℃后，装在保温桶内运至炉顶，然后放进火道内，这样就可以避免损伤牛舌砖。

更换方法：更换工作一般在下降气流进行，首先取下看火孔铁座，接着把火道内的旧调节砖从炉顶取出。若从炉顶取出有困难，可将它打碎后拨入斜道内，最后拆开蓄热室封墙取出，待斜道用链子清扫直至畅通后，用铁钩把新牛舌砖置入斜道内。更换鼻梁砖的方法、步骤和更换牛舌砖完全一样，仅有一点不同，即在预热至600～700℃的鼻梁砖的下面抹灰浆后，方可往里置入。这主要是为了保持鼻梁砖及其座砖之间的严密，以免用高炉煤气加热时，在鼻梁砖的下面产生“短路”而导致局部高温。

14. 烧嘴砖的更换或扶正及其工具

烧嘴砖因泥渣堵塞，或在交换时因煤气爆鸣崩倒，或需要调节火道温度时，可进行烧嘴的扶正与更换工作。

维修方法：首先，按更换的数量与烧嘴的孔径准备烧嘴砖，并将它预热至约60℃，在下降气流用钎子（图6-22）插入火道内的旧烧嘴内往复摇动，使钎子上的滑针张开托住烧嘴，然后往上提钎子，取下旧烧嘴。在已选好的烧嘴底部抹一层较干的黏土火泥，将它套在插入火道烧嘴座中的钢制曲条上（图6-23），待烧嘴靠重力沿钢曲条滑至烧嘴座后，再调整它的位置。

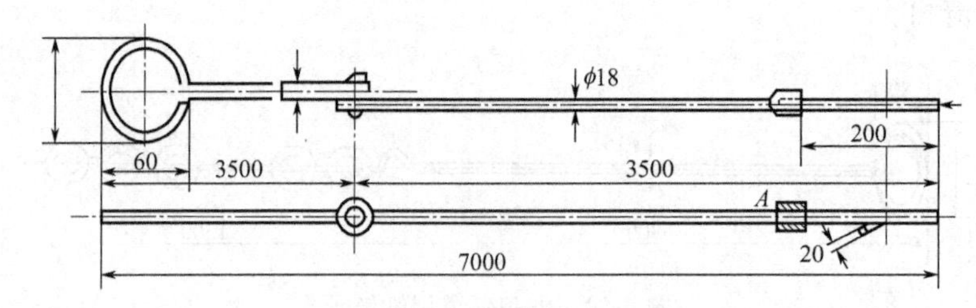

图6-22　拔灯头用的钎子

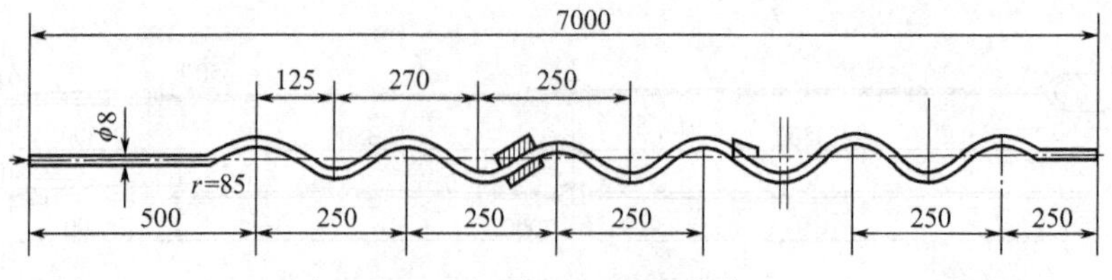

图6-23　安灯头用钢制曲条

火道底部位置不正确的烧嘴，或已脱离烧嘴座的烧嘴，可以从看火孔伸入钎子插入烧嘴眼内，移至原位置放好。

15. 端部盖顶砖的修理

端部盖顶砖因受冷空气影响而易产生裂缝，严重的甚至有掉砖的可能，当这缺陷用喷涂与抹补的方法不能消除时，应该对它进行更换。

维修方法：更换工作应在结焦末期进行，首先，把炉顶砌体的炉头部位拆除，接着打开另一侧上升管盖同时关闭桥管翻板，打碎已损坏的第1～2块炭化室盖顶砖，然后进行砌筑(硅质盖顶砖必须预热至600℃)。待砌完盖顶砖以上的几层砖之后，方可允许推焦，推完焦后，再继续砌至炉顶表面。

四、炉台部位的维修

1. 炉门衬砖的更换

炉门衬砖因经常受急冷急热的作用而逐渐损坏，因此需要定期更换。

维修方法：更换时，应把炉门摘下放在炉端台，抠净铁槽中的石墨和剩余砖渣，在铁槽底部铺石棉板或硅藻土砖，上面用黏土火泥抹平。砌砖时，应从炉门下部往上逐块砌筑，砌砖用的黏土火泥中，有的厂掺20%的矾土水泥，以增加砌体强度。当砌至炉门顶部时，应在最上部的衬砖与铁槽之间留出膨胀缝30mm左右，并往膨胀缝内打入木楔挤住砌体，防止吊门时松动或脱落。此木楔在炉门安装到生产的炉室上后逐渐被烧掉，其间隙为炉门砌体所胀满。

2. 底脚砖的修补

炭化室底脚砖不严密将导致大气中的冷空气漏进斜道内，使端火道温度下降，不但造成炉头砌体破裂，而且使焦炭难以成熟，应该及时处理。

维修方法：一般当底脚砖外部有缝隙时，可用水玻璃调制的黏土火泥在其正面进行勾缝。当底脚砖内部有缝时，必须用撬棍把底脚砖全部扒除，用水玻璃-黏土火泥对所有裂缝(包括空灰缝)勾严，接着用水调制的黏土火泥稀浆将底脚砖砌好。有的厂在砌筑的黏土火泥稀浆中掺矾土水泥与水玻璃，其强度虽好但是将会使以后检修困难。

3. 炭化室底的修理

炭化室底因不断地推焦而磨损严重，当其表面比磨板表面低得太多时，容易导致推焦困难或把炉框推变形，应该及时进行修理。

维修方法：修理时，在出焦后先除去炉底残存的焦炭，用压缩空气吹净砖缝内的残渣，接着把相对密度为1.2的磷酸按黏土火泥重量的36%～38%配入的黏土火泥稀浆倒入凹陷处，待干后再倒一层稀浆，如此分多次灌满并用抹子抹平，或者利用喷浆机进行多次喷涂。

4. 砌体抵抗墙的修补

砌体抵抗墙正面受温度应力及雨雪侵蚀作用而逐渐发生变形、脱落时，应该把它拆除重砌。

维修方法：修前先搭好跳板、跳架，接着拆除抵抗墙正面砌体并层层留出茬口，扫净灰渣进行砌筑。要求新砌墙的正面与混凝土抵抗墙、边燃烧室正面平齐，顶部表面与旧砌体平齐。

5. 保护板的灌浆

更换炉框与保护板或者在进行揭顶翻修端火道之后，都应进行保护板灌浆。

维修方法：更换保护板时，于结焦末期扒除端部焦炭，用标准黏土砖或硅藻土砖在距炉肩0～10mm处砌一座封墙，并在封墙表面涂一层黏土火泥。待检修人员拆除炉柱、炉门框与保护板后，清扫并修整炉头砌体，接着重新安装保护板、炉门框与炉柱，用石棉绳把炉肩与保护板（或炉门框）之间的缝隙塞紧。然后将45%的精矿粉、45%的黏土火泥和10%的水玻璃调制的泥料涂抹炉肩缝，涂抹的厚度应与保护板平齐。把通过直径为5mm筛孔的黏土火泥和成稀浆，从大保护板顶部与炉头顶部的间隙用漏斗往下灌入。如为小保护板结构，则可以从炉框两侧的三个不同高度的孔眼灌入，灌时应先灌最下面的孔眼，边灌边用细钢棍往下捅，以防浆液的通道被泥块或其他杂物堵塞。当下眼开始往外喷出泥浆时，表明保护板的下段已经灌满，应用石棉绳堵死。接着，按此步骤继续灌中眼和上眼，最后再从炉顶往下灌，一直灌到与保护板顶部平齐为止。无论从炉顶或从炉框侧面孔眼往里灌浆，都应边灌边检查有无悬料及火道、蓄热室内部、炉柱背后有无浆液漏入的现象，如有应暂时停灌，检查原因并设法处理。为了避免灌入的稀浆在干燥后收缩缝隙太大，应采取分段多次灌入的办法，即在每灌一段后暂停一会，待泥浆干缩后再继续灌上一段。

用人力灌浆效率低、劳动强度大，有的厂采用喷浆机用压缩空气把浆液压进保护板内，这种方法效率高、效果好。

对新建焦炉或揭顶翻修炉头的保护板灌浆，一般在烘炉温度到750℃以上时进行，因为此时灌入的浆液能较快地干固，而且若发生浆液漏入火道时，可以从炉顶看火孔观察出来或根据水蒸气大量从看火孔逸出进行判断。

6. 炭化室墙面裂缝、凹面的修补

炭化室墙面，特别是炉头部位的墙面，在生产过程中由于受机械和温度应力不断地作用而逐渐损坏，新建焦炉一般在投产几年后炭化室头部就开始出现裂纹和微量剥蚀。由于现在通常使用的湿法喷涂对硅砖墙面具有一定的损坏作用，故新建的焦炉在开工的5年或7年内不宜采用这种方法修补。一般来说，在这段时期墙面所产生的裂纹与剥蚀都较轻微，而且石墨对它还能起密合作用，故虽不进行喷涂，但对生产或对损坏面的扩大影响均很微小。只有当这些破面或裂纹进一步发展后，为了防止气体串漏和缺陷继续扩大，才对它们及时地进行修补。

维修方法：修补前，应对这些裂缝、剥蚀处进行周密的检查，以确定修理的部位、范围与数量。剥蚀一般用肉眼从炉门或装煤口处检查，凡剥蚀较重的墙面，多半在该处已形成凹面（或鸡窝）。检查裂缝可在装煤初期打开看火孔盖、炉门和炉盖进行观察。如果发现看火孔冒浓烟，可打开新装煤的炭化室上升管的高压氨水阀，若看火孔冒出的黑烟立即消失或显著减少，说明此炭化室和火道之间存在洞穴或大裂缝，接着在推焦后再打开炉门确定洞穴或裂缝在墙面上的位置。

凡靠近炉框的炉头破面、缺角，应在推焦前按照处理砌体裂缝、凹面的一般方法进行修理，以免炭化室内部受冷空气吹袭，被焦饼遮住的破损墙面应在推焦后进行。一般说来，修理时间超过10min的，应设置超过2m高的隔热板挡住焦炭或相邻墙面；修理时间超过1h的，应沿炭化室全高在炉门口用长柄托板砌一道黏土砖或硅藻土砖挡墙或装一块活挡板隔热。当被修理的缺陷距端部约5个火道远时，可用从装煤口置入的钢吊梯托住缠有高硅氧纤维或硅酸铝纤维毡的喷枪进行抹补，或用带支点肘的大铲架在钢吊梯上或架在钢架上进行抹补。对于装煤口附近炭化室的墙面凹陷、裂缝与孔洞，应在关闭炉门及打开上升管同时关闭桥管翻板的情况下，从炉口伸入喷枪与铲子进行维修。每次喷涂或抹补完毕，应用铲子铲平或用砂轮机磨平，并用耙子把落在炉底的泥料耙净。接着关上炉门，空炉干燥 1h 后再进行装煤。

由于半干法喷补技术对消除端部 12 火道的凹面与裂缝效果比湿式喷涂与抹补、火焰焊补技术好，因此如条件允许，用半干法喷补为宜。

7. 炉底砖的更换及其工具

当炉底缺陷用喷涂、灌浆或焊补的方法都不能消除时，应当更换炉底砖。

维修方法：更换炉端 1～3 块炉底砖时，一般在结焦初期扒除约一个火道的焦炭，用薄保温板（两块 0.75mm 厚的铁板夹一层 5mm 厚的石棉板或硅酸铝纤维毡）和中保温板贴靠在焦炭正面及两侧外露墙面的下半部，并用平板支撑器（图 6-24）固定。打碎破损的炉底砖，取出后用压缩空气吹尽余渣，接着倒入用磷酸调的黏土火泥稀浆，再置入预热后的新炉底砖，调整其高度使之与相邻炉底砖一致。

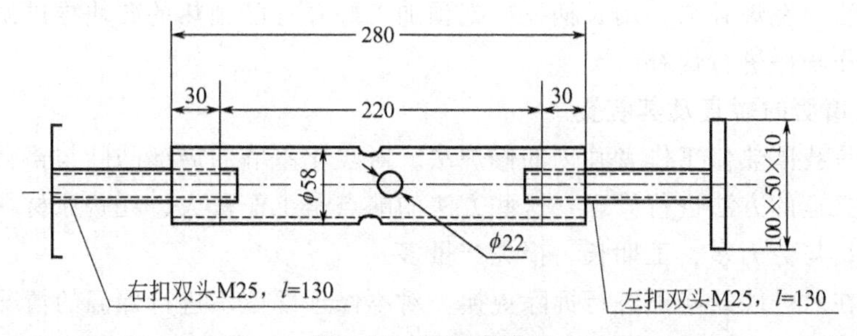

图 6-24 平板支撑器

修理端部炉底砖还可以采用临时炉门进行隔热。把焦侧炉门下部开一个 800mm 高的口子，在割去的部位补焊折弯挡板，于挡板上用标准黏土砖或硅藻土砖砌好。当焦炭推出后，摘去预修侧炉门并换上临时炉门，就可以在不影响继续装煤及省略扒焦炭、放置保温板等一系列艰苦操作的条件下，更换 1～3 块炉底砖。换完后，用保温板覆盖外露砌体，待焦炭成熟并推出后，再换回正常生产用的炉门。

若端部炉底砖需要更换的数量较多，更换炉底砖的范围超出端部 3 个火道，为了避免扒焦炭困难，应把炉内焦炭推空，合上底部带小门的临时炉门，打开全部装煤口盖，使炭化室下部处于稍微负压状态。接着，取下检修用的小门，通过检修口用气锤、铁钎打碎损坏的炉底砖，在清除砖渣并用压缩空气吹扫后，倒入耐火稀浆，将预热后的新炉底砖推入砌好。装煤前应空炉加热 40min 以上，并接通集气管，利用倒流的荒煤气所分解的石墨密封炉墙。

8. 炭化室墙面孔洞的修理

炭化室墙面出现掉砖与孔洞时，由于损坏的面积较小（约 1～2 块砖的面积），修理时间较短，故按下列方法处理，否则应按挖补法进行。

（1）砌入法　有的厂是在推焦后，待空炉两侧燃烧室温度降至 600℃左右，打开一个炉门和一个装煤口盖，操作者身着铝铂衣、防热服等，迅速进入炉内量出洞穴尺寸，按尺寸加工预热好的砖，在砖上打灰后，再进入炉内把砖砌入洞内。接着勾缝，关上炉门，然后升温投产。这种操作环境极为恶劣，而且当洞穴的位置距炭化室底较高时，难于修理。

有的厂采用扒焦方法处理炉头部位的通洞，在装煤时控制装煤，装煤后在 1/3～2/3 结焦时间内，将炉头部位的焦炭扒除，至待修面；用隔热砖砌入挡墙，非修理墙面贴入绝热材料保温，操作者身着防热服等，进入炉内量出洞穴尺寸，按尺寸加工预热好的砖，在砖上打灰后，再进入炉内把砖砌入洞内。处理好后，关上炉门，待一定温度后，扒出隔热砖、隔热材料，进行生产。此项操作的优点是减少了炭化室墙面温度大幅下降，防止墙面砖碎裂，有利于炉体长寿。

有的厂不采取降温和进入炉内的方法进行修理，而是当预修炭化室的焦炭推出后，操作者站在炉门口或装煤口外，用钎子清除洞内的石墨与杂物，按洞穴估量的形状与尺寸加工已预热好的砖，用托板托着打好耐火泥的砖块，用吊梯或钢架送到洞穴旁边，再用长把抹子把砖推进洞内。接着用喷浆机喷严砖缝，清除落到炉底上的砖渣与灰块，拆除钢架或吊梯，在对门预热20min后装煤。这种方法由于不需要降低炉温就可以进行，故对炉墙的损伤较小，但是，由于它是在炉体外进行远距离操作，其修理质量难以保证，而且操作较困难。

(2) 焊补法　在焊补前，用长柄托板把预加工好并且已预热的砖块推进洞内，然后按照前述的焊补操作程序进行焊补。

9. 炭化室墙面的矫直及其装置

矫直炉墙是我国热修工作者独创的修炉法。对炭化室墙面局部凸肚与错台，过去通常采用挖补或翻修火道的方法进行修理，这些方法的缺点是工作量大、耗费原材料多、劳动强度大、需要的工具与劳力多、工期长、损失产量多。

矫直法是在对炉墙缺陷不进行拆除更换，对不修理部位不进行保温的情况下，利用简单的器具所产生的机械力使墙面缺陷（凸肚与错台）消失。它不存在上述挖补与翻修火道等方法的缺点。

(1) 端部1～3火道墙面的矫直

① 挡墙的安置　在装煤初期打开预修侧炉门，扒除焦炭至凸肚部位全部露出为止。紧靠凸肚，从炉门用黏土砖（或硅藻土砖）干砌挡墙或推入一个活挡墙。挡墙外表面抹一层黏土火泥稀浆，活挡墙的两侧应用浸透黏土火泥浆液的石棉布塞严，然后在挡墙或活挡墙的外面再覆盖一层高硅氧纤维缝合毡或硅酸铝纤维毡。

② 加热煤气的处理　用侧入（由废气盘进入）式高炉煤气加热的焦炉，在整个修炉期间预修侧被保护的火道（挡墙内的火道）会因预修火道的停火而同时停火，这就容易使被保护砌体因温度过低而损坏，所以，对具备焦炉煤气加热设备而又正在用侧入式高炉煤气加热的焦炉，应预先把整个修炉区改用焦炉煤气加热，然后把挡墙外的火道全部停止供应煤气。如果焦炉不具备用焦炉煤气加热的条件，那就只有被迫对预修侧（机侧或焦侧）全部火道停止供应高炉煤气。

③ 矫直操作　火道停止加热后就可以敞开炉门降温，待墙面缺陷处的温度下降到100℃以下时，操作者进入炉内用小号槽钢贴靠凸肚处，把较大号的槽钢或较大面积的钢板置于对面墙的相应位置，用2～3个平板支撑器插入两根槽钢（或槽钢与钢板）之间，然后拧紧支撑器（图6-25）。由于凸肚或错台的部位因受冷后收缩形成的砖与砖的间隙比它对面墙的冷缩缝隙大，故随着支撑器不断交替拧紧，凸肚逐渐向原位置方向恢复。支撑器的数量依槽钢的长度而定，一般大约每米槽钢需要设2～3个。为了便于安装与拆卸，支撑装置都不宜做得太重，通常靠缺陷侧的槽钢为6～8号，对面的槽钢用10～12号，长度均不应超过2m。支撑装置（支撑器和槽钢）的数量根据墙面凸肚的范围而定，范围越大，需要的支撑装置越多，反之越少。如果墙面变形位于炭化室上部，为便于操作除搭跳架外，

还可以用一个平板支撑器及两根不同型号的槽钢按照图 6-26 点焊在一起。矫直时，用人力将它扛进炉内放在需要矫直的地方，拧紧支撑器，将支撑装置固定在炉墙上，接着再配齐下端的支撑器。

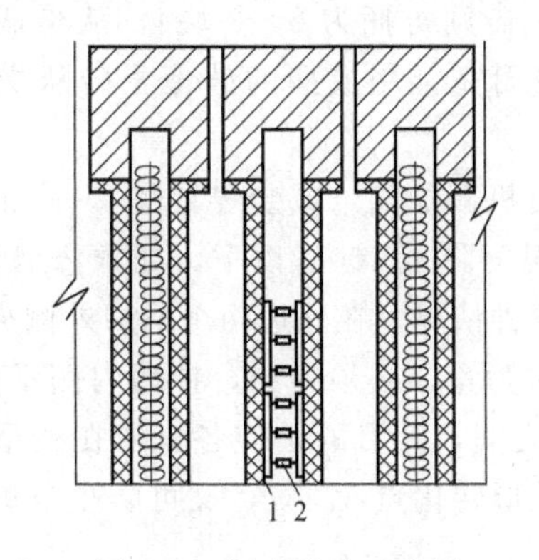

图 6-25 矫直炉墙示意图

1—槽钢；2—支撑装置

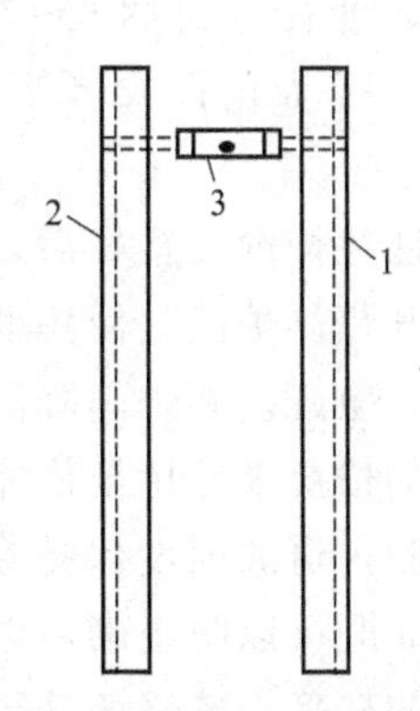

图 6-26 装配的支撑装置

1—8 号槽钢；2—10 号槽钢；3—支撑器

当炉墙凸肚（或错台）矫直到离原位置 10mm 左右时，应停止矫直，以免升温后炉墙与支撑装置膨胀而出现矫直过头的现象。此时，用较干的磷酸黏土火泥把墙面大于 5mm 的裂缝和脱落的灰结勾严、压实，然后关炉门升温。当火道内的温度达到 700℃时，方可送煤气加热。炉内温度升至 800℃以上时，支撑装置已烧红发软，这时打开炉门，伸入钩子拽出支撑装置，接着拆除挡墙，或拽出连杆式活挡墙，然后推焦，恢复正常生产。

(2) 内部墙面的矫直

① 空炉、焖炉、缓冲炉的安排 矫直内部墙面应当在空炉的情况下进行。正常生产的炼焦炉中，只要有空炉存在，则与空炉相邻的非修理炭化室应禁止推焦，否则会因推焦炭化室的一侧为空炉，另一侧为生产炉而易将空炉炉墙推坏。对这样暂时不允许推焦的炉室有两种处理方法：一种是将它推空，然后沿炭化室长向从炉门、装煤口向里各放一道黏土砖挡墙；另一种是当邻炉推空时将它装满煤，并用耐火泥密封各炉盖、炉门，待邻炉矫直完后方允许推焦。后一种方法就是通常所说的焖炉，它比前一种方法操作简单并有利于石墨的挂结，从而防止炉体串漏，故一般修炉时采用焖炉。对每个焖炉外侧相邻的炉室可以允许推焦，但因其温度比正常生产的炉室低，故结焦时间也较长，通常称它为缓冲炉。

若空炉、焖炉与缓冲炉设置的数量太多，损失的产量较大，但数量太少则温度梯度较大，不利于修炉操作与炉体的保护，一般这些炉室的数量是按照每相邻炉的温度梯度为 150～200℃安排的。

通常一个燃烧室的两面墙需要矫直时，应安排 4 个空炉，两侧各设一个焖炉和两个缓冲炉，其中第一缓冲炉的结焦时间为 32h，第二缓冲炉为 24h。若是生产炉的标准温度较低，结焦时间较长，则每侧只设一个缓冲炉就可以了。

② 推空炉与温度安排 为了防止推空炉时把炉墙推坏，要求所推炉室相邻两侧炭化室尽可能都是空炉或都是满炉，禁止推一侧为满炉另一侧为空炉的炉室，如果这种情况确实不能避免，也必须待满炉的焦炭成熟后推焦。

推空炉后即可将侧入式加热的高炉煤气更换为焦炉煤气，同时开始降温，一般在 2～3d之内所有空炉两侧燃烧室（不论修理与不修理的火道）温度均应达到 700～900℃之

间，所有缓冲炉两侧燃烧室的温度均应达到要求。接着打开中间两个预修空炉的机侧炉门，用推焦杆往里各推进一个活挡墙，把修理部位与非修理部位隔开。如果挡墙的位置必须放在装煤门的正下方，也可以先往各空炉内分别推进一个半截挡墙，然后再从装煤口送入成捆的硅藻土砖（每捆5～7块，若为黏土砖则每捆为2～3块），从半截挡墙上开始干砌直至装煤口盖为止；或者不推进任何挡墙而完全用成捆的硅藻土砖从炭化室底干砌至装煤口盖处。

活挡墙或挡墙往炉内安置好后，应关上并密封机侧炉门（或装煤口盖），停止供应预修火道的煤气，打开焦侧炉门，使焦侧预修墙面的温度降至100℃以下，如预修墙面在机侧，则密封焦侧炉门，敞开机侧炉门降温。不论上述哪种情况，在外边两个空炉外侧火道及缓冲炉两侧火道温度均按要求保持至修完炉开始升温时为止。必须指出，挡墙内侧不修理火道、外边两个空炉外侧火道的温度保持在700～900℃之间，其目的是使各火道在整个修炉期内始终不灭火，从而既可以防止砌体温度高于硅砖晶形转化点573℃，又可防止空炉内的活挡墙（或挡墙）内的硅藻土砖烧熔甚至坍塌。

（3）矫直操作　内部墙面矫直的方法、步骤均和端部1～3火道墙面矫直相同。不过它在拆除支撑装置方面困难较大些，这主要是由于这些支撑装置距离装煤口与炉门口都较远。如果确实有的支撑器用钎子打不下来而在它们的前方墙面又不存在反错台等障碍的情况下，可以利用推焦杆将挡墙和支撑器一并推出。

10. 死斜道的处理

当斜道被煤粉或焦炭、耐火泥等杂物堵死后，在炉顶用钎子或煤气、氧气等方法不能打通时，可进入炉内用打洞扒除的方法处理。

（1）端部1～3死斜道的处理　按照端部1～3火道墙面矫直所用的方法安置挡墙和处理加热煤气，按内部墙面的矫直法降温。为了避免在清扫斜道时将杂物落到格子砖孔内，应在与预修燃烧室相连通的蓄热室封墙顶部开口，放入一块厚1mm的铁板盖住死斜道至蓄热室封墙之间的格子砖，然后把封墙砌好。

为了防止不修理的高温墙面在修炉过程中因长久暴露在大气中受到温度应力作用而损坏，在挡墙（或活挡墙）安置好后，应立即对挡墙（或活挡墙）外面两侧不修理墙面的下半部用多块中保温板覆盖，并用平板支撑器固定。保温板与保温板之间、保温板与炉头之间缝隙用浸满耐火泥浆的石棉布块塞严。上半部不修理墙面和炉头端部，用水玻璃调制的耐火泥浆或高温黏结剂把厚40mm的珍珠岩板，或硅酸铝纤维板，或石棉板逐块粘贴覆盖。

挡墙以外不修理的部位也可以利用推焦车或拦焦车上临时设置的链式起重机，将大保温板吊起，再用炉柱上部临时设置的链式起重机把它贴靠在墙面上，并用平板支撑器固定。接着再如上述，用浸满耐火泥浆的石棉布堵塞保温板与墙面缝隙。保温板与保温板之间的缝隙，用高温黏结剂将硅酸铝纤维毡等覆盖个别外露的不修部位。

另外，还可以用覆盖高硅氧纤维缝合毡的办法来保护不修理的外露墙面，即捅掉挡墙顶部靠墙面的一块砖，用直径为38mm的钢管端部搭在挡墙缺口上，另一端搭在临时焊在炉柱上部的弯钩上，把带铁钩的高硅氧纤维缝合毡挂在钢管上，逐块推入炉内将不修墙面覆盖后，用一根槽钢压住各个毡子的下脚，使毡子固定并紧贴墙面。靠炉头的缝合毡应该稍宽些，然后将它包住炉头，并用临时焊在炉柱上的顶丝通过角钢把它紧压在炉框上，也可以用高温黏结剂将它粘在炉头墙上。上述几种方法各有优缺点，可依具体情况选择使用。

接着进入炉内打通死斜道上面的几层墙皮砖，掏净焦炭及灰渣，透通斜道，暂时用铁板盖住斜道口。接着砌好上部炉墙漏煤的孔洞，并用磷酸调制的黏土火泥将墙面大于5mm的缝隙和空灰缝勾严。然后抽出斜道上盖的铁板，砌好炉墙底部的开口，拆除炭化室内的支撑与保温装置，并把格子砖上的盖板连同杂物一起抽出，对门升温。当火道内温度升至700℃时，恢复修理火道的煤气供应（焦炉煤气加热）或修理侧全部火道的煤气供应（高炉煤气加热），在推焦前半小时拆除挡墙或活挡墙（参阅内部死斜道的处理）。

(2) 内部死斜道的处理：处理内部死斜道除下面两点外，其余均按端部1～3死斜道的处理方法进行。

① 按照内部墙面的矫直所叙述的方法安排空炉、焖炉和缓冲炉，进行推空炉及修炉区各点温度的调节，安置挡墙或活挡墙。

② 挡墙的拆除是在死斜道处理完毕并对上炉门升温至800℃左右进行，打开机、焦两侧炉门，用推焦杆把半截挡墙及其上部干砌的半截挡墙一并推进消火车内运出。如果为活挡墙，则应推进导焦槽内，在拦焦车开往炉间台后拽出。

五、蓄热室部位的维修

1. 蓄热室封墙的维修

经常保持蓄热室封墙严密的原因：蓄热室封墙在生产过程中受温度应力与单、主墙不断伸长的作用而产生裂纹与变形，炉外的冷空气大量漏入，结果不仅增大了气流阻力，而且导致煤气在蓄热室内燃烧，降低了边火道的煤气热值，从而降低了边火道温度。这不仅使炉头产生生焦，也给端火道及单、主墙产生裂纹创造了条件，所以经常保持封墙严密，是一件很重要的工作。

检查封墙严密性最常用的方法是用火苗试漏。这主要是由于蓄热室和小烟道在正常生产的情况下都处于负压状态，凡火苗触及墙面而发生被抽进缝内的现象时，说明此处不严密。另一种检验法是煤气成分分析法，它是在煤气蓄热室顶部空间第1、第2斜道口处同时取样分析，若第1斜道含CO比第2斜道少得多，说明封墙不严。此法复杂，而且不如火苗试漏法能够检查出裂缝的位置、数量和大小，它只能表明漏空气的相对数值。

处理封墙的缝隙一般都是采用勾缝的方式，即先抠净缝内、外的旧泥块，然后将用水玻璃调制的黏土火泥混入10%的石棉绒做成的泥膏压进缝内，其中石棉绒具有防止泥料干缩开裂的作用。对细小的裂纹一般采用水玻璃调制的黏土火泥稀浆刷涂。实践证明，利用可塑材料对封墙进行捣制，裂纹少、强度好。

封墙产生大面积变形或内衬与外表面脱离时应拆除重砌。拆除时，对单墙不外露的一般不宜更换顶部大砖，否则易导致斜道正面砌体下沉，从而需要把炭化室底脚砖及其下部砌体拆除重砌，十分麻烦。故在拆除前，先用木楔把蓄热室顶部大砖固定。

如果用侧入式高炉煤气加热，则应把与预修蓄热室相连通的燃烧室改为用焦炉煤气加热，否则这些燃烧室应停止供应煤气，以免高炉煤气逸出发生中毒。拆除工作应迅速，避免蓄热室内部砌体降温太多。封墙拆完后，应利用薄保温板或高硅氧纤维缝合毡等遮住格子砖正面，防止冷空气侵入。如果格子砖顶部有砖块等杂物，则用可拆卸的多节单钩或吸尘器除去。然后取出薄保温板或高硅氧纤维缝合毡，接着砌筑封墙。砌筑时要求灰浆饱满，内封墙必须经二次勾缝后再砌外封墙，内、外封墙应相互咬合砌筑。具有隔热罩的蓄热室一般是把罩四周的缝隙里的石棉绳与泥块抠出重新进行密封，单、主墙端部有裂纹（缝）或隔热罩内部砌体松动不严时，则需要拆除隔热罩进行修理或密封。

2. 废气盘与封墙接头的修补

废气盘与封墙接头之间有缝隙，将导致该处漏气。检查漏气的方法是：打开高炉煤气蓄热室上升气流清扫孔，用玻璃片盖住孔观察，若在单叉或双叉或三叉与封墙接头处冒蓝火，多属于从此处或焦炉顶板往里漏空气；打开下降气流的废气盘进风口再盖上玻璃片观察，若发现接缝处有蓝色火苗，说明煤气向废气中串漏。

当废气盘与封墙相连接处的外表面有裂缝时，应进行勾缝或刷浆。在用抹补、勾缝、密封均不能奏效时，应在下降气流时把连接处上的旧泥块与石棉绳清除干净，用浸透水玻璃-黏土火泥稀浆的石棉绳沿单叉或双叉或三叉周围塞紧，并用较干的水玻璃-黏土火泥勾缝。在处理内部缝隙时，应先与交换机工联系，切断电流并在下降气流进行，以免发生煤气中毒的情况。如用焦炉煤气加热，则宜在上升气流进行，因为此时蓄热室内温度较低，便于操作。

操作时，首先取下废气盘上的盖板，用铁板把一米管（煤气管与废气盘相连管）口盖好，除净法兰盘缝隙中的泥块，然后勾缝。勾缝时应防止泥块掉进煤气管内，勾完取出铁板，盖严废气盘盖板。

3. 废气盘的保温（与刷浆）

废气盘保温层损坏后将增高蓄热室走廊气温，恶化操作环境。修理时，先拆除旧保温层，修补原有铁丝网，接着填入掺有25%的水泥、35%的黏土火泥与40%的硅藻土的填料，用抹子抹平后刷白浆；或用新型保温材料，一般先抹上10～20mm厚，然后再抹到40mm厚，抹平、刷浆即可。

4. 测压孔铁座的更换

当测压孔铁座损坏时，可用撬棍插入测压孔内往复摇动，待松动后取下铁座，清除测压孔砖座的灰渣，取新测压孔用浸透水玻璃-黏土火泥稀浆的石棉绳缠好，塞进砖座内，再将铁座周围用较干的水玻璃-黏土火泥勾严。

5. 小烟道的喷补

小烟道是冷空气入口和废气离开焦炉本体的地方，故上升与下降气流温差很大。硅质单、主墙虽有黏土衬砖保护，但仍不免有夹缝生成，导致气体互相串漏，破坏加热制度，故应经常检查及时喷补。检查小烟道单、主墙串漏的方法与检查废气盘单叉或双叉（或三叉）接缝的方法相同。

（1）当炼焦炉用焦炉煤气加热时，不论喷补煤气或空气蓄热室都可以在上升气流进行，因为上升气流小烟道温度较低，气流清洁，便于观察喷补操作情况。

（2）当炼焦炉用高炉煤气加热时（侧入式），喷补空气小烟道仍可在上升气流进行，但喷补煤气小烟道则应在下降气流进行，以防煤气中毒。

喷补操作是在刚交换后进行，先由交换机工切断电源，依不同的炉型可从废气盘盖板或从测压孔、清扫孔处喷入用水玻璃调制的黏土火泥稀浆，喷涂时要注意防止把泥浆喷到箅子砖及格子砖上。

对需要抹补的，可在先喷一层稀浆后，用铲子将配有黏土火泥及黏土熟料各50%，外加10%水玻璃调制的泥料，或用15%的硫酸铝以清水稀释为相对密度1.3的溶液代替水玻璃调制上述配比的泥料抹补。由于此处温度较低，而且磷酸对黏土砖有腐蚀作用，故用磷酸泥抹补效果较差。

6. 砖煤气道的修理

① 炼焦炉砖煤气道产生裂缝与错位的原因　炼焦炉砖煤气道由于上、下部砌体伸长量不一致及温度应力而产生裂缝与错位，这些裂缝与错位以炼焦炉中部较轻，越往炉端火道越严重，并随炉龄增加而扩大。

② 炼焦炉砖煤气道产生裂缝与错位的后果　导致煤气往蓄热室串漏，煤气从上升气流砖煤气道往下降气流砖煤气道串漏，砖煤气道被石墨堵塞，严重破坏了正常的加热制度，从而使焦炭质量下降。

小结：故对使用焦炉煤气加热的炼焦炉，经常检查并及时采取有效措施防止串漏及堵塞，是维护炉体的重要项目之一。

检查砖煤气道的方法：检查砖煤气道一般是在炉顶打开下降气流看火孔盖观察。①当发现砖煤气道口（灯头或烧嘴）截面积较小或不呈圆形时，说明石墨在砖煤气道口堵塞；②当它与相邻上升气流灯头（或烧嘴）同时冒红火苗，说明煤气从上升气流砖煤气道往下降气流砖煤气道串漏；③当上升气流灯头（或烧嘴）不着火或火焰显著短小时，说明砖煤气道可能被石墨（或杂物）堵塞或者有裂缝存在；④当在蓄热室封墙用玻璃片盖住打开的测温孔或清扫孔观察，发现从主墙（砖煤气道墙）向外冒红火苗，说明此处有裂缝；⑤打开下降气流砖煤气道管帽用玻璃片紧贴管口观察，若发现有红火苗，说明砖煤气道串漏。

消除砖煤气道堵塞一般是采用疏通的方法，但被石墨堵塞的还应该从密封砖煤气道的裂缝着手解决。消除砖煤气道煤气串漏的方法通常有两种。

方法一是利用增大烧嘴（或灯头）断面以降低砖煤气道与相邻蓄热室压力差的办法，此法是把煤气烧嘴断面由占煤气道断面的50%～75%增至85%以上，减少煤气向蓄热室串漏。不过，当烧嘴（或灯头）断面增大到接近或等于砖煤气道断面时，破坏了横排煤气量的分布，从而使边火道煤气量不足，出现炉头生焦或产生上升气流蓄热室顶部空气倒漏入砖煤气道内的现象。对上升气流和下降气流砖煤气道之间煤气的串漏，可以利用进入除炭口空气量的差异改变此两个砖煤气道的压力差来消除。例如在除炭口安装以弹簧压紧的节流孔板，利用加大孔板尺寸来实现。但是，孔板尺寸加得太大时，砖煤气道内空气量过剩，将破坏燃烧室的温度制度。

方法二是对砖煤气道的裂缝进行喷涂与抹补。其操作程序如下。

① 下喷式砖煤气道的喷涂　喷涂法是修理下喷式砖煤气道裂缝的主要方法。它所用的泥料一般为黏土火泥，有的厂则使用50%的低温硅火泥与50%的黏土火泥混匀后的泥浆。为了防止泥浆喷进砖煤气道内变干后收缩产生的起皮现象，上述两种泥浆配方均宜掺入占总量40%而粒度为1mm的黏土熟料。首先，将干料用1mm孔筛筛选，通常，按1份体积的干料兑入2份同体积的清水搅拌均匀。对较宽的裂缝，泥浆宜稠一些，可适当减少加水量；反之，泥浆宜稀一些，而需要增加加水量。一般认为，喷砖煤气道的泥浆里不应添加水玻璃，因为水玻璃泥浆喷涂在砖煤气道内壁后十分坚实，当砖煤气道横断面因多次喷涂而减少或完全堵死时，一般难以把这些干固的泥料清除掉。

在喷补操作前，应和交换机工联系好，于每次交换前通知操作者暂停工作，以免发生事故。接着拆卸下降气流的煤气立管端部丝堵，用直径为10mm、长为6m左右的螺纹钢管或多节钎子、铲子，伸入砖煤气道内将石墨或杂物捅掉。若砖煤气道被石墨堵死时，可打开立管丝堵，利用自然通风灼烧和钎子清扫相结合的方法解决，必要时也可以通压缩空气烧掉，待管内杂物全部清除干净后就可以进行灌浆。灌浆一般先用石棉绳或石棉布堵塞小横管或其间的煤气喷嘴（或孔板），接着在立管上用麻布从上往下缠几圈，把胶管套在缠布的立管上，这样做可以避免在喷浆时，胶管从立管上往下滑落，在胶管的另一端与喷浆机相连接。

打开喷浆机有关旋塞，用压缩空气把黏土火泥稀浆压进砖煤气道内，同时打开有关看火孔盖及蓄热室顶部测温孔盖观察，如发现泥浆漏到其他砖煤气道或蓄热室内，或者喷浆机所使用的风压不能保持在恒定的数值而不断下降时（说明浆液由裂缝漏出），应适当增加泥浆的稠度并且对该砖煤气道分多次喷涂。喷浆的风压要依泥浆的稠度与喷涂的高度而定，一般泥浆稠度大或者缺陷的位置较高，风压应大些，反之则小一些，对于4.3m焦炉而言，风压通常保持在0.05～0.10MPa之间。要严格禁止把泥浆喷进火道内，因为这样不但会把调节砖粘在火道底部使它失去调节作用，而且还可能流到蓄热室里，导致气流阻力增大。

喷浆完毕，经检查确认不再发生串漏现象后，取出堵塞小横管或喷嘴的布块（或石棉绳），卸下胶管和缠在立管上的麻布条，用多节钎子伸入砖煤气道内上、下往复清扫，待确认畅通无阻后，拧紧立管端部丝堵。

② 横砖煤气道的喷涂与抹补　横砖煤气道的结构比垂直砖煤气道复杂，它的缺陷位置（尤其是支气道）不仅难以检查而且还不易喷涂准确，往往会造成泥浆将支气道的断面减小甚至堵死的情况。这种情况目前尚无办法妥善解决，故对横砖煤气道特别是支气道通常不宜进行热态（生产状态下）喷涂。对炉头部位横砖煤气主道能够观察到的缺陷，在喷涂时也要谨慎，以免堵死支气道。喷涂时，应先量出砖煤气道口至缺陷处的距离，然后在下降气流时关闭加减旋塞（66型小焦炉要卸掉换向旋塞，有的要关闭除炭口），用压缩空气进行喷涂，喷完后分别用耙子、铲子、刷子除去多余的泥块，最后用吸尘器把余渣吸干净。

抹补法对支气道的缺陷是不能解决的，它只适用于砖煤气道，尤其对端部较大的缺陷能够获得较好的效果。

7. 斜道的喷补

斜道区产生裂缝使得煤气斜道与空气斜道之间、端部斜道与外界大气之间以及斜道与砖煤气道之间的气体互相串漏。通常空气斜道内漏进煤气或煤气斜道内漏进空气都能在各自的斜道内燃烧而形成“白眼”，它将减少进入火道内的煤气量，导致炼焦温度下降。故尽可能维护好斜道区砌体是十分重要的，由于斜道的缺陷和横砖煤气道的缺陷一样都难以修理，故在喷涂时应特别慎重。

喷涂前，应把侧入式高炉煤气更换为焦炉煤气加热，由于上升气流比较清晰，故通常在上升气流进行，如焦炉煤气加热设备不齐全或者不存在这种加热设备，则只能关闭高炉煤气加减旋塞进行。首先，拆除测压孔砖，用蓄热室格子砖盖板盖住喷补区的格子砖，把喷枪对着斜道缺陷喷涂（或抹补）。喷涂（或抹补）完毕，取出格子砖盖板，砌好测压孔砖并恢复生产状态。

8. 清扫孔与立管根部的抹补

如果下喷炼焦炉混凝土顶板处的清扫孔与立管根部周围出现裂缝时，可以先用钎子除去碎渣，再用水刷干净，然后抹补掺水泥的水玻璃-黏土火泥泥膏即可。

9. 堵死的砖煤气道的打通

当垂直砖煤气道被石墨、灰浆或砖渣堵死时，可以用钎子捅或空气烧的办法解决。

10. 蓄热室格子砖的清扫

(1) 状况分析　炼焦炉投产运行多年后，它的蓄热室的格子砖逐渐被灰尘杂物堆积，不仅减少了气流通道的截面，增加了气流的阻力，而且还降低了它的换热效率。通空气的蓄热室含尘量少，而通煤气的蓄热室含尘量多。由于高炉煤气、空气中的灰尘及从炉顶落下来的泥块、煤尘等杂物一般不与格子砖烧结（顶部1～2层格子砖有可能与杂物烧结），通常是呈疏松状态沉积的。

(2) 清扫方法　普遍采用不打开蓄热室封墙而以压缩空气吹扫的办法处理。吹扫前，应先将用侧入式高炉煤气加热改为用焦炉煤气加热，然后把直径为12mm的单节长管或带活接头的多节短管，通过蓄热室封墙不同高度的清扫孔伸进蓄热室内，管的后端用橡胶管与风源连接，前端上部开一个直径为3～4mm的小孔，压缩空气经过小孔进入炉内吹扫格子砖。通常在上升气流时，从下面清扫孔向上吹；下降气流时，从上面清扫孔或测温孔向下吹。对仅有侧入式高炉煤气加热的炼焦炉在吹扫煤气蓄热室时，必须暂时停止往蓄热室供应煤气，从下面向上吹扫，否则只允许在下降气流时从上向下吹扫。操作时，风管端部的小孔应对正上（或下）面的格子砖往复前后移动，不许对着单、主墙吹扫，以免将灰缝吹空。当上（或下）面随风管移动的相应位置有灰尘飞扬，说明此处格子砖畅通。待继续吹到看不见灰尘飞扬时抽出风管，恢复正常生产状态。如果某些部位始终未见到吹起灰尘，说明此处格子砖有堵塞的可能，需要打开封墙，清扫更换格子砖。

11. 机侧、焦侧操作平台及焦池的修理

一般机侧、焦侧操作平台和焦池的表面都铺设铁板，而有的焦池则铺设缸砖或辉绿岩板，它们在机械与温度应力的作用下，产生断裂或与下部的混凝土脱离，影响正常生产，需要及时检修以恢复如初。

检修方法：拆除破裂的铁板或缸砖，凿毛混凝土表面，用水冲净灰渣，然后铺平水泥砂浆，接着在砂浆上铺铁板或缸砖。其间留膨胀缝3～4mm，缝内嵌木条。铁板或缸砖表面必须平整，严禁出现错台或缺角的现象。

任务三
学习护炉设备的维护与管理

护炉铁件包括保护板、炉门框、炉柱（包括大小钢柱）、大小弹簧和横纵拉条等。炼焦炉砌体是由耐火砖砌筑而成的，其本身具有松散性，是靠护炉铁件紧固而成为整体的。在焦炭的生产过程中，炼焦炉砌体（特别是炭化室部位）必须承受各种机械力的冲击。护炉铁件施加的保护性压力必须连续不断地作用于炼焦炉砌体上，才能有效地保护砌体，使之具有严密性、完整性及一定的结构强度。

铁件工根据有关参数，通过对相关项目的测量和调节，保证护炉铁件科学合理地工作，以保护炉体，延长焦炉寿命。

一、炼焦工艺对护炉铁件的技术要求

（1）炉柱曲度最大不得超过 50mm，超过的要进行更换。

（2）抵抗墙顶面埋设的炼焦炉纵中心标志要保持完好无损。

（3）要保证横拉条处于完好状态。拉条沟应严密，杜绝装煤孔和上升管部位串漏煤气和热气，以及炉顶存煤着火导致烧坏拉条。横拉条温度不得超过 350℃。拉条直径细至原来的 3/4 时应该补强，细至原直径 2/3 时应该更换。更换拉条应有相应的技术措施。

（4）各部位弹簧负荷要符合操作规程的要求。

二、炼焦工艺对护炉铁件膨胀或变形程度测量与监控的操作规程

1. 炉体膨胀测量的操作规程

炉体膨胀程度是衡量炼焦炉衰老程度的重要指标。对它的测量与监控是十分必要的。

（1）沿机焦两侧的纵长方向上在上、下横铁和斜道（蓄热室顶）等标高处各引一条钢线并固定在抵抗墙上的测线架上。

（2）架设钢线。

（3）钢线与抵抗墙正面上的原始基点的距离作为测量炉体膨胀时每次拉线的标准距离，每年核定一次，除遇有障碍物临时改变测线位置外，一般不要改变。

（4）机侧、焦侧各线的膨胀值应每季度测量一次，每次测量点相同，测量工具为刻有毫米刻度的钢板尺。

（5）每个炉室机侧、焦侧各线的膨胀值可按下式进行计算：

$$x = a_{原始} - a$$

式中 x——机侧或焦侧某线膨胀值，mm；

$a_{原始}$——烘炉前（冷态时）钢线至保护板的距离，mm；

a——钢线至保护板的距离，mm。

（6）正常生产的炼焦炉炭化室部位年膨胀量要按炉门上、下横铁处的平均值进行计算，在投产两年以后，每年不超过 5mm，遇有膨胀异常，应查明原因，及时采取措施。

测量数据应及时加以整理，全炉各膨胀量和它们的平均值及其最大值、最小值都记入专门表格中，每半年综合分析一次，分析结果上报车间，以监控炉体的膨胀程度，采用有效的维护手段延长炼焦炉的使用寿命。

2. 炉柱曲度测量的操作规程

炉柱立于炼焦炉正面压在保护板上及蓄热室头部。机侧、焦侧相对应的两根炉柱由上下横拉条连接成一体。靠螺帽的拧紧对砌体形成挤压的紧固力，炉柱将保护性挤压力分配到沿炉高的各个区域中去。炉柱的力传给保护板，保护板传给砌体。

炉柱将保护性压力分配到沿炉体高向的各区域中。炉柱施加给炉体的保护性压力，大型炼焦炉为 15～20kN/m。炉柱应该在其弹性范围内工作，才能使其传给炉体的压力保持稳定。

对于弯曲度大于 50mm，或既弯曲又扭曲严重，严重妨碍拦焦车行走的炉柱，一般采用矫直或更换的办法处理。

（1）炉柱曲度测量采用三线法。测量以钢线外侧为基准。

（2）沿机焦两侧的纵长方向在上、下横铁和箅子砖的标高处各引一条钢线，并固定在测线架上。

(3) 钢线直径为1.0～1.5mm，钢线不准有接头。

(4) 三条钢线应位于同一垂直平面内并用拉紧器或重物绷紧，钢线不得与任何障碍物接触。

(5) 测出每个炉柱与三条钢线的距离，然后按下式计算曲度：

$$W=(a-b)+(c-a)\frac{h}{H}$$

式中 W——炉柱曲度，mm；

a——上横铁处炉柱正面与钢线的距离，mm；

b——下横铁处炉柱正面与钢线的距离，mm；

c——箅子砖处炉柱正面与钢线的距离，mm；

h——上横铁处钢线与下横铁处钢线的间距，mm；

H——上横铁处钢线与箅子砖处钢线的间距，mm。

(6) 在使用中应使三条钢线与焦炉中心的距离保持不变，为此，要求每年核对一次钢线与炼焦炉中心的距离，并将校正结果换算在记录中。

测得结果后对炉柱的运行情况进行判断与监控。

3. 弹簧压缩量测量的操作规程

弹簧压缩量的大小标志着弹簧工作的有效与否。

(1) 用特制的工具，对弹簧高度进行测量。

(2) 测量后应与弹簧试压吨位表对照，换算出实际吨位进行调节，使弹簧符合规定吨位。

(3) 上部弹簧的调节由当班推焦车司机配合调节，调节时钢丝盘要套牢，由铁件工负责监护。调节期间推焦车只准动走行。

4. 横拉条测量和检查的操作规程

炉顶部位的横拉条对炼焦炉炉体受力状态有较大的影响。横拉条所处部位的高温环境不好导致其容易烧坏。横拉条损坏部位一般在装煤口和上升管根部，在高温条件下被烧细或烧断使其失去作用。

当纵拉条或横拉条被拉细或拉断时，要进行修理或更换。

(1) 准备好测量用的工具并通知热修工扒开拉条沟等。

(2) 扒去拉条沟上的盖砖（上升管、装煤孔处）并清扫干净。

(3) 用外卡尺卡拉条直径，对钢板尺读数，做好记录。

(4) 通知热修工砌好拉条沟。

测得结果后对拉条的运行情况进行判断与监控。

三、炼焦工艺对护炉铁件的管理规定

护炉铁件的管理规定见表6-3。

表6-3 护炉铁件的管理规定

序号	测量及检查项目	检测周期	备注
1	炉柱曲度测量	每季一次	
2	上、下部大弹簧吨位测调	每季一次	5-2串序
3	小弹簧吨位测调	每季一次	

续表

序号	测量及检查项目	检测周期	备注
4	炉长的测量	每季一次	5-2 串序
5	钢柱与保护板间隙的测量	每季一次	
6	保护板与炉柱贴靠情况检查	每季一次	
7	保护板倾斜量的测量	每季一次	
8	横拉条测量	每半年一次	
9	全炉炉门框的检查	每半年一次	
10	全炉保护板的检查	每半年一次	
11	纵拉条大弹簧负荷测量	每半年一次	
12	操作台滑动情况检查	每半年一次	
13	抵抗墙垂直偏斜的测量	每年一次	
14	操作台支柱垂直偏斜量测量	每年一次	
15	上升管垂直偏斜量的测量	每年一次	
16	炼焦炉五炉距的测量	每年一次	

中国炼焦行业协会简介

中国炼焦行业协会经原中华人民共和国冶金部、民政部批准登记，于1994年11月正式成立。协会由国务院国有资产监督管理委员会（委托中国钢铁工业协会代管）管理，同时受民政部、国资委及中国钢铁工业协会的业务指导和监督。中国炼焦行业协会是一个跨冶金、化工、煤炭、城市煤气、轻工、地方等六个行业部门，由炼焦及焦化企业、相关科研与设计院所、知名焦化专家、学者自愿组成的社会法人团体。截至2009年11月，协会理事会员近200个，分布在全国27个省、自治区、直辖市。会员单位焦炭生产量占到全国机焦生产总量的80%以上。

中国炼焦行业协会的宗旨是充分发挥炼焦业企业与政府之间的纽带和桥梁作用，为企业服务，依法维护会员企业的合法权益与炼焦行业利益，遵守国家法律和法规，贯彻执行国家产业政策，协助政府搞好行业协调、管理以及企业生产经营与市场运行情况的调研，积极促进炼焦行业的持续协调健康发展。协会下设五个专业委员会：炼焦煤资源专业委员会、炼焦专业委员会、炼焦化产专业委员会和炼焦环保专业委员会和炼焦市场专业委员会。2009年协会第五届理事会决定设立专家咨询委员会，把一些在行业有影响、身体条件好的老专家组织起来，开展管理与技术咨询服务，解决企业生产和管理中出现的实际问题。协会成立以来，每年都组织一些专业技术交流会议和各种活动。近年来，协会进一步加强了与国际同行之间的信息交流以及国内外市场动态的研究分析，在焦炭总量控制、淘汰土焦、协调焦炭出口、行业技术进步与创新、环境治理与环境保护、制定和修订行业技术标准、为企业提供人才培训、咨询服务等方面做了许多工作，为提高国内炼焦行业技术管理水平，推动全行业产业结构调整，促进国际友好往来与交流，发挥了积极的作用。协会的最高组织机构是全国理事大会。理事及常务理事由每年一次的全国理事大会选举产生。闭会期间，常务理事会行使理事会职权，并每半年召开一次会议。理事长为协会的法人代表，受国务院国有资产监督管理委员会（委托中国钢铁工业协会代管）管理并在理事会授权下主持协会的全面工作。秘书长对会长负责，主持协会秘书处的日常工作，落实协会年度工作计划。

简答题

1. 炼焦炉砌体的日常维护的基本概念及工艺原理是什么？
2. 石墨对于炼焦炉的优点是什么？石墨对于炼焦炉的缺点是什么？
3. 湿式喷涂喷浆机的使用要领是什么？
4. 炼焦炉砌体的日常维护的操作规程是什么？
5. 炼焦炉砌体的日常维护的设备结构及使用方法如何？
6. 炼焦炉非正常损坏的原因是什么？
7. 炼焦工艺对护炉铁件的技术要求如何？
8. 炼焦工艺对护炉铁件的管理规定如何？

项目七

炼焦炉机械的联锁与定位

学习目标

1. 理解炼焦炉机械联锁与定位的重要性；
2. 掌握四大车联锁要求；
3. 理解炼焦炉机械的联锁方式和定位系统。

在炼焦生产中，推焦作业频繁，只要某炉焦炭成熟，就需要将推焦车、拦焦车、熄焦车移动到该炉门，对准位置才能进行推焦，而且机车分列炼焦炉两边，互相看不见，这给生产带来了很大的困难。早在此之前，只能通过吹口哨、使用对讲机等人工方法发出信号，但此方式不仅费力费时，且容易失误，一旦失误，就会发生红焦（1000℃以上）落地、烧毁设备甚至伤人的事故。为了确保炼焦炉的安全生产、提高劳动生产效率和操作管理的自动化水平，实现炼焦炉定位和联锁控制是非常必要的。

任务一
收集炼焦炉机械联锁的相关资料

一、炼焦炉机械联锁

炼焦生产中的炼焦炉机械包括装煤车、推焦车、拦焦车和熄焦车，统称为四大车。炼焦炉的很多生产操作，都是由四大车相互密切配合而完成的，四大车要协调运行，准确联系，才能保证生产安全、顺利地进行。炼焦炉机械联锁控制系统，主要是对四大车实施自动监视、控制与管理，从而实现四大车之间的信息联锁。

生产中，装煤车根据要求装好煤料后，由推焦车进行平煤，炼焦结束后要进行推焦，推焦前，要求推焦车、拦焦车和熄焦车开到计划推焦炭化室的位置，且三车必须在一条直线上，方能推焦。在平煤、推焦过程中，四大车利用机械联锁技术，自动走到推焦炉号旁，实现装煤联锁、摘炉门联锁、推焦联锁。

二、炼焦炉机械联锁要领

为使各车操作协同一致，无论使用哪种类型的联锁装置，都应具有的基本联锁要求如下。

（1）装煤联锁　装煤车、导烟车对准计划装煤炭化室中心位置且准备就绪及机侧炉门打开、焦侧炉门关闭，导烟车司机发出人工信号时，才允许装煤。

（2）摘炉门联锁　当推焦车、拦焦车对准计划推焦炭化室的中心位置时，才允许摘炉门。

(3) 推焦联锁　当推焦车、拦焦车、熄焦车对准计划推焦炭化室的中心位置，拦焦车导焦槽对准炉门框及熄焦车准备就绪时，拦焦车、熄焦车发出人工允推信号，才允许推焦。推焦过程中如果焦侧出现意外，任何一名司机可发出指令使推焦杆停止推焦。

任务二 四大车联锁控制

目前我国的四大车的联锁控制主要有以下几种方式。

1. 有线联锁控制

在炼焦炉四大车上均设一条联锁滑线，各司机室都设有操作信号和事故信号，每车操作前都用信号联系。各车之间还有联锁装置，推焦前只有当拦焦车打开炉门，导焦槽对准推焦炉号，熄焦车对位后，熄焦车司机才能发出可以推焦的信号，同时接通推焦车上的继电器时，推焦车方能推焦。当焦侧出现问题不允许继续推焦时，熄焦车司机可随时切断联锁电源，推焦杆即停止前进。

这种有线联锁装置的缺点是线路复杂，操作麻烦，不能保证推焦杆与导焦槽对准同一炭化室，即配合不能达到完全可靠。

2. 载波电话通信

在每车上装设载波电话，在操作过程中，各车之间可直接通话联系，控制操作。这种方式在一般的生产联系中，是可靠的。但在炼焦生产中，由于环境恶劣，高温、灰尘以及车辆的频繁移动，导致人为因素和环境因素干扰较大，有时会出现人为操作事故。

3. γ射线联锁信号

在装煤车、拦焦车和推焦车上设有γ射线的发射和接收装置，一般推焦车上发出的γ射线，从炭化室顶部空间通到焦侧的拦焦车上，同时装煤车发出的γ射线也可通到推焦车上，以实现相互之间的对准和联锁。这种联锁装置可以不用附设联锁滑线，而且也减少了设备。γ射线是用钴60同位素作放射源的，使用期间维修工作量极少。但γ射线源为放射性元素，应严防泄漏。

4. 感应无线联锁信号

四大车上分别安装感应天线，轨道旁分别敷设一组编码扁平电缆，天线与编码电缆之间通过近距离（5～20cm）电磁耦合实现信号的双线传递，如图7-1。

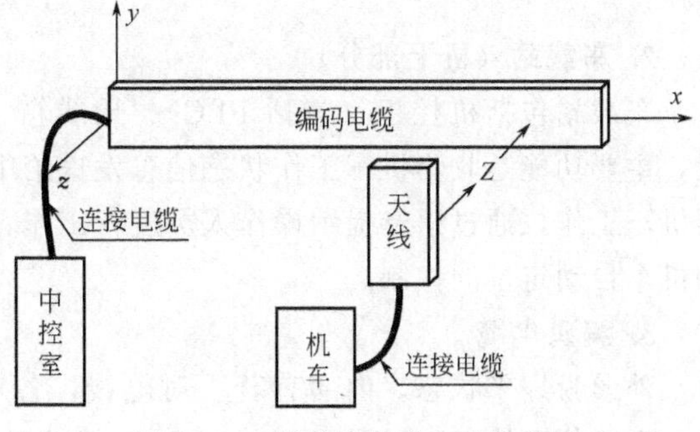

图7-1　双线传递的感应无线联锁

天线由两组线圈组成，一组为发送线圈，另一组为接受线圈。感应无线编码扁平电缆中有一对间隔一定距离就交叉一次的通信对线，两个交叉点之间形成的闭环等效于一个单线圈。当天线中通以电流并靠近感应无线编码扁平电缆时，编码电缆的单线圈将因电磁感应而产生电动势，并在通信对线中形成电流。可见只要分别在天线和感应无线编码扁平电缆的通信对线中馈入感应无线调制解调器调制放大的信号，即可实现中控室与移动机车间数据信号的双向传递。

感应无线数据通信既不像有线通信靠电缆直接连接，也不像无线通信远距离天线发射、接收；它有且仅有5～20cm的无线通信距离，所以既能保证机车移动的灵活性又确保了通信质量的可靠性，从而克服了有线通信和无线通信的缺点。

除此之外，炼焦炉机械设有各种形式的信号装置，主要有音响信号（如汽笛、电铃、声光报警等）和信号灯等，用来联系、指示行车安全。

总之，炼焦炉机械的发展趋势是逐步实现计算机自动控制，实现炼焦炉机械远距离或无人操纵的自动化，从而彻底改善炼焦炉的劳动条件，提高劳动生产率。

任务三 四大车自动定位

由于焦化厂工作环境恶劣、车辆频繁移动，所以，炼焦生产的自动化一直是炼焦行业关注的焦点。要实现炼焦炉生产的自动化，必须要解决两个基本问题：一是四大车的联锁控制，二是四大车的定位技术。自动定位是指利用定位技术，实现炉号识别与精确对位。炉号识别是指准确获得四车分别所处有效炉室区域的炉号；精确对正是指最短的时间内自动停车对正（定位）在指定炉号的炉室位置。目前，定位技术主要有旋转（或红外）编码器位置检查技术、条形码技术、红外定位、编码电缆定位等技术。下面介绍以感应无线联锁与编码扁平电缆定位技术为基础的自动定位系统。

一、系统简介

该系统采用计算机集中控制，通过网络适配器与企业的局域网连接，实现更高一级的管理监控。控制系统中建立5个监控站，一个主站即地面中控室，四个从站即四大车上的车载站。如图7-2，主要包括：地面中控站、车载站（机上部分）、编码电缆。

1. 地面中控站

地面中控站是整个系统的控制和管理中心，主要由中控计算机、中控柜（包括PLC）、地址检测设备、无线通信设备组成。中控站主要完成机车位置的监测、动态显示、计划编制、记录报表统计与生成，通过收集各机车信息，形成各种控制命令，指挥各机车联动工作。

2. 车载站（机上部分）

车载站包括机控柜（包括PLC）、天线箱、显示屏及语音器。车载站设置在各个机车上，主要功能是收集机车工作状态信息发送给中控站，并根据接收到的中控站发出的指令控制机车工作，通过语音提示操作人员进行工作，实现各车间的联锁控制，以及焦炉炉号识别和机车自动定位的控制。

3. 编码电缆

外形为扁平状态，内部有若干对电线，各对线按一定的编码规则在不同位置交叉，其中，有通信对线（L）、地址对线（G）、基准对线（R）三种多组的对线，每组电线相当于

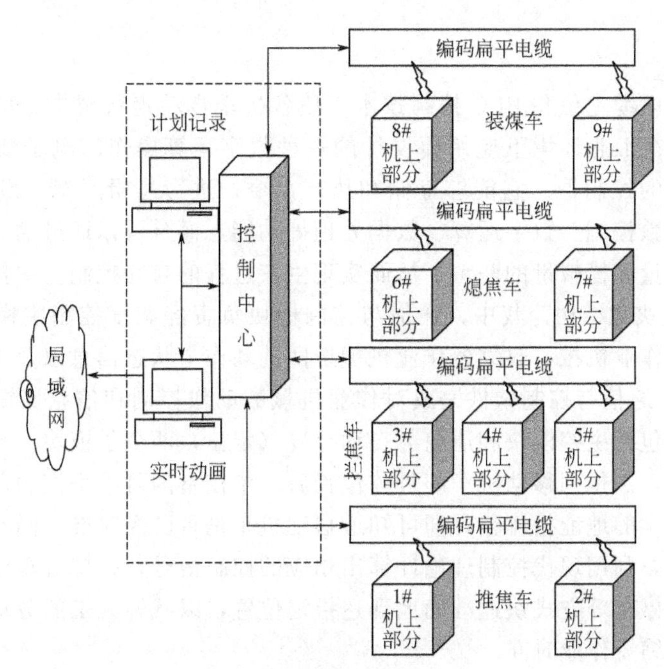

图 7-2 计算机集中控制系统

一个单线圈，编码电缆沿机车轨道安装，始端用圆电线连接到中控室，是地址检测和通信的核心部分，用于检测各车绝对、连续的地址，同时，还能完成各车之间、各车与中控室之间的数据通信。

整个系统通过沿轨道安装的编码扁平电缆将各移动机车和地面控制室有机地联系在一起。编码扁平电缆传送机上部分控制器和地面实时网络中心发送的信号并产生地址检测信号，送达地面中控室的感应无线位置检测装置得到各车的实时精确的绝对位置。机上部分通过控制器与机车电器室交换信息，通过数码显示屏和语音向车上人员传递信息；实时网络中心通过收集、分析、处理各机车送来的信息形成控制命令指挥各车工作；数据处理中心（记录计划工控机）能自动生成生产计划、记录、统计报表；实时动画工控机能动态显示各机车工作状态。

二、自动定位

1. 炉号识别

炉号识别的准确与否是整个控制系统可靠运行的关键之一。当天线移动，天线中的发送线圈通入交变电流时，在天线附近产生交变磁场，则编码电缆每对线中将产生感应电动势（每对线两个交叉点之间的叉开部分可看为单个线圈），天线每经过一个交叉点，感应电压的相位就改变一次。由于各对线在天线处交叉数不同，所以在电缆端口检测到的相位不一，以R线的信号作为标准信号，各对G线信号与之进行相位比较，相位相同为“0”，相位相反则为“1”，由此得出一组唯一的相位编码，地址检测单元将其转化为十进制米数，即为移动机车所在的位置，也就能计算出一定范围内的地址所对应的炉号，从而完成地址炉号对应的功能。生产中，四大车各使用一组编码扁平电缆实现各自的数据通信和位置检测。因而推焦车、拦焦车、熄焦车和装煤车各对应一地址检测和数据通信部分。地址检测部分完成对应编码扁平电缆上各车的位置检测；数据通信部分完成中控室与对应电缆上各工作车辆的通信联络与数据传输。

2. 精确对正

采用编码扁平电缆定位和PLC控制技术，使各机车自动走行至指定位置。可编程控制器（PLC）是专为在工业环境下应用而设计的一种数字运算操作的电子装置，是带有存储器、可以编制程序的控制器。它能够存储和执行命令，进行逻辑运算、顺序控制、运动控制、定时控制、计数控制、数字运算、数据处理等功能，而且可以通过输入输出接口建立与各类生产机械数字量和模拟量的联系，从而实现生产过程的自动控制。中控站中的实时控制中心PLC，采用模块化结构，其中，通信与控制模块负责经调度控制主模块分解的指令信息下载至各个移动作业机械，收集各作业机械送回的动作与状态信息以及移动机械的精密位置检测。车上PLC通信与控制软件完成对作业机械的动作控制和信息反馈，实现机械的自动定位等功能。它包括主控模块和通信与自动寻迹（定位）两个子模块。

在炼焦生产中，当得到移动机车的具体位置后，中控室的可编程控制器（PLC）将这个地址与数据区中预设的地址相比较，即可知道移动机车是否已经对准，同时，通过对各机车位置及速度的检测，利用现代控制理论计算出相应的控制信号，指挥机车以高速、中速、低速、微速、滑行、停车等方式快速准确地到达指定位置，以减轻人工的劳动强度，提高一次性到位的准确率，缩短作业时间。

简答题

1. 炼焦炉四大车是指什么？
2. 炼焦炉联锁要求是什么？
3. 联锁方式有哪些？
4. 为何要进行炼焦炉自动化生产？
5. 什么是炼焦炉定位系统？
6. PLC的优点是什么？
7. 请同学们自己查阅、检索资料，目前，我国炼焦厂还有哪些定位技术？

项目八

焦炭的性质及用途分析

学习目标

1. 掌握焦炭的组成、化学性质及主要用途；高炉冶炼生产工艺过程，铸造焦、气化焦和电石焦的特点；焦炭的化学组成；焦炭的物理性质、力学性质。

2. 了解焦炭特性分析测试方法；焦炭的高温强度及高温反应性；焦炭分级质量指标；高炉冶炼炉的结构。

烟煤隔绝空气加热到950～1050℃，经过干燥、热解、熔融、黏结、固化、收缩等过程最终制得焦炭，这一过程称为高温炼焦（高温干馏）。高温炼焦所得的焦炭称为高温焦炭（以下简称焦炭）。

焦炭（如图8-1所示）是质地坚硬、多孔、呈银灰色，含有不同粗细裂纹的不规则固体材料。沿粗大的裂纹掰开，含有微裂纹的称为焦块。将焦块沿微裂纹分开得到的焦炭多孔体称为焦体。焦体由气孔和气孔壁构成，气孔壁称为焦质。

图8-1　焦炭

任务一
认识焦炭的性质

一、焦炭的化学组成

焦炭的化学组成可以用工业分析和元素分析两种方法测定。

1. 工业分析

焦炭按固定碳、挥发分、水分、灰分测定其化学组成的方法称为焦炭的工业分析。

(1) 水分 (M_t) 是指焦炭试样在一定温度下干燥后的失重占干燥前焦炭试样的百分数。生产上要求焦炭的水分稳定并控制在一定的范围。水分波动会使焦炭计量不准，还会给转鼓指标带来误差，如焦炭水分提高会使 M_{25} 偏高，M_{10} 偏低。会降低高炉炉顶温度，增加粉尘污染。湿法熄焦焦炭水分（质量分数，下同）为 2%～6%，干法熄焦为 0.5%～1%。

(2) 灰分 (A_{ad}) 是指焦炭分析试样在 (850±10)℃下灰化至恒重，其残留物占焦样的质量分数。燃烧后的残留物主要成分是 SiO_2 和 Al_2O_3 等酸性氧化物，在高炉冶炼中用 CaO 等熔剂与它们生成低熔点化合物，以熔渣形式由高炉排出。

因此，一般焦炭灰分每增加 1%，高炉焦比（每吨生铁消耗焦炭量）约提高 2%，炉渣量约增加 3%，高炉熔剂用量约增加 4%，高炉生铁产量约下降 2.2%～3.0%。

不同国家的冶金用焦炭与精煤灰分标准比较如表 8-1。

表 8-1 冶金用焦炭与精煤灰分国家标准

国别	中国			美国	前苏联	德国	法国	日本
	Ⅰ级	Ⅱ级	Ⅲ级					
焦炭灰分/%	≤12.0	≤13.5	≤15.0	<7.0	<10.0	<8.0	<9.0	<10.0
精煤灰分/%	<12.5			5.5～6.5	8.0～8.5	6.0～7.0	<7.0	6.6～8.0

据数据显示，目前我国生产的高炉焦的灰分指标高于其他国家，主要原因在于炼焦用煤的灰分偏高所致。所以，从根源上解决煤炭洗选技术，在高炉冶炼过程中才能节省熔剂和焦炭的使用量、增加生铁产量和质量、降低铁路运输成本。

(3) 挥发分 (V_{daf}) 是指焦炭分析试样在 (900±10)℃下隔绝空气快速加热后的失重占原焦样的百分率，并减去该试样的水分得到的数值。挥发分是衡量焦炭成熟程度的标志。通常规定高炉焦的挥发分（质量分数，下同）为 1.2%左右，大于 1.9%时为生焦；小于 0.7%时为过火焦。炼焦煤挥发分高，在一定炼焦工艺条件下的焦炭挥发分也高；炼焦的最终温度升高，焦炭的挥发分降低。

(4) 固定碳 [w_{ad}(C)] 是指煤干馏后残留的固态可燃性物质。

焦炭的固定碳=100－挥发分－水分－灰分

2. 元素分析

焦炭按碳、氢、氧、氮、硫、磷等元素组成确定其化学组成的方法称为焦炭的元素分析。

(1) 碳和氢 碳是构成焦炭气孔壁的主要成分，氢则包含在焦炭的挥发分中。其中碳含量为 92%～96%，氢含量为 1%～1.5%。碳元素在使用过程中起到还原氧化铁、铁水增碳、燃烧放出热量、支撑炉料的作用。结焦过程中，不同煤化程度的煤中 C、H、N 元素含量随干馏温度升高而变化的规律如图 8-2 所示。

从图可以看出，由不同煤化程度的煤制取的焦炭中含碳量基本相同。焦炭中氢气含量随炼焦温度的升高而显著降低，因此以焦炭的氢含量可以可靠地判断焦炭的成熟程度。

(2) 氮 焦炭中的氮是焦炭燃烧时生成氮的氧化物的来源，结焦过程中只有在干馏温度

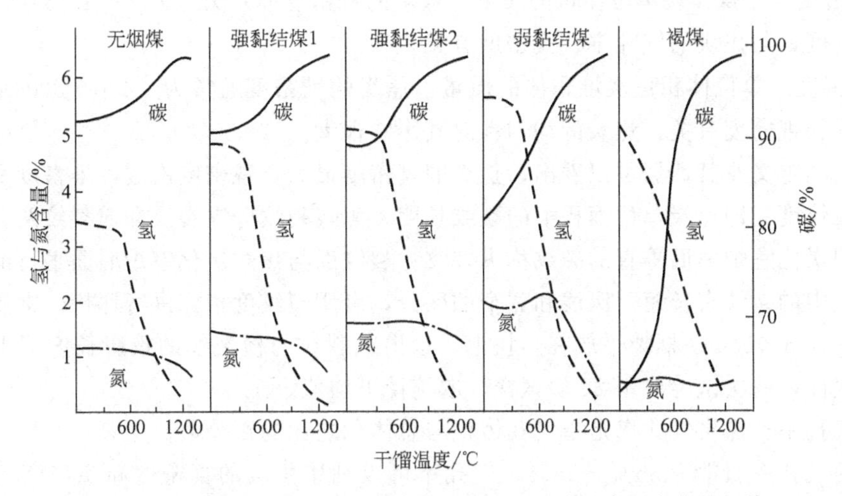

图 8-2 各种煤的 C、H、N 元素含量随干馏温度升高而变化的规律

达 800℃以上，含氮量才稍有降低。焦炭中氮含量可以通过试验测定：焦样在催化剂（$K_2SO_4+CuSO_4$）存在的条件下，与沸腾浓硫酸反应使其中的氮转化为 NH_4HSO_4，再用过量 NaOH 反应使 NH_3 逸出，经硼酸溶液吸收，最后用硫酸标准溶液滴定，可以确定焦样中的含氮量。经过测定，焦炭中含氮 0.5%～0.7%。

（3）氧　焦炭中氧含量很少，其成分为 0.4%～0.7%。

（4）硫　焦炭中硫含量为 0.7%～1.0%。焦炭中硫的存在形式包括：煤中矿物质转变而来的无机硫（FeS、CaS 等）；熄焦过程中硫化物被氧化生成的少量硫酸盐（$FeSO_4$、$CaSO_4$）；炼焦过程生成的气态含硫化合物进入高温焦炭而形成的碳硫复合体（有机硫）。这些硫的总和称全硫。

一般焦炭中含硫每增加 0.1%，高炉焦比约增加 1.2%～2.0%，高炉熔剂用量约增加 2%，生铁产量约减少 2.0%～2.5%。一些国家对高炉焦含硫指标规定如表 8-2 所示。

表 8-2　几个国家的高炉焦硫分指标

国别	中国			美国	德国	法国	英国	日本
	Ⅰ级	Ⅱ级	Ⅲ级					
指标值/%	<0.6	<0.8	<1.0	0.6	0.9	0.8	0.6	0.6

（5）磷　焦炭中的磷主要以无机盐的形式存在，通常焦炭含磷约 0.02%。将焦样灰化后，从灰分中浸出磷酸盐，再测定磷酸盐溶液中的磷酸根含量，可得出焦样含磷量。高炉炉料中的磷全部转入生铁，转炉炼钢不易除磷，要求生铁含磷低于 0.01%～0.015%。煤中含磷几乎全部残留在焦炭中，高炉焦一般对含磷不作特定要求。

二、焦炭的物理、力学性质

1. 焦炭的物理性质

（1）焦炭的密度　焦炭的密度包括真密度、视密度和堆密度。

① 真密度　焦炭排除空隙后单位体积的质量。焦炭的真密度通常为（1.8～1.95）×10^3 kg/m^3，焦炭真密度与炼焦用煤的煤化度、惰性组分含量及炼焦工艺条件有关。

② 视密度　干燥焦块单位体积的质量。焦炭的视密度通常为（0.80～1.08）$\times 10^3$kg/m^3，也称为假密度，与焦炭的气孔率、真密度有关。

③ 堆密度　单位体积焦炭堆积体的质量。焦炭的堆密度通常为（400～500）kg/m^3。堆密度与水分、视密度有关，焦炭的均匀性对其影响很大。

由以上的定义及其数据可以看出，焦炭的真密度最大，视密度次之，堆密度最小。

（2）裂纹度　即焦炭单位面积上的裂纹长度。焦炭裂纹分纵裂纹和横裂纹两种，规定裂纹面与焦炉炭化室炉墙面垂直的裂纹称纵裂纹；裂纹面与焦炉炭化室炉墙面平行的裂纹称横裂纹。焦炭中的裂纹有长短、深浅和宽窄的区分，可用裂纹度指标进行评价。常用测量方法是将方格（1cm×1cm）框架平放在焦块上，量出纵裂纹与横裂纹的投影长度即得。所用试样应有代表性，一次试验要用25块试样，取统计平均值。

（3）气孔率　焦炭气孔率是指气孔体积与总体积之比的百分数。

焦炭的气孔率通常为35%～55%，气孔率可以利用焦炭的真密度和视密度的测定值加以计算。计算公式为：

$$气孔率=\left(1-\frac{视密度}{真密度}\right)\times 100\% \quad (8\text{-}1)$$

焦炭中存在的气孔大小是不均一的，一般称直径大于100μm的气孔为大气孔，20～100μm的为中气孔，小于20μm的为微气孔。焦炭在高炉冶炼生产过程中，作为还原剂使用，与CO_2反应时，CO_2只能进入焦炭中的大气孔，所以高炉冶炼要求焦炭具备均匀的气孔；作为铸造焦使用时，限制还原反应的发生，以保持铁水较高的温度，所以，铸造焦要求焦炭有较小的气孔率。

（4）比表面积　指单位质量焦炭内部的表面积（m^2/kg）。一般用气相吸附法或色谱法进行测定，焦炭的气孔率通常为（600～800）m^2/kg。

2. 焦炭的力学性质

焦炭的力学性质主要由筛分组成和转鼓实验来评定。

（1）筛分组成　焦炭是外形和尺寸不规则的物体，只能用统计的方法来表示其粒度，即用筛分试验获得的筛分组成计算其平均粒度。用一套具有标准规格和规定孔径的多级振动筛将焦炭筛分，分别称量各级筛上焦炭和最小筛孔的筛下焦炭质量，算出各级焦炭的质量分数，简称焦炭的筛分组成。国际标准允许筛分试验用方孔筛（以边长L表示孔的大小）和圆孔筛（以直径D表示孔径的大小）。

通过焦炭的筛分组成可以得到焦炭的平均粒度及粒度的均匀性，还可估算焦炭的比表面、堆积密度并由此得到评定焦炭透气性和强度的基础数据，进一步判断焦炭的质量好坏和适用范围。

（2）耐磨强度和抗碎强度　焦炭在高炉内的破坏如同运输途中一样，主要受到摩擦力而磨损和冲击力而碎裂，因此一般采用转鼓试验来鉴定焦炭的强度。焦炭强度通常用抗碎强度和耐磨强度两个指标来表示。

① 转鼓试验方法　焦炭在常温下进行转鼓试验（如表8-3）可用来鉴别焦炭强度。焦炭在一定转数的转鼓中运动，当焦炭表面承受的切向摩擦力超过气孔壁的强度时，会产生表面薄层分离现象形成碎屑或粉末，焦炭抵抗这种破坏的能力称为焦炭的耐磨强度，用M_{10}（质量分数，下同）值表示。

$$M_{10}=\frac{\text{出鼓焦炭中粒度小于 100mm 的质量}}{\text{入鼓焦炭质量}}\times 100\% \quad (8\text{-}2)$$

当焦炭承受冲击力时，沿结构的裂纹或缺陷处碎成小块，焦炭抵抗这种破坏的能力称为焦炭的抗碎强度。用 M_{25}（质量分数，下同）表示。

$$M_{25}=\frac{\text{出鼓焦炭中粒度大于 25mm 的质量}}{\text{入鼓焦炭质量}}\times 100\% \quad (8\text{-}3)$$

焦炭的孔泡结构影响耐磨强度 M_{10} 值，焦炭的裂纹度影响其抗碎强度 M_{25} 值。M_{25} 和 M_{10} 值的测定方法很多，我国多采用德国米贡转鼓试验方法。如表 8-3 所示。

表 8-3 焦炭转鼓实验方法

转鼓特性			焦炭试样		筛分		强度指标	
(直径/长度)/mm	转速/(r/min)	转数/r	质量/kg	粒度/mm	孔形	筛孔/mm	耐磨强度 M_{10}/%	抗碎强度 M_{25}/%
1000/1000	25	100	50	>60	圆形	25,10	<10	>25

② 焦炭在转鼓内的运动特征　焦炭在转鼓内要靠提料板才能提升，故转鼓内均设有不同规格的提料板。

焦炭在转鼓内随鼓转动时的运动情况如图 8-3 所示，装入转鼓的焦炭在转鼓内旋转时，一部分被提料板提升，达到一定高度时被抛出下落（图中位置 A），使焦炭受到冲击力而破碎；另一部分超出提料板的焦炭在提料板从最低位置刚开始提升时，就滑落到鼓底（位置 B），这部分焦炭仅能在转鼓底部滚动和滑动（位置 C），受到摩擦力而磨损。此外转鼓旋转时焦炭层内焦炭间彼此相对位移及焦炭与鼓壁间的摩擦，使焦炭受到摩擦力而磨损。

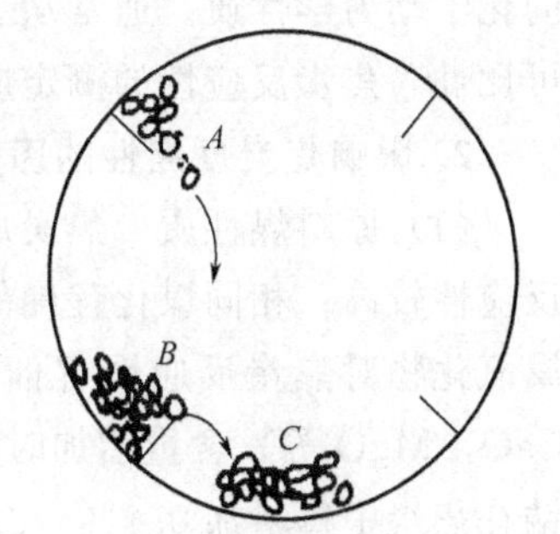

图 8-3 焦炭在转鼓内的运动

三、焦炭的化学性质

焦炭在使用过程中，主要发生的化学反应有：燃烧反应、水煤气反应和碳素溶解反应。

1. 焦炭的燃烧反应

焦炭的燃烧主要发生在高炉冶炼和铸造用焦过程中炉内风口区，化学反应方程式为：

$$C+\frac{1}{2}O_2 \longrightarrow CO+110.41\text{kJ/mol}$$

$$CO+\frac{1}{2}O_2 \longrightarrow CO_2+282.91\text{kJ/mol}$$

（也可以合并为化学方程式：$C+O_2 \longrightarrow CO_2+393.32\text{kJ/mol}$）

2. 水煤气反应

主要应用在气化用焦过程中固定床反应器，化学反应方程式为：

$$C+H_2O \longrightarrow CO+H_2-131.36\text{kJ/mol}$$

3. 碳素熔解反应

碳素熔解反应，主要发生高炉内温度在 900～1300℃的软融带和滴落带，化学反应方程式为：

$$CO_2+C \longrightarrow 2CO-172.51\text{kJ/mol}$$

焦炭中碳排列结构越有规则，化学反应性越低；气孔率与比表面积越大，化学反应性越大。

四、焦炭的高温反应性及高温强度

1. 焦炭的高温反应性

焦炭的高温反应性是焦炭与二氧化碳、氧和水蒸气等进行化学反应的性质，简称焦炭反应性。

由于焦炭与氧和水蒸气的反应有与二氧化碳的反应类似的规律，因此大多数国家都用焦炭与二氧化碳间的反应特性评定焦炭反应性。

(1) 当温度低于1100℃时，化学反应速率较慢，焦炭气孔内表面产生的CO分子不多，CO_2 分子比较容易扩散到内表面上与碳发生反应，因此整个反应速率由化学反应速率控制。

(2) 当温度为1100～1300℃时，化学反应速率加快，生成的CO使气孔受堵，阻碍 CO_2 的扩散，因此，整个反应速率由气孔扩散速率控制。

(3) 当温度大于1300℃时，化学反应速率急剧增加，CO_2 分子与焦炭一接触，来不及向内扩散就在表面迅速反应形成CO气膜，反应速率受气膜扩散速率控制。

总之，焦炭与 CO_2 的反应速率与焦炭的化学性质及气孔比表面有关。只有采用粒径为几十到几百微米的细粒焦进行反应性实验时，才能排除气体扩散的影响，获得焦炭和 CO_2 的化学动力学性质。通常从工艺角度评价焦炭的反应性，均采用块状焦炭，要使所得结果有可比性，焦炭反应性的测定应规定焦样粒度、反应温度、CO_2 浓度、反应气流量、压力等。

2. 影响焦炭反应性的因素

(1) 原料煤性质　焦炭反应性随原料煤煤化程度变化而变化。低煤化度的煤炼制的焦炭反应性较高；相同煤化程度的煤，当流动度和膨胀度高时制得的焦炭，一般反应性较低；金属氧化物对焦炭反应性有催化作用，原料煤灰分中的金属氧化物（K_2O，Na_2O，Fe_2O_3，CaO，MgO等）含量增加时，焦炭反应性增高，其中钾、钠的作用更大。一般情况下，钾、钠在焦炭中每增加0.3%～0.5%，焦炭与 CO_2 的反应速率约提高10%～15%。这就是炉内炉渣碱度增加有利于造渣脱硫的原因。

(2) 炼焦工艺　提高炼焦最终温度，结焦终了时采取焖炉等措施，可以使焦炭结构致密，减少气孔表面，从而降低焦炭反应性。采用干熄焦可以避免水汽对焦炭气孔表面的活化反应，也有助于降低焦炭反应性。

3. 焦炭的高温强度

焦炭在高温炉内的高温条件下，发生一系列的物理和化学变化，焦炭在高温条件下强度如何是能否起到松散骨架作用的关键。

按取样规范，取一定量的焦炭试样，在规定条件下与纯 CO_2 反应一定时间后，充氮、冷却、称重。反应后焦炭试样减少的质量与焦炭试样质量之比的百分率，称为焦块的反应率。

与 CO_2 反应后的焦炭，经过充氮、冷却，全部装入转鼓，转鼓实验后，粒度大于某规定值的焦炭质量占装入转鼓的反应后焦炭质量的百分率，称为反应后强度。

经过实验表明，焦块反应率和反应后强度之间呈线性关系，随着反应率的降低，反应后强度增大。

焦炭的高温转鼓实验表明，只有当操作温度达到1300℃以上时，焦炭强度才有所降低。

在实际高炉生产过程中，炉身下部温度在 1000～1100℃以上时，焦炭强度就显著降低，这说明在高炉下部是碳熔反应引起的焦炭破坏。

利用焦炭的这一性质，高炉中位于风口区以上的区域，焦炭呈固态，起到支撑上部炉料、疏通下降铁水和上升煤气路径的作用；在风口区，焦炭高温燃烧，由于碳熔反应，强度下降，使高炉下部形成自由空间，上部炉料稳定下降，形成连续的高炉冶炼过程。

任务二 讨论焦炭的用途

焦炭主要用于高炉冶炼，其次还用于铸造、气化和生产电石等，它们对焦炭有不同的要求。但高炉炼铁用焦炭（冶金焦）的质量要求为最高，用量也最大。

一、高炉冶炼

1. 高炉结构

高炉结构如图 8-4 所示，高炉为中空的竖炉，从上到下依次分为炉喉、炉身、炉腰、炉腹和炉缸五段。高炉本体包括：炉基、炉外壳、炉衬、冷却设备、框架和支柱等。一般采用钢筋混凝土制成炉基，钢板卷成炉外壳，耐火砖砌成炉衬。

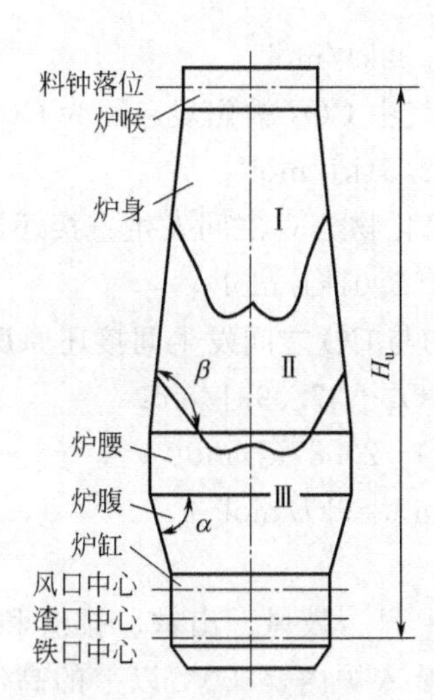

图 8-4 高炉结构

Ⅰ—800℃以下区域；Ⅱ—800～1100℃区域；Ⅲ—1100℃以上区域

H_u—有效高度；α—炉腹角；β—炉身角

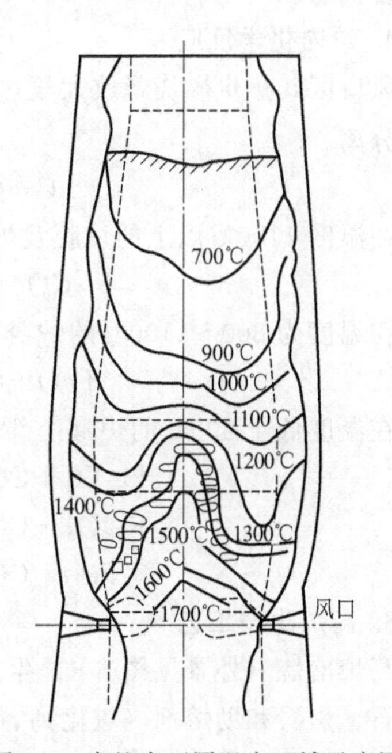

图 8-5 高炉内不同温度区域示意图

2. 料柱构造

高炉内自上而下的温度呈逐渐升高的趋势，炉内的等温线呈 W 形或 V 形（如图 8-5

所示）。

高炉内料柱从上至下划分成以下四个区域。

（1）块状带　料柱上部低于1100℃的区域，炉料呈块状，焦炭与铁矿石层起到分配煤气流的作用。

（2）软融带　料柱中部温度在1100～1350℃的部位，焦炭和矿石仍呈层层相间分布，但矿石从外表到内层逐渐软化，靠焦炭层支撑才不至于聚堆，上升煤气从焦炭层缝隙流过。

（3）滴落带　料柱中下部温度高于1350℃的部位，焦炭仍呈固块状，熔化的铁水和炉渣沿焦炭层缝隙向下滴落，高温煤气沿黏附有铁水和熔渣的焦炭层缝隙向上流动。

（4）风口区　进入滴落带以下风口前的焦炭在高速热气流的吹动下剧烈回旋并猛烈燃烧形成风口区。风口区焦炭与空气燃烧生成CO_2，与周边的焦块反应生成CO，为铁的氧化物还原反应提供了还原剂。

3. 焦炭的作用

焦炭在高炉冶炼过程中起着热能源、还原剂和疏松骨架的作用。

首先，焦炭燃烧为炼焦过程提供了热能；其次，焦炭燃烧产生的CO为炼焦过程提供了还原剂；最后，焦炭本身起到支撑上部炉料，疏通铁水和熔料下降、煤气上升的路径的作用。

近年来，采用一些新技术，比如在风口区喷吹煤粉、重油和富氧鼓风等强化技术，在一定程度上可以节省焦炭资源，但在高炉内焦炭的骨架支撑和疏松路径的作用仍然是其他物质难以替代的。

4. 炉内化学反应

风口区，焦炭燃烧释放大量热量，生成CO_2，温度达1500～1800℃，使铁、渣完全熔化而分离。

$$C+O_2 = CO_2+393.32kJ/mol$$

在温度1100℃以上的炉腹及炉腰地带Ⅲ区，煤气中CO_2被焦炭还原为CO。

$$CO_2+C = 2CO-172.51kJ/mol$$

在温度为800～1100℃的炉身下部Ⅱ区，铁的氧化物与C之间发生直接还原反应。

$$FeO+C = CO+Fe-152.01kJ/mol$$

在温度低于800℃的炉身上部Ⅰ区，铁的氧化物与CO之间发生间接还原反应。

$$3Fe_2O_3+CO = CO_2+2Fe_3O_4+37.09kJ/mol$$

$$Fe_3O_4+CO = CO_2+3FeO-20.87kJ/mol$$

$$FeO+CO = CO_2+Fe+13.59kJ/mol$$

5. 高炉生产工艺

高炉冶炼（外景见图8-6）生产工艺过程包括上料、鼓风、出铁、排渣和排煤气阶段。铁矿石、焦炭和助熔剂（氧化钙、氧化镁）从炉顶装入炉内，800℃以上的高温空气从炉缸上部的风口鼓入炉内，焦炭在风口区的回旋区燃烧放出热量，并使高炉区下部形成自由空间，上部炉料稳定下降，从而连续生产。炉料在下降过程中，经预热、脱水、间接还原、直接还原生成铁。铁矿中的脉石（主要成分是SiO_2、Al_2O_3的高熔点化合物）与熔剂作用生成炉渣。铁水和炉渣同时向下流动，进行脱硫反应。由于铁水和炉渣的密度不同及相互不溶性，便于分离，从渣口和铁口分别定期排放炉渣和铁水。产生的高炉煤气从炉顶排出，经冷却、除尘后制得净煤气。

图 8-6 高炉冶炼外景

总之，高炉冶炼是将铁矿石预热、还原、造渣、脱硫、熔化、渗碳制得合格铁水的过程。

6. 造渣脱硫

高炉冶炼造渣脱硫的实质是将熔于铁水中的 FeS 经过化学反应生成不熔于铁水的硫化物，并转移到炉渣中。硫化亚铁、炉渣中的助熔剂和焦炭（或铁水）中的碳发生化学反应，生成性质稳定的硫化钙、铁和一氧化碳。化学反应方程式为：

$$FeS+CaO+C \xlongequal{} CaS+Fe+CO-141230kJ/mol$$

从化学反应方程式中可以看出，该反应为吸热反应，因此提高反应环境温度，有利于化学反应向右顺利进行脱硫反应。在实际生产过程中，通常使用白云石［$MgCa(CO_3)_2$］代替部分石灰石，来增加炉渣中 MgO 的含量，以提高炉渣的稳定性，使之具有更好的流动性，有利于造渣脱硫。

高炉冶炼造渣的目的是：第一，使铁矿石中的脉石和焦炭中的灰分与熔剂作用，生成低熔点、流动性好的液态炉渣，以除去炉料中的灰分，并与铁水分开。第二，利用造渣脱硫，控制硅、锰等元素的还原，以获得合格生铁。

二、非高炉用焦的特性

1. 铸造焦

铸造焦是冲天炉熔铁的主要燃料，用于熔化炉料，并使铁水过热；还可以起到支撑料柱保证良好透气性和供碳等作用。

(1) 冲天炉熔炼过程　用于铸造的焦炭在冲天炉内分底焦和层焦，底焦又分氧化层和还原层，如图 8-7。

在氧化带内，炉气中氧含量急剧下降，二氧化碳含量很快升高并达最大值，炉气温度也达最高值，铁水温度在氧化层底部达最高值。在还原带内，过量二氧化碳与焦炭发生碳熔产生一氧化碳，所以随炉气上升，CO 含量升高；反应吸热，所以炉气温度急剧降低。经过层焦和金属料层时，CO 和 CO_2 含量基本不变，装料口的温度为 500～600℃。

在氧化带内发生的主要化学反应为：

$$C+O_2 \xlongequal{} CO_2+393.32kJ/mol$$

在还原带内发生的主要化学反应为：

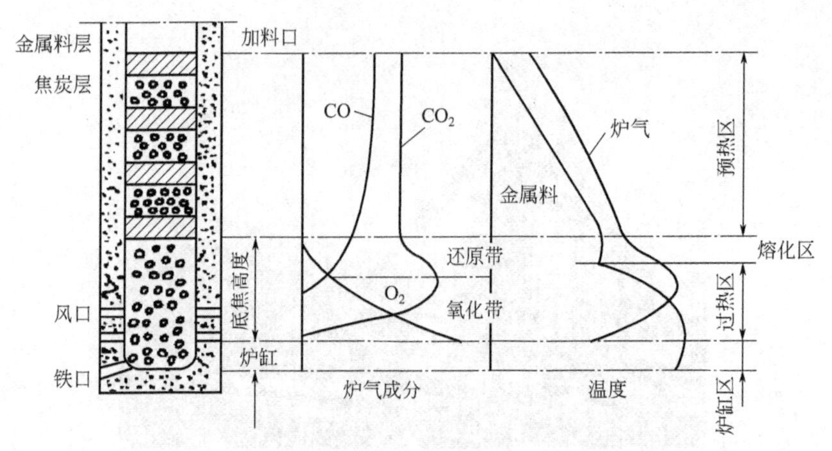

图 8-7　冲天炉内料层分布图

$$CO_2+C = 2CO-172.51kJ/mol$$

冲天炉（外景见图 8-8）熔炼过程中，铁水中的碳、硅、锰、铁在氧化带内被氧烧损，形成各种氧化物。但铁水失碳时铁水表面形成一层脱碳膜可以制约硅、锰、铁的氧化，且温度越高，硅、锰、铁的氧化烧损越少，所以通常采取提高铁水温度的办法控制铸铁的质量。

图 8-8　冲天炉外景

铁水流过焦炭层时会发生吸收碳的渗碳作用，渗碳作用是吸热反应，所以提高铁水温度有利于渗碳作用的进行。铁的初始含碳量越低，越有利于渗碳的进行；每吨生铁消耗焦炭量（焦铁比）越多，越有利于渗碳的进行。渗碳有利于炉料中废钢的熔化，因此，根据铸铁产品质量的需求，可以利用渗碳过程的进行调节铁水的含碳量。

炉气中的水汽与铁水或焦炭反应生成的氢气溶解在铁水中，铁水凝固时氢气逸出，形成铸件表面下的球形小气孔，造成铸件缺陷，化学反应为：

$$Fe+H_2O = FeO+H_2$$

因此，生产中应降低鼓风空气的湿度，这样在相同生产条件下（压力）还可以提高炉温。

冲天炉在生产过程中也添加一定量熔剂，以降低炉渣黏结性和便于排渣；炉渣与铁水之间通过硫的转移而进行铁水脱硫；炉渣的存在有利于铁水中氧化物的还原。炉缸温度约为1500℃，铁水中的硅、锰、铁的氧化物（FeO、MnO、SiO_2）被浸渍在铁水和炉渣中的焦炭还原而减轻烧损，这种反应随炉渣厚度增高而增强。

（2）铸造焦的质量要求

① 粒度　铸造焦一般要求粒度大于 60mm。冲天炉内的主要化学反应：

氧化层：$C+O_2 = CO_2$

还原层：$CO_2+C = 2CO$

为了提高冲天炉过热区的温度，使熔融金属的过热温度足够高，流动性好，应保持适宜的氧化层高度。铸造焦平均粒度偏小时，焦炭反应性好，则氧化带高度降低，底焦高度一定时，还原带高度增加，使炉气的最高温度降低。铸造焦平均粒度偏大时，燃烧区不集中，也会使炉气的最高温度降低。

② 硫　铸造焦中，特级焦硫的百分含量≤0.6%，一级和二级焦≤0.8%。冲天炉内增硫过程分两个阶段：第一，气相增硫，冲天炉内焦炭燃烧时，焦炭中的一部分硫转变成SO_2，随炉气上升，在熔化区和预热区内与固态金属炉料作用：

$$3Fe(固)+SO_2 \longrightarrow FeS+2FeO+363000kJ/kg$$

因此含硫低于0.1%的原料铁，经气相增硫后，铁料的含硫量可达0.45%；第二，液相增硫，铁料熔化成铁水后，在流经底焦层时硫还要进一步增加，铁水增硫量约为焦炭含硫量的30%，所以铸造焦的硫分应严格控制。

③ 强度　特级焦焦炭抗碎强度M_{40}≥85.0%，一级焦M_{40}≥81.0，二级焦M_{40}≥77.0%。铸造焦除了在入炉前运输过程中受到破碎损耗外，主要在冲天炉内承受金属炉料的冲击破坏，因此要求有足够高的转鼓强度（主要是抗碎指标），以保证炉内焦炭的块度和均匀性。

④ 灰分和挥发分　要求铸造焦灰分尽可能低。否则会导致：降低焦炭的固定碳和发热值，从而增加造渣量，还不利于铁水温度的提高；熔渣黏附在焦炭表面，阻碍铁水渗铁，一般铸造焦灰分减少1%，焦炭消耗约降低4%，铁水温度约提高10℃。要求铸造焦挥发分尽可能低，因为挥发分含量高的焦炭，固定碳含量低，熔化金属的焦比高，一般焦炭强度也低。特级焦空气干燥基灰分含量≤8.00%，一级焦8.01%～10.00%，二级焦10.01%～12.00%。各种级别焦炭空气干燥基挥发分含量≤1.50%。

⑤ 气孔率与反应性　铸造焦要求气孔率小，反应性低。这样可以抑制氧化和还原反应，使底焦高度不会很快降低，减少CO的生成，提高焦炭的燃烧效率、炉气和铁水温度，降低焦比。特级焦气孔率≤40%，一级和二级焦≤45%。

2. 气化焦

气化焦是用于生产发生炉煤气或水煤气的焦炭。在煤气发生器（见图8-9、图8-10）内发生的化学反应方程式：

$$2C+O_2 \longrightarrow 2CO$$
$$C+H_2O \longrightarrow CO+H_2$$

图8-9　煤气发生器外景图

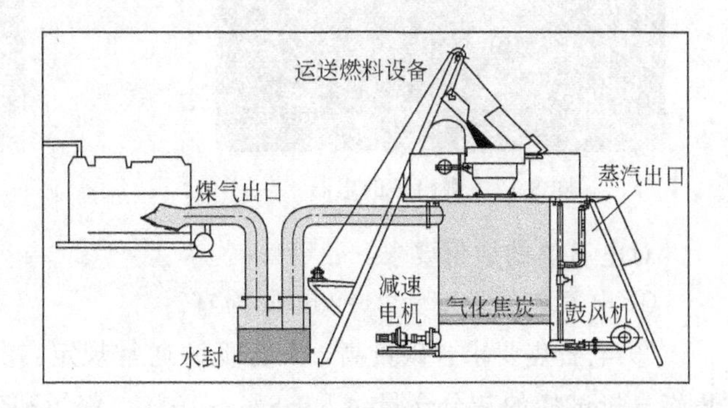

图8-10　焦炭生产煤气的工艺流程示意图

为提高气化效率，应尽量减少杂质以提高其有效成分碳含量，保持粒度均匀以改善料层的透气性。气化用焦在形成焦炭时应遵循：①气化用焦的炼焦煤多配气煤，甚至可以单独使用气煤炼焦；②气化用焦的挥发分可以高些，甚至半焦也可以作为气化焦使用；③焦炭在气化过程中，煤气发生炉为固定床形式，气化后的残渣以固态形式排出，以免液态残渣阻碍气流均匀分布。所以焦炭的灰熔点要求在1300℃以上，灰分组成应该以高熔点的SiO_2和Al_2O_3为主。

3. 电石焦

电石焦是生产电石（CaC_2）的原料。电石生产过程是在电炉内将生石灰熔融，并使其与碳素材料发生反应。电石炉图片如图8-11所示。化学反应方程式是：

$$CaO+3C \xrightarrow{1800\sim2200℃} CaC_2+CO$$

图8-11　电石炉图片

刚出炉的电石及电石产品见图8-12、图8-13。

图8-12　刚出炉的电石

图8-13　电石产品

对电石焦的质量要求：

① 电石焦的粒度为3～20mm为宜。

② 电石焦要求含碳量高，灰分低。通常规定：分析试样的固定碳含量$w_{ad}(C)>80\%$；焦炭分析试样的灰分含量$A_{ad}<8\%\sim10\%$。焦炭和生石灰中的灰分在电炉内会变成黏结性熔渣，引起出料困难；灰分中的氧化物部分会被焦炭还原，进入电石中，降低电石纯度，且多消耗电能和焦炭。

③ 水分控制在6%以下，以防止生石灰消化。

④ 电石焦要求分析试样的硫分 $S_{t,d}<1.5\%$，磷分 $w_{ad}(P)<0.04\%$。焦炭中的硫和磷会与石灰在电炉中生成硫化钙和磷化钙，混在电石中。电石生产乙炔时，硫化钙和磷化钙会转变为硫化氢和磷化氢，磷化氢与空气会发生自燃，可能引起爆炸。乙炔燃烧时，硫化氢会转变为二氧化硫，会腐蚀设备，污染环境。

除上述用途外，焦炭还可以用于制作碳素材料、有色金属冶炼、生产钙镁磷肥等方面，焦炭用途极为广泛。

三、焦炭分级质量指标

1. 高炉焦分级质量指标

（1）高炉焦质量标准　我国对高炉焦（冶金焦）制定的《中国冶金焦质量标准（GB/T 1996—2003）》如表 8-4 所示，利用焦炭灰分、硫分、机械强度、挥发分、水分、焦末含量分类指标，把焦炭划分成不同的等级，对焦炭的质量作以评价，以更充分合理地利用焦炭资源。

表 8-4　冶金焦炭的技术指标（GB/T 1996—2003）

指标	等级			粒度/mm >40	粒度/mm >25	粒度/mm 25～10
灰分 A_{ad}/%			一级	≤12.00		
			二级	≤13.5		
			三级	≤15		
硫分 $S_{t,d}$/%			一级	≤0.60		
			二级	≤0.80		
			三级	≤1.00		
机械强度	抗碎强度	M_{25}/%	一级	≥92.0		接供需双方协议
			二级	≥88.0		
			三级	≥83.0		
		M_{40}/%	一级	≥80.0		
			二级	≥76.0		
			三级	≥72.0		
	耐磨强度	M_{10}/%	一级	M_{25}时，≤7.0；M_{40}时≤7.5		
			二级	≤8.5		
			三级	≤10.5		
反应性 CRI/%			一级	≤30.0		—
			二级	≤35		
			三级	—		
反应后强度 CSR/%			一级	≥55		
			二级	≥50		
			三级	—		
挥发分 V_{daf}/%			≤	1.8		
水分含量 M_t/%				4.0±1.0	5.0±2.0	≤12.0
焦末含量/%			≤	4.0	5.0	12.0

注：1. 水分只作为生产操作中控制指标，不作质量考核依据。
2. 根据焦块粒度，把焦炭划分为：大块焦（>40mm）、大中块焦（>25mm）和中块焦（25～40mm）。
3. 百分号为质量分数。

（2）高炉焦的质量要求　各国对高炉焦的质量也提出了一定的要求，且已形成了相应的标准。表 8-5 列出了一些国家的高炉焦质量标准。

表 8-5 各国高炉焦质量标准

指标			中国	俄罗斯	日本	美国	德国	英国	法国	波兰
水分 M_t/%			4.0～12.0	＜5	3～4		＜5	＜3		＜6
挥发分 V_{ad}/%			1.9	1.4～1.8		0.7～1.1				
灰分 A_{ad}/%			12.00～15.00	10～12	10～12	6.6～10.8	9.8～10.2	＜8	6.7～10.1	11.5～12.5
硫分 S_t/%			0.60～1.00	1.79～2.00	＜0.6	0.54～1.11	0.9～1.2	＜0.6	0.7～1.0	
粒度/mm			＞25,＞40	40～80 25～80	15～75	＞20 20～51	40～80	20～63	40～80 40～60	＞40
转鼓强度指数/%	M_{25}	Ⅰ	＞92.0	73～80	75～80		＞84	＞75	＞80	63～69
		Ⅱ	92.0～88.1	68～75						52～63
		Ⅲ	88.0～83.0	62～70						45～52
	M_{10}	Ⅰ	≤7.0	8～9			＜6	＜7	＜8	8～10
		Ⅱ	≤8.5	9～10						＜12
		Ⅲ	≤10.5	10～14						＜13

总之，为了满足生产要求，要求高炉焦低灰、低硫、高强度、粒度适当且均匀、气孔均匀、致密、反应性适度、反应后强度高。

2. 铸造焦分级质量指标

铸造焦分级质量指标如表 8-6 所示，利用水分、灰分、硫分、挥发分、机械强度、焦粉含量、焦炭气孔率分类指标，可以将铸造焦划分成不同的级别，对焦炭的质量作以评价，以更充分合理地利用焦炭资源。

表 8-6 铸造焦分级质量指标（JB/Z 71—64）

指标名称		焦炭级别 ZJ-1	ZJ-2	ZJ-3
1. 水分/%	不大于	4.0	4.0	4.0
2. 灰分/%	平均值	8	10	14
	极限值	10	12	16
3. 硫分/%	平均值	0.45	0.8	1.0
	极限值	0.6	1.0	1.2
4. 挥发分/%	不大于	1.5	1.5	1.5
5. 机械强度(鼓内)/(kgf/cm^2)	平均值	310	310	310
	极限值	280	280	280
6. 焦粉含量/%(粒度＜50mm)	极限值	4	4	4
7. 焦炭气孔率/%	不大于	35	42	45

注：1. 表中的三级焦炭按块度分成下列三类：＞50mm、＞80mm、＞120mm。

2. $1kgf/cm^2=98.06kPa$。

一、填空题

1. 焦炭的用途有：（　　）、（　　）、（　　）和（　　）等。

2. 高炉冶炼炉的结构为：（　　）、（　　）、（　　）、（　　）和（　　）。

3. （　　）是构成焦炭气孔壁的主要成分。

4. （　　）是衡量焦炭成熟程度的标志。

5. （　　）可以判断焦炭的成熟程度。

6. 工业分析法分析焦炭的化学组成主要是（　　）、（　　）、（　　）和（　　）。

7. 元素分析法分析焦炭的化学组成主要分析（　　）、（　　）、（　　）、（　　）和（　　）。

二、判断题

1. 焦炭在高炉冶炼过程中起着热能源、还原剂和疏松骨架的作用。（　　）

2. 焦炭裂纹分纵裂纹和横裂纹两种，规定裂纹面与焦炉炭化室炉墙面垂直的裂纹称横裂纹；裂纹面与焦炉炭化室炉墙面平行的裂纹称纵裂纹。（　　）

3. 焦炭是由碳一种元素组成。（　　）

4. 高温炼焦所得的焦炭称为高温焦炭。（　　）

5. 焦炭是质地坚硬、多孔、呈银灰色，含有不同粗细裂纹的不规则固体材料。（　　）

6. 焦炭沿粗大的裂纹掰开，含有微裂纹的称为焦体。（　　）

7. 将焦块沿微裂纹分开，得到的焦炭多孔体，称为焦体。（　　）

8. 焦体由气孔和气孔壁构成，气孔壁称为焦质。（　　）

三、简答题

1. 什么是高温炼焦？

2. 比较铸造焦、气化焦和电石焦的特点。

3. 焦炭的反应性与哪些因素有关？

4. 焦炭中碳元素的作用是什么？

5. 焦炭中硫的存在形式有哪些？

6. 焦块反应率和反应后强度之间有什么关系？

项目九
注重炼焦工艺过程环境保护问题

学习目标

1. 了解炼焦过程中的污染源；
2. 理解炼焦过程中的烟尘来源；
3. 掌握装煤和出焦过程中的烟尘控制方法。

任务一
了解主要污染源及其污染物

炼焦炉装煤、出焦和熄焦过程向大气排放大量污染物。据实测，1t装炉煤的污染物数量为0.95～1.05kg，其中粉尘为0.7～0.76kg，焦油类物质为0.12～0.15kg，装煤（包括炼焦过程）、推焦和湿法熄焦的排放污染物数量比为60∶30∶10。为此，炼焦炉生产应十分重视装煤、出焦和熄焦过程的烟尘控制。

炼焦炉在装煤、炼焦、推焦与熄焦过程中，向大气环境排放的大量煤尘、焦尘及有毒有害气体统称烟尘。炼焦炉烟尘含有多种污染物，主要是固体悬浮物（TSP）、苯可溶物（BSO）及苯并芘（BaP），烟尘逸出后在大气温度和压力下，迅速冷凝并附着在悬浮微粒表面，随着呼吸微粒进入人体内并沉积于肺部。目前广泛认为烟尘中BSO和BaP对人体是致癌物，长期持续地吸入含致癌物的微粒，能引发肿瘤，非致命性的呼吸系统疾病的发病率也比较高。据统计，装煤烟尘量0.4～0.6kg/t煤，推焦烟尘量1.38kg/t煤，熄焦烟尘量0.3～0.4kg/t煤。由于装煤、推焦烟尘微粒表面吸附BSO和BaP等多环芳香烃污染物质，其危害性大于熄焦烟尘。因此，装煤、推焦烟尘治理是改善炼焦炉作业环境，减少污染的重点项目。

一、烟尘

炼焦炉逸散物还含有刺激性气体、微量元素和对致癌有促进作用的其他成分。不同的配煤和炼焦工艺，不同的炼焦温度和结焦时间，都会导致炼焦炉逸散物组成的改变。炼焦车间大气污染物排放量较大，污染物种类较多，危害性也较大。

1. 炼焦炉装煤烟尘

炭化室装煤时，产生的烟尘主要有以下四个方面：①装入炭化室的煤料置换出大量空气，装炉开始时，空气中的氧还和入炉的细煤粒不完全燃烧形成含炭黑烟。②装炉煤和高温炉墙接触、升温，产生大量水蒸气和荒煤气。③随上升水蒸气和荒煤气扬起的细煤粉，以及装煤末期平煤时带出的细煤粉。④因炉顶空间瞬时堵塞而喷出的荒煤气。这些烟尘中含有较多的多环芳烃，通过炼焦炉装煤孔盖、炉门、上升管顶部和平煤孔等处散发至大气。每炉装煤作业通常为3～4min。据实测装煤时产生的烟尘量（标准状况）约为0.6m^3/(min·m^2)。该值因炉墙温度、装煤速度、煤的挥发分等因素而变化。一些研究估计，装煤烟尘排放量约占炼焦炉烟尘排放量的60%（李云兰，2004）。

2. 炼焦炉出焦烟尘

出焦散发的粉尘量约为装炉时散发粉尘的一倍以上，主要来源于以下四个方面：①炭化室炉门打开后散发出的残余煤气及由于空气进入使部分焦炭和可燃气燃烧产生的烟尘。②推焦时炉门处及导焦槽散发的粉尘。③焦炭落至熄焦车，因撞击产生的粉尘，尤其当推出的焦炭成熟度不足时，焦炭中还残留了大量热解产物，在推焦时和空气接触、燃烧生成细分散的炭黑，形成了大量浓黑的烟尘。④载有焦炭的熄焦车行至熄焦塔途中散发的烟尘。

据测量，推焦时，每吨焦炭散发的烟尘有0.4kg之多。国外有人对炭化室尺寸12m×0.45m×3.6m的炼焦炉进行过测量，其推焦烟尘量在正常出焦时可达124m^3/min；若推出的焦炭成熟度不高时，产生的烟尘量更大。

3. 熄焦烟尘

为防止自燃和便于皮带运输，从炭化室出来的红焦必须经过熄焦。干法熄焦、湿法熄焦产生的污染情况现分述如下。

① 采用干法熄焦时，赤热的红焦与冷的惰性气体在干熄炉中换热，吸收了红焦热量的惰性气体将热量传给干熄焦锅炉产生蒸汽，被冷却的惰性气体再由循环风机鼓入干熄炉冷却红焦，其产生的污染较轻，主要污染源为干熄炉装料口、排焦口、预存室放散气排放口、循环风机放散口以及焦炭运输胶带机等。产生的污染物主要为焦尘等。

② 采用湿法熄焦时，赤热的焦炭送入熄焦塔后，由塔上部喷下的熄焦水熄灭红焦。在熄焦过程中，水一接触红焦立即蒸腾出大量的水汽从熄焦塔顶部出口排至大气中，水汽同时夹带出焦尘等大气污染物排至大气中形成污染。

4. 筛焦系统的烟尘

经过熄焦冷却后的焦炭需要通过破碎筛分过程才能得到成品焦炭。筛焦系统排放的大气污染物主要为焦炭在筛分过程中产生的焦尘，主要污染源有筛焦楼、焦炭运输卸料过程及汽车装车点等处。

二、污水

生产污水可分为两部分：其一为接触粉尘废水，主要来自熄焦系统的熄焦废水，其含有焦尘悬浮物、(挥发)酚等；其二为焦化废水，主要为荒煤气脱硫、洗氨、洗苯、焦油精制等过程中产生的外排水。焦化废水不仅水量大，而且成分较复杂，其中含有数十种无机和有机化合物，包括苯类、有机含氮化合物、酚类化合物（苯酚、挥发酚）、多环芳烃，含氮、氧、硫的杂环化合物及无机化合物等污染物。

任务二 控制装煤和出焦过程中的烟尘

如前所述，炼焦的各个环节都伴随着污染物的排放，但是，装煤和出焦过程中的烟尘一直是社会关注的焦点。目前，对于装煤和出焦过程的烟尘控制方法，我国除已掌握了20世纪60年代开始研制的高压氨水喷射无烟装煤技术和顺序装煤技术外，进入80年代后，通过消化引进和独立开发，炼焦炉装煤及出焦烟尘治理技术日益成熟。现将除尘方面的主要系统形式介绍如下。

一、装煤过程中的烟尘控制

1. 高压氨水喷射技术

这一技术始于20世纪60年代初期，这是连通集气管的方法，装煤时，煤气和粉尘易从装煤车下煤套筒不严处冒出，并易着火。该技术采用上升管喷射，利用上升管的高压氨水（一般在3MPa左右）喷射而产生的引射负压吸引装煤时产生的过剩烟气，并将其导入集气管，从而减少装煤烟尘的外逸。加大喷射压力时控制效果会更好，但不能无限加大，以免使煤粉进入集气管，引起管道堵塞，焦油氨水分离不好及降低焦油质量。因此喷射压力一般以3.0MPa为宜。

该项技术配合集气管不同的炼焦炉时，会有不一样的效果。

（1）单集气管　仅在机侧设上升管的单集气管炼焦炉采用高压氨水喷射技术后其正常的捕集效果可达到装煤过程产生烟尘的60%左右。

（2）双集气管　在机侧和焦侧分别设置上升管的双集气管炼焦炉，采用高压氨水喷射在正常情况下，对烟气的总捕集率可达到80%左右。因为它克服了单侧集气管由于装煤孔敞开及装煤后期煤料阻挡等原因，引起的高压氨水喷射形成的负压不能很好地作用到焦侧装煤孔的缺陷，解决了焦侧装煤孔烟气泄漏较大的问题，但也存在着较大的缺点，就是炉顶通风条件差，岗位工人的操作环境不理想。

（3）跨接管　单集气管炼焦炉的基础上，在焦侧设矮上升管（一般在100～600mm以下），上升管上配可以随意开启的密封盖，但上升管之间不设连通的集气管，而设一个可移动的导烟管。在装煤车向炭化室装煤时，准备装煤的炭化室焦侧矮上升管与相邻炭化室的上升管以“H”形导烟管联接，利用两炭化室内的压差，同时在各自的桥管处都喷洒高压氨水产生负压使荒煤气排至相邻的、处于结焦后期的炭化室内，再顺其焦侧上升管、集气管排至回收车间。烟气由装煤炼焦炉的矮上升管孔顺其导管排至相邻炭化室的机侧上升管，集气管完成装煤室焦侧荒煤气从内部导出的任务，减少了污染，这种方式的烟尘捕集效果与双集气管基本相当，但炉顶通风及操作环境有较大改善。该法始于德国，在我国现有焦化厂单独设计一台电动导烟小车，安设在焦侧矮上升管上方的轨道上，达到与车载式导烟管相同的目的。

在使用高压氨水喷射装煤时，应考虑如下几个方面的问题。

① 使用结构合理的喷嘴，设计时要使喷嘴的喷洒角度与桥管的结构形式相适应，严禁氨水喷射到管壁及水封盘上。某公司试验得出：喷嘴的结构以旋转式的较好，可以提高射流紊动程度。

② 宜采用高低压氨水合用的喷嘴，避免高压氨水喷嘴喷头内表面挂料堵塞。

③ 选择合适的氨水喷射压力，保证上升管和炉顶空间产生较大的吸力。

④ 小炉门和炉盖尽可能严密。

2. 顺序装煤

分段装煤和程序装煤统称为顺序装煤。利用高压氨水喷射造成炉顶空间负压的同时，配合顺序装煤可减轻烟尘的逸散。顺序装炉法的原则是，在任何时间内都只允许打开一个装煤孔，这样可以减少炼焦炉在装炉时所需要的吸力，炭化室内的压力能维持在零或负压的状态，可以避免炉顶空间堵塞，缩短平煤时间，因而取得较好效果。尤其是在双集气管的炼焦炉上采取顺序装炉的方法，将会产生更好的效果。采用顺序装煤法的最佳装煤顺序是1号、4号、2号、3号煤斗（四斗煤车）或1号、3号、2号煤斗（三斗煤车），这样能有足够的吸力通过上升管把装炉时产生的烟气吸走。在顺序装煤法中，煤车的煤斗容积是不相同时，例如，1号、4号煤斗的容积各为总容积的34.5%，2号斗为11.5%，3号斗为19.5%。下煤时采用螺旋给料机给料和程序控制装煤方法，一般装煤时间为5～6min（对6m高的炼焦炉而言）。

3. 装煤车预除尘与地面站净化处理组合方式

该组合方式由设有焚烧和预洗涤器的装煤车与地面净化站两部分组成。装煤车上不设吸气机和排气筒，故装煤车负重大为减轻。装煤时，装煤车上的集尘管道与地面净化装置的炉前管道上对应于装煤炭化室的阀门连通，由地面吸气机抽引烟气。装煤车上的预除尘器的作用在于冷却烟气和防止粉尘堵塞连接管道。根据预处理方式的不同，现列举以下三种除尘系统。

（1）燃烧法湿式地面站除尘系统　由装煤车上的点火燃烧和喷淋水洗两个处理过程及地面站净化系统构成，其中燃烧的目的是为了防止系统内可燃成分太高而引起爆炸，降低焦油含量，防止堵塞管道和风机，同时分解并降低BaP等有害物的含量；喷淋水洗的作用是降温、降尘，减少后部处理负荷，同时将温度降到70℃以下，使焦油凝结，且失去黏性。

装煤时产生的烟气由装煤套筒和外套筒之间留有的抽烟尘间隙导入燃烧室经点火器连续地不停点火后，荒煤气在燃烧室内燃烧，燃烧室的温度范围在500～900℃（燃烧状态不同），燃烧后的废气经百叶窗式喷水筛板初洗器降温和除尘，使温度降至45～70℃，含尘由10g/m^{3}降至2～3g/m^{3}进入离心式水雾分离器脱去水滴，再将烟气导入地面站处理。

烟气进入地面站后，首先进入第一段文丘里粗洗涤并脱掉水洗后进入二段文丘里精洗，再经旋风式脱水器脱水后在两级风机的吸引下排入大气。

这种湿式除尘地面站方式的优点是，捕集率高（95%以上）、净化效率高（99.9%）、排除口浓度低于50mg/m^3、工况稳定，缺点是水的二次污染、循环量大、水处理费用高以及系统阻力大，造成运行能耗和运行费用很高。

（2）燃烧法干式地面站烟尘系统　该系统也是由两个部分构成：车载部分和地面站，与燃烧法湿式除尘系统相比，最大的区别是将车载部分的喷淋水洗装置换成了掺风冷却装置，克服了大量用水的缺点。

从车上导入地面站的低于250℃的烟气首先经蓄热式冷却灭火器，将烟气温度降到120℃以下，再经已预喷涂的袋式除尘器过滤后排入大气。

（3）非燃烧法干式地面站烟尘系统　该系统减少了车上的燃烧室和地面的冷却器，采用大量掺入冷风的做法，使烟气中可燃烧爆炸性气体的浓度降到爆炸下限以下，同时采用加大流速的做法，造成气体不可点燃的环境。烟气在大流速下通过时既可防止粉尘沉积，也可防止焦油挂壁。在将烟气掺风至爆炸下限以下时，其炉内烟气与掺入的空气的混合温度同时也降到了常温滤袋可以承受的120℃以下，节省了冷却器。进一步节省了运行电耗，其烟尘的净化效果不低于以上两种净化方式。

4. 带除尘净化系统的装煤车

该系统在原理和构成上与地面站处理方式并无区别，仅是将烟气的地面处理装置搬到了装煤车上，降低了系统风量、降低了阻力。装煤时产生的烟尘经煤斗烟罩、烟气道用抽烟机全部抽出。为提高集尘效果，避免烟气中的焦油雾对洗涤系统操作的影响，烟罩上设有可调节的孔以抽入空气，并通过点火装置，将抽入烟气焚烧，然后经洗涤器洗涤、除尘、冷却、脱水，最后经抽烟机、排气筒排入大气。吸气机受装煤车荷载的限制，容量和压头均不可能很大，因此烟尘控制的效果受到一定的制约。与地面站除尘净化系统类似，也有如下几种方式。

① 车载式湿法洗涤烟尘净化技术：原理同燃烧法湿式地面站除尘系统。

② 车载式干法烟尘净化技术：这种装煤车的除尘流程和原理与非燃烧法干式地面站完全相同，干式除尘装煤车除了具有上述的一些关键技术外，还有最关键的一点，就是采用装煤的内套筒与焦炉装煤孔密封，只有这样才能确保吸入系统的可燃气体少，而掺入的空气比例较大，所以，可以防止爆炸的产生和保证生产的稳定、安全。

带除尘净化系统的装煤车在烟尘的净化效率方面与地面站方式等同，可高达99.5%以上。在烟尘的捕集率方面略低于地面站方式，可高达85%～90%，并且投资省，能耗低。

5. 其他改善炉顶操作环境的措施

提高炉顶操作的机械化、自动化程度是改善炉顶操作的重要措施，目前国内外焦化厂正在采用的方式，有如下几种。

(1) 机械化启闭炉盖装置　多数采用一次定位、液压驱动或气动的电磁铁启闭炉盖装置，有的还附设风扫余煤、清扫炉盖和炉圈的装置。

(2) 上升管和桥管操作机械化　包括上升管的液压驱动启闭、上升管和桥管的机械清扫或喷洒洗涤。

(3) 上升管盖密封　采用水封式上升管盖，水封高度大于上升管内煤气压力，保证荒煤气不外逸。同时，降低上升管盖的温升、焦油凝结和固化，减轻清扫工作量。

(4) 装煤孔盖密封　在装煤车上设置灰浆槽，用定量活塞将水溶灰浆经注入管流入装煤孔盖密封沟，或采用砂封结构的装煤孔盖、座。

(5) 在全机械化基础上实行炉顶操作遥控。

二、出焦过程的烟尘治理

由于推焦及熄焦过程中，烟尘散发量大，严重污染环境，减少出焦烟尘的关键是保证焦炭充分而均匀的成熟，为收集和净化正常推焦时散发的烟尘，国内外有多种形式。

1. 焦侧固定棚罩

在焦炉焦侧设置固定棚罩，盖住整个焦侧操作台。把拦焦车轨道和熄焦车轨道全部罩在大棚内，用以收集焦侧炉门和推焦时排出的烟尘。依靠设在大棚顶部的排烟主管将烟尘抽出，再经洗涤器净化后排出（如图9-1）。这种措施早在20世纪20年代就已出

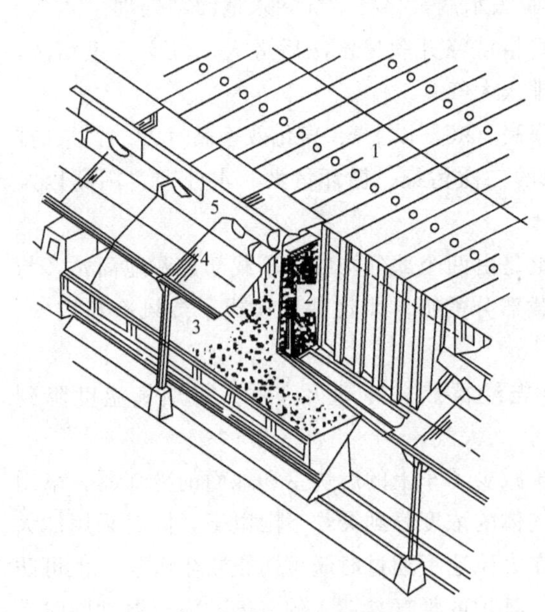

图9-1　焦侧固定棚罩

1—焦炉；2—导焦槽；3—熄焦车；4—棚罩；5—集尘导管

现。对于大容积焦炉，大棚排气量约为 $50\times10^4 m^3/h$ 左右。

焦侧大棚的优点：①有效控制焦侧炉门在推焦时排除的烟尘；②原有的拦焦车和熄焦车均能利用；③焦侧操作台和焦侧轨道不必改建。同时也存在缺点：①抽吸的气体体积很大，净化系统设备庞大，能耗较高；②较粗大的尘粒仍降落在棚罩内，而操作工人是处在大棚之内生产，因而，操作人员本身的工作环境更加恶化；③棚罩的钢构件易受腐蚀。

2. 移动集尘车

移动集尘车始于20世纪60年代，目前不断有新设备形式出现。其基本的结构是由设在熄焦车上的集尘罩及带抽烟机和文丘里洗涤器的集尘车所组成（如图9-2）。美国环保技术公司——空气污染控制公司设计的集尘设备，是将移动罩安装在熄焦车上，封闭熄焦车的顶部及三个侧面，仅向焦炉侧面开放，以接受红焦。当熄焦车停在接焦位置时，敞开侧可被拦焦车上安设的密封挡板构成第四个密封侧面。在熄焦塔内，喷洒水可由该侧面向熄焦车上的焦炭进行喷洒。产生的烟尘经集尘罩内的罩顶吸尘管道进入与熄焦车一起行走的集尘车，车上装有全部净化和抽烟机等设备，这种系统由于罩盖密封性较好，熄焦车开往熄焦塔的过程中，集尘车仍随熄焦车行走并运转。

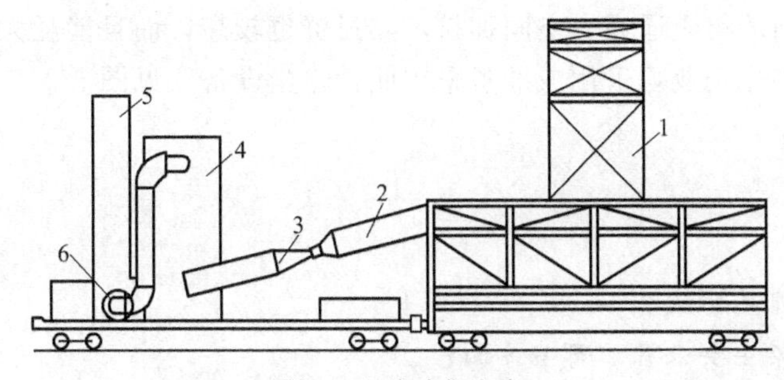

图9-2 移动集尘车

1—移动罩；2—抽尘管；3—文丘里管；4—洗涤器；5—抽风机；6—排风机

该系统的优点是：不需要对炼焦炉原有设备进行改造，尤其对推升焦时可以得到同样的吸尘效果。其缺点是：①净化单元的总质量达200t以上时，熄焦塔需改造；②采用文丘里洗涤器时，压降大、操作成本高；③集尘车在焦侧行走时，放出大量饱和蒸汽等。

3. 移动罩——地面集尘系统

推焦时散发的烟尘经熄焦车上方的集尘罩通过沿炉组布置的固定通道进入地面净化系统（如图9-3）。该系统有两种类型。

（1）集尘罩固定在导焦槽上，并随拦焦车移动，集尘罩上的出气管与固定通道的支管（每个炉孔一个）由气动闸门或连接器等装置接通。推焦时，由集尘罩抽出的烟尘经连接管、固定通道、预除尘器、布袋式除尘器后经抽烟机排出。上述系统只在熄焦车接焦时起作用，接完焦，熄焦车开往熄焦塔时则不能继续集尘。

（2）该系统始于德国，采用了一种可以随熄焦车沿焦侧连续移动的集尘罩，解决了上面提到的缺点。该系统的集尘罩悬挂在转送小车和托架上，转送小车可在熄焦车外侧支撑在钢结构上，并沿炉组配置的敞口固定集尘通道上方的专门轨道上行走。集尘烟道敞口面上覆盖了专用的橡胶（耐高温）皮带，转送小车作为它的提升器，使集尘罩的排烟管经转送小车连接到固定通道上。这种连接方法允许集尘罩在熄焦车上方沿固定集尘通道连续移动，并且省掉了固定通道上的许多支管及连接阀门等机构，也简化了操作。

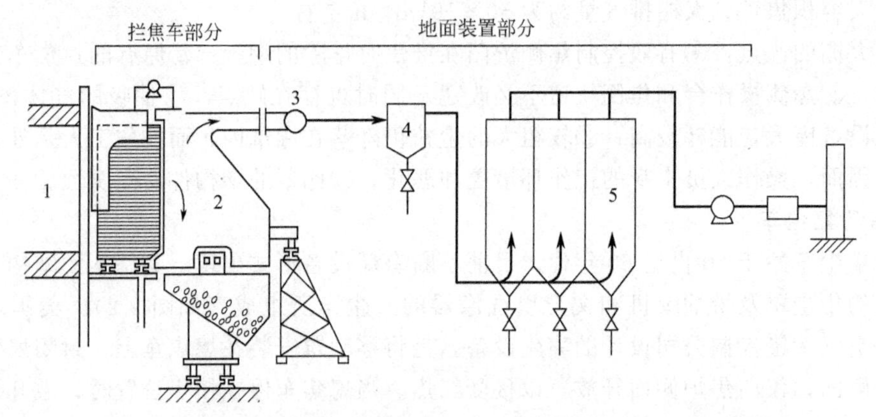

图 9-3 移动罩——地面集尘系统

1—焦炉；2—集尘罩；3—连接阀；4—预除尘器；5—布袋过滤器

移动罩——地面集尘系统的优点是熄焦车不必改造，净化系统固定安装在地面上，安装、使用和维修方面，采用袋式除尘器效率高，较文丘里管成本低、操作环境好。但是，由于要配置沿炉组长向的集尘通道，空间拥挤，其投资也较高，而且能耗大。

目前国内大型焦化企业均采用或准备采用此种除尘设备，见图 9-3。

习题

简答题

1. 谈谈焦炉有哪些污染。
2. 焦炉烟尘污染主要来源于哪些方面？
3. 装煤烟尘控制的措施有哪些？
4. 出焦过程中的烟尘控制措施有哪些？
5. 请同学们搜集焦化厂污染的资料。

项目十

国内外炼焦工艺及其设备现状

学习目标

1. 了解炼焦炉类型；
2. 了解现代炼焦炉的性能；
3. 了解国内外先进的炼焦技术。

任务一 认识炼焦炉类型

现代炼焦炉因火道形式、加热煤气种类、空气和煤气的入炉方式、高向加热方式及装煤方式等的不同而分成了多种炉型，炉型的变化与发展，主要是为了更好地解决焦饼高向与长向的加热均匀性，节能降耗，降低投资及成本，提高经济效益。为便于应用，炼焦炉炉型分类如下。

一、按火道形式分类

燃烧室是炼焦炉加热的主要部分，炼焦炉的改进在很大程度上是改进炼焦炉的加热系统。燃烧室根据上升气流和下降气流连接方式的不同，可分为水平火道式和直立火道式炼焦炉。水平火道由于气流流程长，阻力大，已不再使用。直立火道式炼焦炉根据火道的组合方式不同，可分为两分式、四分式、过顶式、双联式、四联式火道，如图 10-1。

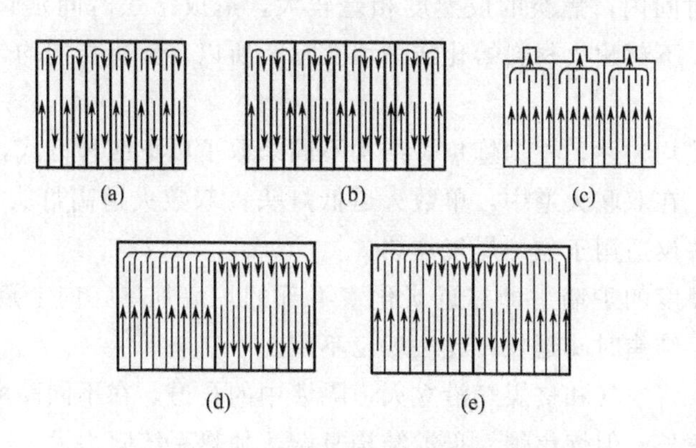

图 10-1　燃烧室火道形式示意图

(a) 双联式火道；(b) 四联式火道；(c) 过顶式火道；(d) 两分式火道；(e) 四分式火道

两分式火道炼焦炉，是燃烧室的火道按机侧、焦侧分成两部分：一侧是上升气流；另一侧是下降气流，在立火道顶部有一水平烟道相连，换向后气流向反方向流动。该火道结构简单，但水平集合烟道阻力大，使气流分配不均。两分式火道，在我国中小型炼焦炉中多采用，国外仍有大型炼焦炉在使用。

四分式是在两分式火道的基础上改进的，在此不予介绍。

我国大型炼焦炉均采用双联式火道，如图 10-1(a)。燃烧室中每两个相邻火道连成一对，一个是上升气流，另一个是下降气流。换向后，气流反向流动。其特点是加热系统气流途径较短，没有水平集合烟道，阻力小，易于实现气流分配均匀，在高向加热方面适合采用废气循环法。但不足之处为异向气流接触面较多，结构较复杂，砖型多。

四联式火道的燃烧室，立火道被分为四个火道为一组，这种火道的特点是四个火道中的相邻的一对立火道加热，另一对走废气。换向后反之。如 JN60 型炼焦炉的炉头采用四联火道的形式。

过顶式燃烧室中，两个燃烧室为一组，彼此跨越炭化室顶部且与水平集合烟道相连的 6～8 个过顶烟道相连接，形成一个燃烧室的火道全部为上升气流，另一个燃烧室全部为下降气流，由于每 4～5 个立火道为一组，燃烧室共有 6～8 组立火道，所以气流分配较均匀，但炉顶结构复杂，炉顶温度也高，所以较少使用。

二、根据加热煤气种类不同分类

炼焦炉加热分为单热式和复热式两种。单热式炼焦炉只能用焦炉煤气加热，复热式既可用焦炉煤气加热也可用高炉煤气等贫煤气加热。

三、按煤气进入炼焦炉方式的不同分类

按煤气进入炼焦炉方式的不同炼焦炉分为侧喷式和下喷式。下喷式炼焦炉都设有地下室，安装有煤气管道与管件。现在大型炼焦炉应用较多的是下喷式炼焦炉。

四、按实现高向加热均匀性方法分类

焦炭的产量和质量提高，在于能否解决煤料沿炭化室高向均匀加热的问题。若炼焦炉高向加热问题不能很好解决，就会由于燃烧室中煤气燃烧的火焰短，造成沿炭化室高度方向的温差很大，在相同时间内，焦炭的成熟度相差较大，造成结焦时间延长，焦炭产品质量下降，使热损失增加，下部耐火材料熔化或炉墙变形，所以，解决高向均匀加热，是炼焦炉大型化的关键所在。

为实现高向加热均匀性，根据炼焦炉结构不同采取了以下四种方式，如图 10-2。

(1) 高低灯头　在双联火道中，单数火道低灯头，双数火道高灯头（或相反)，煤气在不同高度燃烧。此法仅适用于焦炉煤气加热。

(2) 采用不同厚度的炉墙　即靠近炭化室下部的炉墙加厚，向上逐渐减薄，因炉墙加厚，传热阻力加大，结焦时间延长，此法现已不用。

(3) 分段加热　将空气和贫煤气沿立火道隔墙中的孔道，在不同高度通入火道内，分段燃烧。此法火焰可拉长，但炼焦炉立火道结构复杂，加热系统阻力大。

(4) 废气循环　是我国大型炼焦炉实现高向加热均匀简单而又有效的方法。在双联火道的隔墙底部开孔，利用燃烧煤气的喷射力和气体流动的浮力作用，在上下火道的循环孔处形

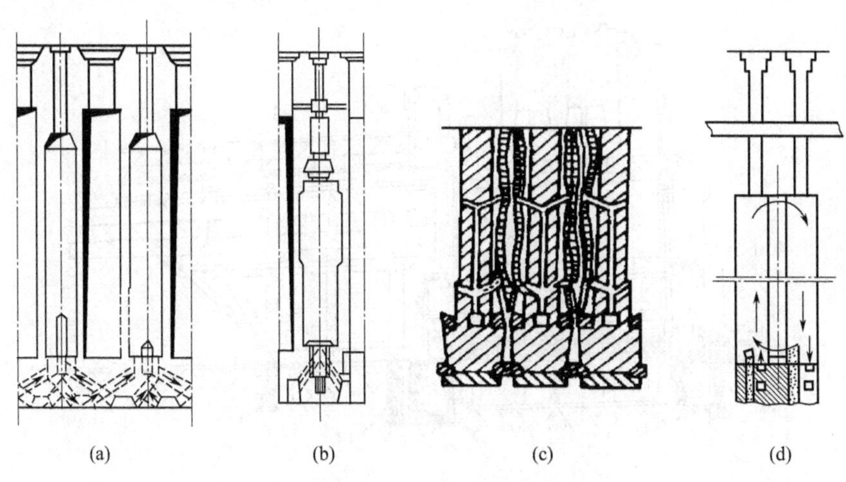

图 10-2 各种解决高向加热均匀的方法

(a) 高低灯头；(b) 炉墙不同厚度；(c) 分段加热；(d) 废气循环

成密度差，将下降气流的部分废气抽入上升气流中，降低煤气密度，使燃烧减慢，火焰拉长。

五、按煤料的加入方式分类

按煤料的加入方式不同，炼焦炉可分为侧装煤式和顶装煤式。侧装煤式是指捣固炼焦炉在装煤时先将煤料捣固成一定形状的煤饼，然后将煤饼从炉门装入炭化室的方式，这种装煤方式用于捣固炼焦。顶装煤是指煤料用装煤车从煤塔取煤后在炼焦炉顶部，从装煤孔装入炭化室的装煤方式。

任务二 了解现代炼焦炉

我国使用的炼焦炉炉型，经历了改造新中国成立前遗留下来的奥托式等老炼焦炉，引进前苏联设计的 ΠBP 型和 ΠK 型炼焦炉。1958 年以后，我国自行设计建造了一大批适合我国国情的炼焦炉，尤其改革开放以来我国引进和自行设计建造了一批具有世界先进水平的新型炼焦炉，如 JN43-58 型炼焦炉，从日本引进的新日铁 M 型炼焦炉（上海宝钢焦化厂），鞍山焦化耐火材料设计院为宝钢二期工程设计的 6m 高的下调式 JNX60-87 型炼焦炉，58 型炼焦炉的改造型下调式 JNX43-83 炼焦炉，1982 年设计的 6m 高炼焦炉，JN60-82 型捣固炼焦炉等。图 10-3 为 JN43-58 型炼焦炉及其基础断面。

一、JN43-58 型炼焦炉

JN 型炼焦炉是鞍山焦化耐火材料设计研究院设计的一系列炼焦炉的总称。包括 JN43 型炼焦炉、JN55 型炼焦炉和 JN60 型炼焦炉。它们的炭化室高分别是 4.3m、5.5m 和 6m。

我国目前常用的 JN 型炼焦炉及基本尺寸如表 10-1 所示。

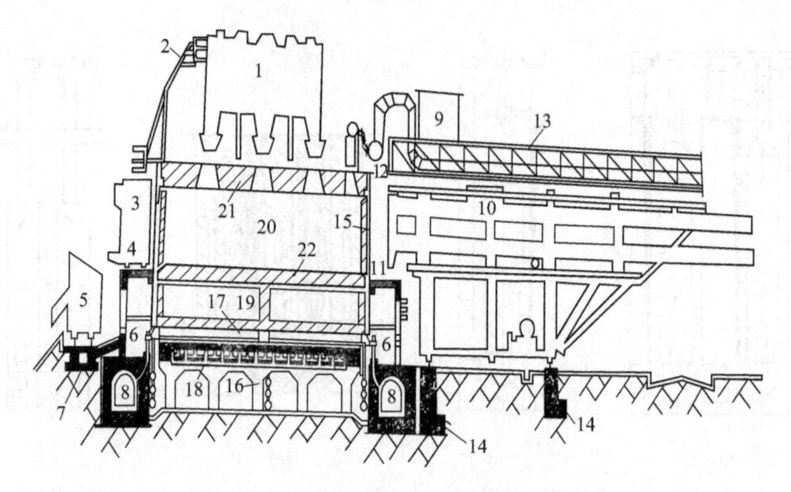

图 10-3　JN43-58 型炼焦炉及其基础断面

1—装煤车；2—磨电线架；3—拦焦车；4—焦侧操作台；5—熄焦车；6—交换开闭器；7—熄焦车轨道基础；8—分烟道；9—仪表小房；10—推焦车；11—机侧操作台；12—集气管；13—吸气管；14—推焦车轨道基础；15—炉柱；16—基础支架；17—小烟道；18—基础顶板；19—蓄热室；20—炭化室；21—炉顶区；22—斜道区

表 10-1　我国目前常用的 JN 型炼焦炉及基本尺寸（举例）

项　目	JN43-80 型	JN43-98D(F)型	JN55 型	JN60-6 型
炭化室全长/mm	14080	14080	15980	15980
炭化室有效长/mm	13280	13280	15140	15140
炭化室全高/mm	4300	4300	5500	6000
炭化室有效高/mm	4000	4000	5200	5650
炭化室宽				
机侧/mm	425	475	415	420
焦侧/mm	475	525	485	480
平均/mm	450	500	450	450
炭化室中心距/mm	1143	1143	1350	1300
立火道中心距/mm	480	480	480	480
加热水平高度/mm	699	699	900	1005
炭化室有效容积/m^3	23.9	26.6	35.4	38.5
结焦时间/h	18	20.5	18	19

JN43-58 型炼焦炉的结构示意图如图 10-4，该炼焦炉是在总结了我国多年的炼焦生产实践经验的基础上，吸取了国外炼焦炉的优点研制而成。由图可看出，其结构特点是双联火道、废气循环、成对火道的隔墙上部有跨越孔，下部有循环孔，焦炉煤气下喷的复热式炼焦炉。国产炼焦炉在此之后的研制中，主要在该炉型的基础上研发而来，所以重点介绍 JN43-58 型炼焦炉。

如图 10-5 为 JN43-58 型炼焦炉煤气加热时气体的流动途径。用焦炉煤气加热时，焦炉煤气经地下室的焦炉煤气主管 1-1、2-1、3-1 旋塞，由下排横管经垂直砖煤气道，进入单数燃烧室的双号火道和双数燃烧室的单号火道，空气经单数废气开闭器进入单数煤气和空气蓄热室预热。预热后的空气分别进入单数燃烧室的双数立火道和双数燃烧室的单数立火道，在

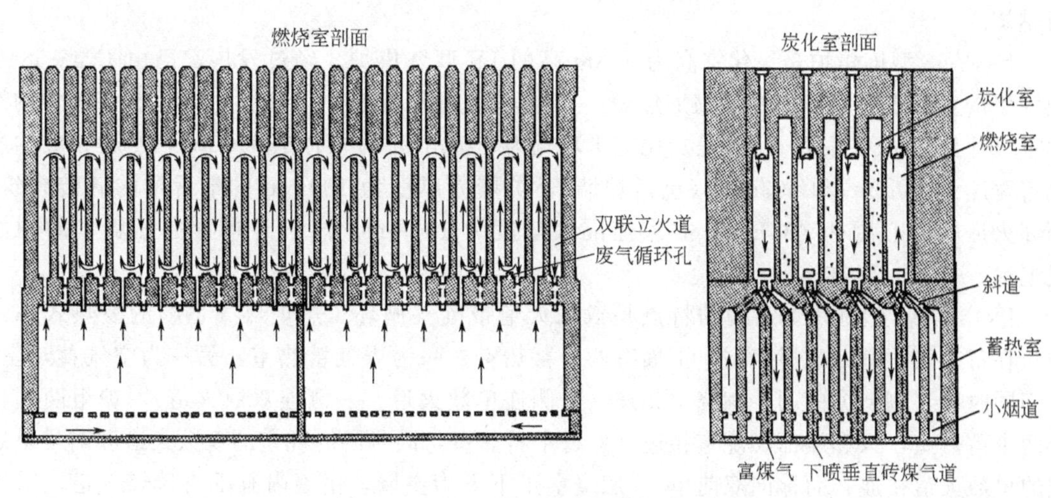

图 10-4 JN43-58 型炼焦炉结构示意图

立火道与煤气混合燃烧。废气在火道内上升经跨越孔从与它相连的火道下降，经双数蓄热室进入双数废气盘，然后经分烟道、总烟道，最后由烟囱排入大气。换向后，焦炉煤气进入单数燃烧室的单号立火道和双数燃烧室的双号立火道。空气经双数废气盘进入双数蓄热室。预热后的空气分别进入单数燃烧室的单号立火道和双数燃烧室的双数立火道。燃烧后的废气经相连的立火道，进入单数蓄热室，经单数废气盘、分烟道、总烟道和烟囱排出。

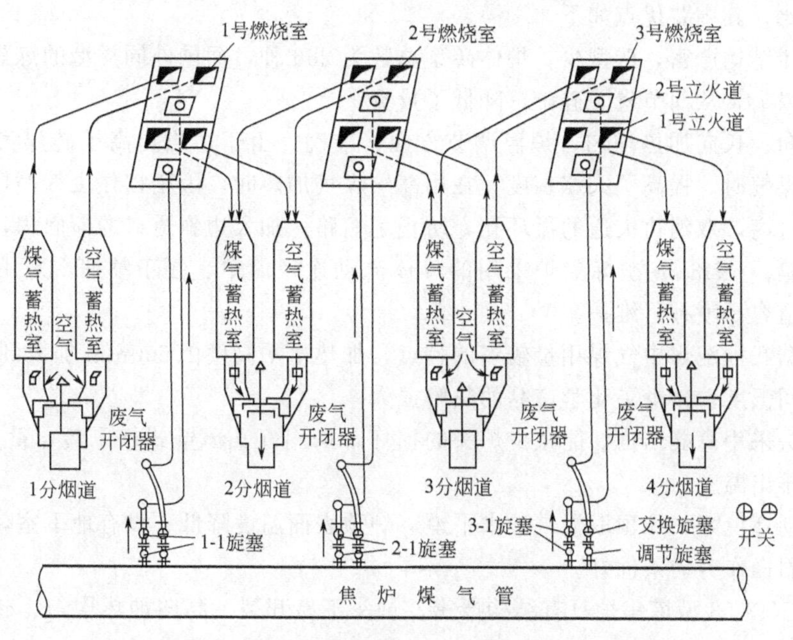

图 10-5 JN43-58 型炼焦炉气体流动途径示意图

用高炉煤气加热时，高炉煤气和空气分别经两个单数蓄热室预热后，进入单数燃烧室的双数立火道和双数燃烧室的单数立火道，燃烧后气流途径与上述相同。

可见，蓄热室与燃烧室及立火道的关系是：面对炼焦炉的机侧，燃烧室编号从左至右，立火道由机侧到焦侧，则每个蓄热室与同号燃烧室的双数火道和前号燃烧室的单数火道相连，简称“同双前单”。所以，同一燃烧室的相邻立火道和相邻燃烧室的同号立火道都是交错燃烧的。

JN43-58 型炼焦炉是炭化室高为 4.3m 高的 JN 型炼焦炉。经过发展，已由 JN43-58-Ⅰ型炼焦炉发展成为 JN43-58-Ⅱ型炼焦炉（又称为 58-Ⅱ型炼焦炉）。JN43-58-Ⅱ型炼焦炉的炭化室尺寸分为两种宽度：一种是炭化室平均宽为 407mm，另一种是 450mm，与其相应的燃烧室宽度为 736mm 和 693mm（包括炉墙），炉墙为厚度为 100mm 的带舌槽的硅砖砌筑。相邻火道的中心距为 480mm，立火道隔墙厚度为 130mm。灯头砖布置在燃烧室的中心线上。

JN43-58-Ⅱ型炼焦炉结构的特点是双联火道带废气循环、焦炉煤气下喷的复热式炼焦炉。在每个炭化室（或燃烧室）下面有两个蓄热室，一为煤气蓄热室，另一为空气蓄热室。它们同时和其侧上方的两个燃烧室相连（一侧连单数火道，一侧连双数火道），炉组两端各有两个蓄热室，只和端部燃烧室相连（即每个蓄热室与同号的燃烧室的双数火道和前号燃烧室的单数火道相连，简称同双前单）。燃烧室正下方为主墙，主墙内有垂直砖煤气道，采用内经为 50mm 的管砖砌筑，管砖外用带舌槽的异型砖交错砌成厚为 270mm 的主墙，焦炉煤气由地下室煤气主管经此道送入立火道底部与空气混合燃烧。炭化室下部为单墙，用厚 230mm 的标准砖砌筑。蓄热室洞宽为 322mm，内放 17 层九孔薄壁型格子砖，格子砖为黏土砖。为使蓄热室长向气流均匀分布，采用圆孔扩散式箅子砖，以使蓄热室气流发布均匀。

炼焦炉采用煤气下喷，调节准确方便，对改变结焦时间适应性强，垂直砖煤气道比水平砖煤气道容易维修，气体流动途径简单，便于操作。JN43-58-Ⅱ型炼焦炉和早期的 JN43-58-Ⅰ型炼焦炉相比，其主要优点如下。

（1）炉体结构严密，砖型少，炉体砖型总数为 266 种，而国外同类型的炼焦炉砖型一般均在 500 种以上，从而节省了硅砖，降低了投资。

（2）高向、长向加热均匀，炉温调节方便、准确。由于适当提高了砖煤气道的出口位置，烧焦炉煤气时，提高了火焰长度。在用高炉煤气加热时，因稍挡住废气循环孔，防止了高向的温度过高，取消边火道的循环孔，防止了短路，加大边斜道口的断面积，保证了两端炉头的供气量。JN43-58 型炼焦炉采用的气体流动途径简单、便于掌握，采用焦炉煤气下喷，砖煤气道容易喷补、维护。

（3）根据我国配煤中气煤用量较多的特点，加热水平高度由 600mm 加大到 800mm，降低了炉顶空间温度，减少了化学产品的热解损失。

（4）炉头采用直缝结构，能减少炉头的损坏，采用九孔薄壁式格子砖，蓄热面积较大，降低废气的排出温度。

（5）劳动环境好，炉顶取消烘炉水平道，炉顶表面温度降低；设有地下室，用焦炉煤气加热时，调温操作劳动条件好。

总之，JN43-58 型炼焦炉具有结构严密、炉头不易开裂、高向加热均匀、砖型少、热工效率高、投资低等优点。

二、JN60-82 型大容积炼焦炉

JN60-82 型炼焦炉是炭化室高为 6m 的大容积的炼焦炉，其基本结构和 JN43-58 型炼焦炉相同。不同之处主要在于 JN60-82 型炼焦炉的炉头采用四联火道的形式，即炉头第一、第二火道只设跨越孔不设废气循环孔，防止炉头火道出现短路。第二、第三火道增设废气循环孔（无跨越孔），以拉长第二火道的火焰。第三、第四火道既设跨越孔，也设废气循环孔。由于炭

化室高度增大，装煤时受重力作用，煤的堆积密度增大，焦炭质量有所提高。蓄热室采用薄壁格子砖，增加了换热面积，换热更加充分。采用高低灯头加热，使高向加热更加均匀。

炼焦炉的大型化，具有基建费用低、占地面积少、维修费用低、热工效率高、生产效率高等优点，但JN60-82型炼焦炉对设备、机械、材料等要求较高。

三、JNX型炼焦炉

JNX型炼焦炉，是鞍山焦化耐火材料设计研究院设计的下部调式气流的一类复热式炼焦炉的总称。其结构特点是：双联火道，废气循环，焦炉煤气下喷，蓄热室分格及高炉煤气及空气下部调节的复热式焦炉。JNX43-83型和JNX60-87型炼焦炉结构相似，JNX60-87型炼焦炉富煤气设置了高低灯头，JNX型炼焦炉尺寸如表10-2所示。

表10-2 JNX型炼焦炉尺寸

项目	JNX43-83型炼焦炉	JNX60-87型炼焦炉	项目	JNX43-83型炼焦炉	JNX60-87型炼焦炉
炭化室全长/mm	14080	15980	平均/mm	450	450
炭化室有效长/mm	13280	15140	炭化室中心距/mm	1143	1300
炭化室全高/mm	4300	6000	立火道中心距/mm	480	480
炭化室有效高/mm	4000	5650	加热水平高度/mm	700	900
炭化室宽			炭化室有效容积/m^3	23.9	38.5
机侧/mm	425	420	结焦时间/h	18	18
焦侧/mm	475	480			

JNX型炼焦炉气流途径与JN43-58型炼焦炉基本相同，JNX型炉体结构如图10-6。在每个炭化室的下方设有两个宽度相同的蓄热室，沿蓄热室长向用横隔将蓄热室分成独立的小格，小格与立火道一一对应，数目相同。在每个独立的小格底部的箅子砖上，有可调节断面的箅子孔。

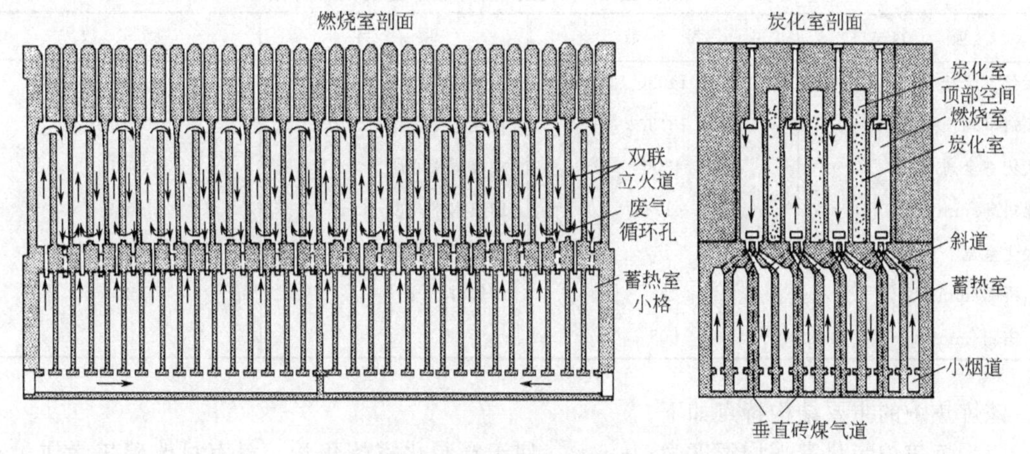

图10-6 JNX型炼焦炉结构示意图

JNX型炼焦炉与JN53-58型炼焦炉的不同之处是流量调节全部为下调式。JN43-58型炼焦炉的气流的调节均为上调式，即用较长的工具在炉顶看火孔调节（或更换）调节砖的位置（或厚度）。因此调节困难，准确性差。下调式是利用可调断面积的箅子砖（如图10-7）进行调节。每一块箅子砖包括四个固定断面的小孔和一个可调断面的大孔。从地下室经基础顶

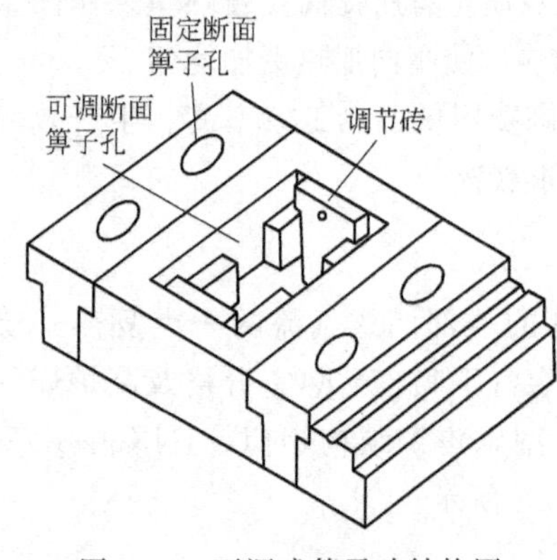

图 10-7　下调式箅子砖结构图

板上的下部调节孔，用更换调节砖的办法来调节可调箅子孔的断面，以控制蓄热室长向气流分布。

JNX 型炼焦炉有如下特点。

（1）下部调节灵敏　蓄热室沿纵长方向分成了和立火道个数相同的格数，每一小格的箅子砖由两部分组成，即固定孔和可调孔，每个箅子砖中部有一个长方形孔。孔的边缘有长条形的调节砖座台，以不同厚度的调节砖调节孔的断面。可见通过下调方式进行调节方便，操作环境良好。

实践表明，下部调节可影响火道温度 30℃，达到了设计的预期效果，满足了生产调节的要求。

（2）加热均匀　JNX 型炼焦炉，炭化室焦饼高向加热均匀，同时机侧、焦侧焦饼上下部温度差值非常接近。该焦炉横排温度分布合理，不论高炉煤气加热还是焦炉煤气加热，全炉横排火道温度均匀上升，横排曲线基本呈一条直线。

（3）耗热量低，节能效果好　由于良好的技术指标，尤其是箅子砖上部废气温差小，蓄热效率高而且焦饼加热均匀，使炼焦炉的炼焦耗热量降低。

四、JNDK43-98D 型捣固炼焦炉

捣固炼焦炉是用捣固法装煤炼焦的侧装炼焦炉。由鞍山焦化耐火材料设计研究院设计的 JNDK43-98D 型捣固炼焦炉基本结构与一般顶装煤炼焦炉没有原则上的差别，捣固炼焦适合于以高挥发分弱黏结性煤为主的配煤炼焦，在高挥发分弱黏结性煤储量较多的国家和地区，捣固炼焦应用较多。该焦炉炭化室高 4.3m，宽 500mm，为宽炭化室、双联火道、废气循环、下喷单热式、捣固侧装炼焦炉结构，炼焦炉的主要技术参数如表 10-3。

表 10-3　JNDK43-98D 型捣固炼焦炉主要技术参数

项　　目	参　　数	项　　目	参　　数
炭化室全长/mm	14080	平均/mm	500
煤饼平均长/mm	13150	炭化室中心距/mm	1200
炭化室全高/mm	4300	立火道中心距/mm	480
煤饼高/mm	4174	加热水平高度/mm	699
炭化室宽		炭化室有效容积/m^3	23.0
机侧/mm	495	结焦时间/h	22.5
焦侧/mm	505		

该炼焦炉的主要结构特点如下。

（1）炼焦炉炭化室平均宽度为 500mm，属于宽炭化室炼焦炉，具有可改善焦炭质量和增大焦炭块度的优点。另外，产量相同时（与炭化室宽 450mm 相比较），还具有减少出焦次数、减少机械磨损、降低劳动强度、改善操作环境等。

（2）捣固炼焦炉炉顶不设装煤孔，只设 2～3 个烧除沉积炭和供消烟车除尘用的孔。由于捣固机在煤箱内直接捣固成煤饼，钢结构架作为捣固装煤推焦机的骨架，和煤箱一样，要承受很大的冲击和振动。因此，钢结构架应具有很大的刚性。

（3）在炉底铺设硅酸铝耐火纤维砖，减少炉底散热，降低地下室温度，从而改善了操作条件。因经常受到送煤饼的托煤板的摩擦冲击，磨损特别严重，故这层砖应特别加厚。

（4）燃烧室炉头采用直缝结构，用高铝砖砌筑而成，可防止炉头火道倒塌。高铝砖与硅砖之间的接缝采用小咬合结构，砌炉时炉头不易被踩活，烘炉后也不必为两种材质的高向膨胀差做特殊的处理。

（5）蓄热室主墙用带有三条沟舌的异型砖相互咬合砌筑而成，蓄热室主墙上的砖煤气道与外墙面无直通缝，保证了炼焦炉的结构强度，提高了气密性。炭化室墙采用宝塔形砖，消除了炭化室与燃烧室间的直通缝，炉体结构严密，荒煤气不易串漏，同时便于维修。

炼焦炉进行捣固装煤操作，采用的是捣固装煤推焦机，该设备属于捣固、装煤和推焦操作的焦炉机械，其送煤装置和推焦装置共用一套传动机构，靠离合器来分别操作。

捣固装煤推焦机主要是由钢架结构、走行机构、开门装置、推焦装置、除尘积炭装置、送煤装置和司机室组成。在捣固装煤时，运用捣固装煤推焦机上装设的贮煤斗和捣固机，运用薄层连续给料、多锤捣固的方式，使煤在捣固箱中捣固成一定形状的煤饼。捣固煤箱的结构是靠近炼焦炉的一侧为前挡板，相对应的煤饼箱后部有一顶板，煤饼侧面一个为活动壁，另一侧是固定壁，煤饼箱下有托煤板，由一链式传动机构带动。往炭化室送煤饼时，通过传动机构先打开捣固箱的前挡板，将煤饼侧面的活动壁外移，托煤板托着煤饼一起进入炭化室，装完煤抽托煤板时由煤箱侧壁锁紧机构夹住，顶住煤饼，抽完托煤板后，夹紧机构放开，由卷扬机构拉回。

目前，新建的捣固炼焦炉大多在6m或6m以上。由于装煤和推焦的操作周期达到了顶装煤操作的水平，从而推动了捣固炼焦炉向大型化的发展。

任务三 了解炼焦新技术

随着工业的不断发展，需要生产更多优质的高炉用焦炭、铸造用焦炭、电热化学用焦炭及其他用焦炭，为此，摆在焦化工业面前的任务是提高焦炭质量。因此，炼焦新技术得到了广泛的关注。国内外先进的炼焦技术如下。

一、煤调湿技术

1. 煤调湿技术

煤调湿（coal moisture control，简称CMC）是“装炉煤水分控制工艺”的简称，是将炼焦煤料在装炉前去除一部分水分，保持装炉煤水分稳定在6%左右，然后装炉炼焦。CMC不同于煤预热和煤干燥，CMC有严格的水分控制措施，能确保入炉煤水分恒定，达到预选的目标值6.5%左右。通过直接或间接加热来降低并稳定控制入炉煤的水分，不追求最大限度地去除入炉煤的水分，而只把水分稳定在相对低的水平，既可达到增加效益的目的，又不因水分过低而引起炼焦炉和回收系统操作的困难，使入炉煤密度增大、焦炭及化工产品增产、炼焦炉加热用煤气量减少、焦炭质量提高和炼焦炉操作稳定等效果。生产实践证明，由于调湿后的装炉煤水分由10%降到约6.5%，干馏时间缩短，装炉煤的堆积密度增大，炼焦炉生产能力提高约11%，炼焦耗热量节省12%；改善焦炭质量；如果维持原来的焦炭质量水平，则可多用8%～10%的弱黏结性煤；装炉煤的水分低且稳定，有利于炼焦炉生产操作，延长炼焦炉的寿命，减少焦化污水排放量等。

2. 国内外现状

2007年，中冶焦耐工程技术有限公司开发设计的以干熄焦发电背压蒸汽为热源的煤调湿装置已经在上海宝钢、太钢攀钢建成。

近年来煤调湿技术在日本得到长足发展。截至2000年10月，在日本现有的15家焦化厂的47组炼焦炉中，共有28组炼焦炉采用CMC技术。日本先后开发了三代煤调湿技术。第一代是热媒油干燥方式。利用导热油回收炼焦炉烟道气的余热和炼焦炉上升管的显热，然后，在多管回转式干燥机中，导热油对煤料进行间接加热，从而使煤料干燥。1983年9月，第一套导热油煤调湿装置在日本大分厂建成投产。“日本新能源·产业技术开发机构”（简称NEDO），于1993～1996年在我国重庆钢铁（集团）公司实施的“煤炭调湿设备示范事业”就是这种导热油煤调湿技术。处理能力140t/h，干燥器入口煤的水分11.0%，干燥器出口煤的水分6.5%，此套系统经调试后，由于多种原因没有顺利运行，现已闲置荒废。第二代是蒸汽干燥方式。利用干熄焦蒸汽发电后的背压汽或工厂内的其他低压蒸汽作为热源，在多管回转式干燥机中，蒸汽对煤料间接加热干燥。这种CMC最早于20世纪90年代初在日本君津厂和福山厂投产。目前，在日本运行的CMC绝大多数为此种形式。第三代是最新一代的流化床装置，设有热风炉，采用焦炉烟道废气或焦炉煤气对其进行加热的干燥方式。1996年10月日本在北海制铁公司室兰厂投产了采用焦炉烟道气对煤料调湿的流化床CMC装置。

近几年，美国、德国等国家都开始进行装炉煤调湿装置的试验和生产实践，均取得很好的经济效益。

3. 煤调湿技术的优点

煤调湿技术可降低入炉煤水分，将其水分控制在一个适宜的目标值，降低炼焦耗热量，增加入炉煤堆密度，提高焦炭质量等。

① 改善炼焦煤的粒度组成，各粒级煤质变化趋于均匀；

② 装炉煤堆积密度提高约5%，提高炼焦炉生产能力5%～10%；

③ 提高焦炭强度，M_{40}提高1%～2.5%，M_{10}改善0.5%～1.5%；

④ 焦炭反应性降低0.5%～2.5%，反应后强度提高0.2%～2.5%；

⑤ 在保持焦炭质量不变或略有提高的情况下，可多配用弱黏结性煤10%～12%；

⑥ 降低炼焦耗热量326MJ/t（约5%）；

⑦ 提高高炉生产能力1%～2%。

二、成型煤炼焦

成型煤炼焦是将炼焦原料煤的一部分，加一定量的黏结剂混捏（或不加黏结剂），压制成具有一定形状、大小的型块，再按一定比例和原料煤配合，装入炼焦炉炼焦。它是目前炼焦生产中应用最成熟的新技术之一。这种技术可以扩大炼焦煤资源，将弱黏结煤或不黏煤用于炼焦，摆脱或减轻焦炭生产受煤种制约的被动局面，特别是对于缺少炼焦煤却有非炼焦煤的地区，利用当地煤炭生产型煤，进行配型块炼焦，可以减轻运输负担，降低生产成本，提高经济效益。

1. 几种压块配煤流程简介和评价

(1) 新日铁成型煤炼焦流程　该流程为日本新日铁公司开发，如图10-8所示。从通常配合粉碎的煤料输送线上，分出约30%的煤料，先将它粉碎到<3mm，然后装入混煤机内，再加入6%～7%的沥青质黏结剂，搅拌混合后，在混炼机（搅拌机）中用蒸汽加热的同时混炼，最后送至对辊机成型。压出的型煤在冷却运输机上冷却至常温，经型煤贮槽送至炼焦炉煤塔。型煤和粉煤分别放在煤塔不同格内，装炉时用各自的带式给料机按规定的比例送入装煤车煤斗，最后入炉。

这种流程较简单，在原有厂的煤处理车间的基础上改建较容易，但在扩大使用非炼焦煤方面有一些局限性。

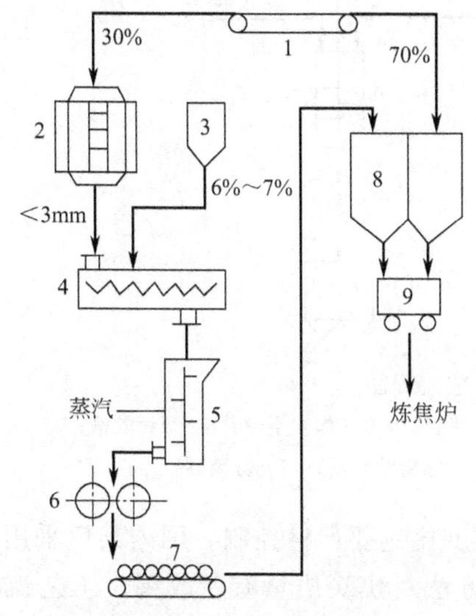

图10-8　新日铁成型煤炼焦流程

1—煤料输送皮带；2—粉碎机；3—黏结剂槽；4—混煤机；5—混炼机；6—对辊成型机；7—冷却输送机；8—煤塔；9—装煤车

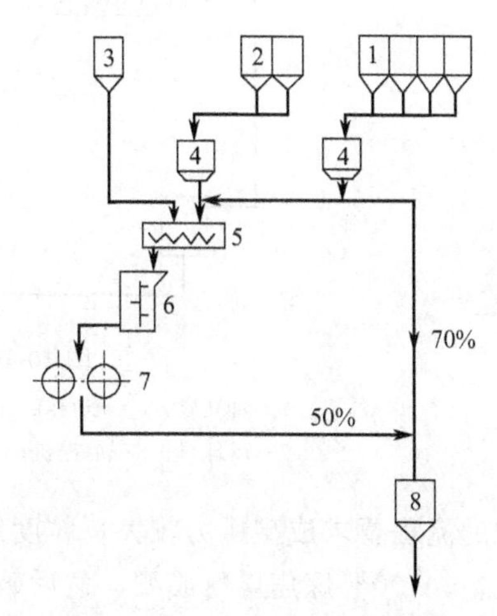

图10-9　住友成型煤炼焦流程

1—装炉煤配合槽；2—弱黏结（或非黏结）煤配合槽；3—黏结剂槽；4—粉碎机；5—混煤机；6—混炼机；7—成型机；8—贮煤塔

（2）住友成型煤炼焦流程　该流程为日本住友金属公司开发，又称住友法或Sumi-Coal法。如图10-9所示，将一部分装炉煤与非黏结煤同ASP黏结剂（减压残油和热裂解沥青）一起经破碎混合后，在带蒸汽加热的混炼机中混炼，再经成型机压成型煤（这部分占总量的30%），最后与70%的装炉煤一起加入炼焦炉中炼焦。

这种流程可以多用一些非炼焦煤，在总配煤量中不黏煤可配到20%以上，而低挥发分强黏结煤用量仅约10%，型煤的配料中不黏结煤达65%～70%。当成型机的工作与到贮煤塔的设备的操作同步时，可以不建型块贮槽，不设冷却输送带，基建投资可以大大降低。同时，混捏机的热耗可以减少。但是，这种工艺流程较为复杂。

（3）德国RBS法　如图10-10所示，煤料由给料器定量供入直立管内，小于10mm的煤粒在此被从热气体发生炉所产生的热废气加热到90～100℃而干燥到水分小于5%。煤粒出直立管后，分离出粗颗粒；粗颗粒经粉碎机后返回直立管或直接送到混捏机，与70℃的粗焦油和从分离器来的煤粒一起混捏；混捏后的煤料进压球机70～90℃成型；热型块在运输过程中表面冷却后装入贮槽；最后混入细煤经装煤车装炉。这种配入压块的煤料入炭化室后，其堆密度达800～820kg/m^3。结焦时间缩短到13～16h，比湿煤成型的工艺流程的生产能力大35%。

（4）其他流程　美国所使用的全部炼焦原料煤不配黏结剂压成型块然后再破碎到一定粒

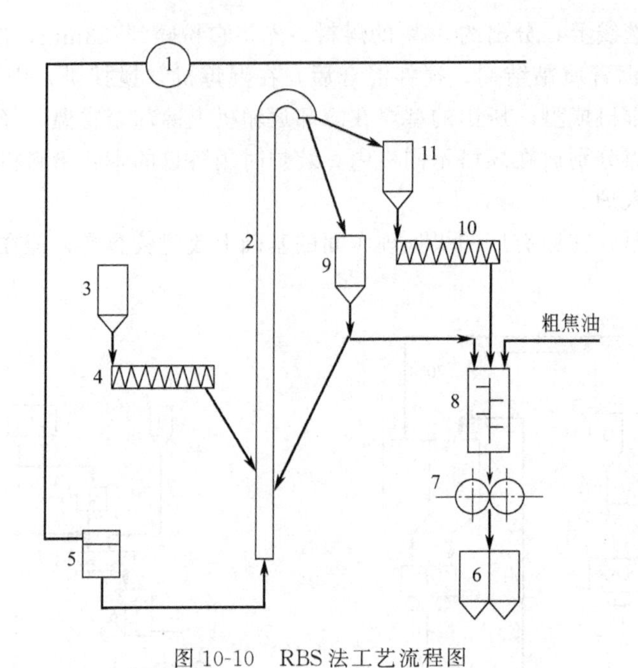

图 10-10　RBS 法工艺流程图

1—风机；2—直立管；3—原料煤仓；4—定量给料机；5—热气体发生炉；6—型煤贮槽；
7—压球机；8—混捏机；9—破碎机；10—螺旋给料器；11—分离器

度装炉的流程要求成型压力较大，粒度细，同时粒度比例要严格控制。国内某厂采用通常的成型设备，100%炼焦煤料成型，然后破碎。这种方法对焦炭质量有所改善，工艺流程亦较简单。但因它需将全部原料煤成型，成型设备庞大，工业化生产存在一定困难。

还有一种流程是将原料煤干燥预热后再配入型煤。它综合了煤的干燥预热和成型煤炼焦的双重效果，装炉煤的堆积密度可达 800～820kg/m^3，增产和改善焦炭质量更为显著。但是工艺复杂，技术难度高，基建和生产费用较大。

2. 成型煤炼焦的原理和影响

（1）配成型煤炼焦的原理　炼焦过程中，配入部分型煤块可以提高焦炭质量和多利用一些弱黏结煤，是因为它能改善煤料的黏结性和炼焦时的结焦性能。首先，型煤致密、内部颗粒之间的间隙小、导热性较好、比周围粉煤升温速度快，可以较早达到开始软化温度，处于软化熔融的时间长。这将有助于型煤中添加的沥青及新产生的熔融胶质体成分与型煤中的未软化部分和周围粉煤的作用。由于选种在炭化过程中的塑性阶段中黏结组分与惰性组分的充分作用，可以提高煤料的黏结性。其次，配型煤的装炉煤，其堆密度约为 0.8t/m^3，较通常装炉煤密度 0.7t/m^3 大。故可改善煤料黏结性，当煤料装入炉内后，型煤内部的煤气压力比粉煤大得多，故其体积膨胀率也比粉煤大得多，型煤膨胀并压缩周围的粉煤，促进周围煤粒挤紧并互相熔融，型煤形状消失。最后，生成与普通炼焦时一样的、结构致密的焦饼，并且焦炭强度有所提高。此外，还由于型煤中有沥青等黏结性物料，相当于提高了煤料的黏结性，并且改善了焦炭的显微结构，使焦炭的气孔率降低，气孔壁厚度增大，故可增加焦炭强度。

（2）成型煤炼焦对焦炭质量、产量和煤气产量等方面的影响　装炉煤的堆密度和结焦是影响焦炭产量的直接因素。配型块煤料的堆密度大，但是结焦时间也要相应延长。当型煤配比达 30%时，结焦时间延长 7.1%，所以这种流程不会有较大的增产效果。

当型煤配比为30%～40%时，焦炭的强度达到最大。利用弱黏煤生产型块配合炼焦，有利于焦炭强度的提高。

可以改善焦炭的粒度组成。普遍表现在大于80mm级的大块焦减少；25～80mm级的中块焦增多；特别是40～60mm级增多较显著；而<25mm级的碎粉焦下降。焦炭的平均粒度得到改善，碎粉焦约可降低1%～2%。

当软沥青6.5%的成型煤以配比30%炼焦时，与常规相比，每吨干装炉煤的粉煤和焦油产量将增加7～8kg，而煤气产量约减少4～5m^3。

三、捣固式炼焦炉

1. 增加捣固时间，改善煤料的黏结性

提高煤饼堆密度，改善入炉煤黏结性。入炉煤堆密度增加后，煤粒之间间隙减小、接触致密，填充煤粒间隙所需的胶质体液相产物将会减小，可以用较少的胶质体液相产物均匀分布在煤粒表面上，在煤粒之间形成较强的界面结合。或者在胶质体液相产物量一定的情况下，会填充更多的煤粒间隙、黏结更多的煤粒和惰性物质，增加弱黏结性煤的配入。另外，堆密度增加将使煤饼更致密，生成的胶质体中的气态物质不易析出，增加了胶质体内的膨胀压力，迫使软化变形的煤粒更加靠拢，增加了变形煤粒的接触面积。气体在胶质体内停留的时间延长，气体中带自由基的原子团或热分解的中间产物有更充足的时间相互作用，有可能生成稳定的、分子量适中的液相物质。这样，胶质体不仅数量增加，而且变得稳定，因此增加堆密度能够改善煤料的黏结性。

在捣固设备一定的情况下，只能靠延长捣固时间来增加煤饼的堆密度。在生产实践中，将捣固时间由原来的8min延长到12min，同时优化了捣固程序，在保证煤饼稳定性的前提下，减小煤饼高向堆密度的差异，使焦炭质量更均一。在入炉煤堆密度提高后，在保持焦炭质量不变的情况下，可以多配入弱黏结性的气煤和瘦煤（或无烟煤、焦粉等瘦化剂），从而进一步降低生产原料煤成本。

2. 提高加热速度，改善入炉煤黏结性

提高加热速度可以增加胶质体的温度间隔，一方面胶质体生成的初期热分解速度大于缩聚速度，使生成的胶质体中液相产物量增加；胶质体的黏度减小、流动度增加，液相产物更易填充煤粒间隙；气态物质来不及析出，增加了胶质体的膨胀压力，使煤粒黏结更加紧密，焦炭结构更均匀。另一方面，胶质体温度间隔变宽后，配合煤中各单种煤的胶质体软化区间和温度间隔能较好地搭接，胶质层彼此重叠程度变大，在较大的温度范围内煤料处于塑性状态，从而改善了入炉煤的黏结性。

3. 保持合适高的集气管压力，改善入炉煤黏结性

集气管压力提高后将使炭化室内压力增加，煤热解时产生的气体析出速度减缓，气体在胶质体内的停留时间延长，不仅有利于胶质体的生成，还将增加膨胀压力，使煤粒接触更紧密。对改善煤料黏结性是有利的。集气管压力的提高，将增加荒煤气在炭化室的停留时间，化产品二次裂解反应增加，对苯族烃的回收将有一定影响，在焦化产品市场看好的情况下是不利的。但是在结焦时间较长的情况下，焦炭成熟后的焖炉时间较长，此时煤气量很小，需要较高的集气管压力才能保证炭化室底部压力为正压，因此，保持较高的集气管压力也是确保焦炭焖炉期炭化室底部压力为正压（不小于5Pa）的需要。在结焦时间很长，焖炉期较长的生产过程中，焦炭成熟后的焖炉期，煤气发生量非常小，炭化室底部压力对集气管压力的

波动非常敏感，集气管内的荒煤气可能倒流进入炉顶空间，这些对焦炭、化产品质量、产量都有很大影响。如果关闭处于焖炉期炉室上升管翻板，隔断炭化室与集气管连通，这样即可消除集气管压力波动对炭化室底部压力的影响，避免荒煤气倒流进入炉顶空间，既减少了荒煤气的不必要的损失，又能保证焦炭质量、减少石墨在焦炭上过度沉积。经过实际测量，关闭上升管翻板后，炭化室的底部压力能够保持正压（不小于 5Pa），避免了空气进入炭化室、焦炭烧蚀、灰分增加。

综上所述，对捣固式炼焦炉来说，要充分发挥捣固的作用，延长捣固时间，增加煤饼堆密度，在延长结焦时间时，炉温不宜控制太低，采用程序加热的方式保证加热速度、保持适当的集气管压力，可以进一步改善煤料的黏结性。在焖炉期，关闭上升管翻板对保证焦炭质量是有利的。在采取如上措施后，焦炭结构更均匀、致密，在保持配煤比不变的情况下，焦炭抗碎强度提高 2%～3%，耐磨强度改善 1.5%～2%；在弱黏结性煤多配 5%～10%的情况下，焦炭质量不降低。

四、低水分熄焦

熄焦技术分为湿法和干法两种。目前我国广泛应用干熄焦法，拥有 170 多台干熄焦炉。干熄焦具有环保、回收热能的效果，但投资和运行费用较高。近年来发展起来的低水分熄焦技术在环保等方面有着和干熄焦法同样的、甚至更好的性能，但又有工艺简单、投资少的优点，已经在国外许多钢厂获得运用。我们也应该吸取其经验，将低水分熄焦技术作为老厂改造和新建焦化厂考虑的方案。

所谓低水分熄焦工艺，就是采用大水流喷射熄焦，使熄焦水的供水速度远快于熄焦水被吸入焦块中的速度，以至于这些大量喷射的水只有一部分水在通过焦炭层时被吸收并汽化，其余大部分水流过各层焦炭一直到熄焦车倾斜底板而流出。车内各层尤其是车底部赤热的红焦与熄焦水接触而使之激烈汽化，瞬时产生大量的水蒸气，凭借其巨大推动力从下至上触及并冷却焦炭。这种有着巨大推动力的水蒸气会迫使车厢内的焦炭处于一种“沸腾”状态，这保证了车厢内的焦炭均匀得到冷却，从而避免了常规湿法熄焦焦炭层厚度不均匀和车厢死角喷不到水而导致焦炭水分不均的现象。低水分熄焦工艺可以有效减少熄焦逸散物。由于熄焦过程采用快速冷却，缩短了生成水煤气及硫化氢的反应时间，使得硫化氢和一氧化碳等气体的生成量比常规湿法熄焦有所减少。同时，可以减少向大气逸散粉尘，外排蒸汽量减少 30%～50%，且基本上不夹带焦粉。因此，此工艺可以使得焦化厂周围的粉尘和臭味得到控制，大气质量得到明显改善。

目前使用效果较好的喷雾型低水熄焦技术是美国喷雾公司的专有技术。该技术的原理是：通过喷嘴喷出的水打击力大、分布均匀，使喷水与高温焦炭接触后产生大量蒸汽，上升速度可达 15m/s，这些蒸汽被压在焦车里焦炭周围循环，从而隔绝了焦炭与周围空气的接触，实现了窒息熄火的作用。据国外试验，在喷水雾隔绝空气造成窒息的条件下，可以在 3s 内熄灭明火，剩余的喷水仅仅是用于焦炭降温和调整水分。这样，熄焦时间得以缩短，焦炭水分可以长期稳定在设定值，而且该设定值可以按需要控制，最低 2.5%。焦炭强度也能提高约 1%。

目前，低水分熄焦技术已被国内越来越多的大型钢铁企业所采用，尤其是用于老式炼焦炉的改造实施，它基本上不占用生产时间就可完成。如国内本钢、唐钢、邯钢等近 20 个焦化厂都采用了此项炼焦技术。本钢焦化厂在 2006 年由鞍山焦耐院引进此项技术后，熄焦过程时间明显缩短，并有效减少了有害蒸气的排放量。

五、干熄焦技术

1. 干熄焦工艺发展概况

干法熄焦简称干熄焦（CDQ），是相对于湿熄焦而言的采用惰性气体熄灭赤热焦炭的一种熄焦方法。干熄焦能回收利用红焦的显热，改善焦炭质量，减轻熄焦操作对环境的污染。干熄焦系统主要由干熄炉、装入装置、排焦装置、提升机、电机车及焦罐台车、焦罐、一次除尘器、二次除尘器、干熄焦锅炉系统、循环风机、除尘地面站、水处理系统、自动控制系统、发电系统等部分组成。

2. 干熄焦技术的原理

利用冷的惰性气体（或废烟气）作为循环气体在干熄炉中与炽热红焦进行热交换从而冷却红焦，吸收了红焦热量的惰性气体将热量传给干熄焦锅炉产生中压（或高压）蒸汽，冷却后的循环气体再由循环风机鼓入干熄炉。干熄焦工艺流程如图 10-11 所示。

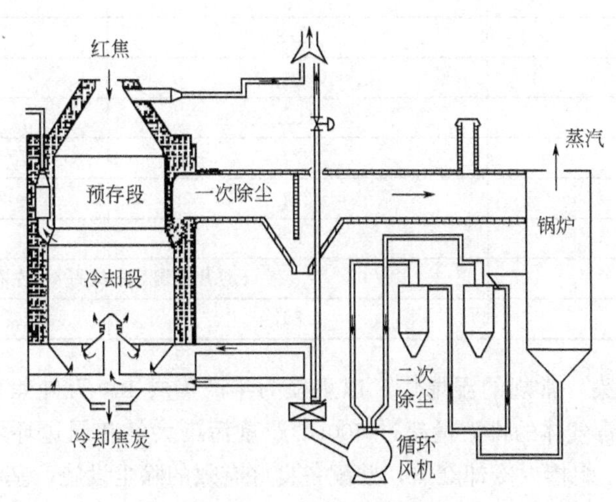

图 10-11 干熄焦工艺流程

1000～1050℃的炽热红焦由装料装置从炉顶装入干熄炉的预存段，并且自上而下运动；惰性气体由干熄炉底部的中心风帽和周边环缝鼓入，且自下而上运动。二者在逆向运动中，焦炭逐渐被冷却到 250℃以下，然后由炉底的卸料装置排出；同时，惰性气体（或废烟气）被加热到 800℃左右，从干熄炉斜道口经过一次除尘器后进入干熄焦锅炉；在锅炉中，水被热气流加热产生蒸汽，同时气体被冷却到 200℃左右，再经二次除尘由循环风机重新送入干熄炉内循环使用。

3. 工艺技术特点

与常规湿法熄焦相比，干熄焦主要有以下三方面特点。

（1）回收红焦显热　出炉红焦显热约占焦炉能耗的 35％～40％，干熄焦可回收 80％的红焦显热，平均每熄 1t 焦炭可回收 3.9～4.0MPa、450℃蒸汽 0.45～0.55t。据日本新日铁公司对其企业内部包括干熄焦、高炉炉顶余压发电等所有节能项目效果分析，结果表明干熄焦装置节能占总节能的 50％。可以说，干熄焦在钢铁企业节能项目中占有举足轻重的地位。

（2）改善焦炭质量　干熄焦与湿熄焦相比，避免了湿熄焦急剧冷却对焦炭结构的不利影响，其机械强度、耐磨性、真密度都有所提高。M_{40} 提高 3％～6％，M_{10} 降低 0.3％～

0.8%，反应性指数 CRI 明显降低。冶金焦炭质量的改善，对降低炼铁成本、提高生铁产量、高炉操作顺行极为有利，尤其对采用喷煤技术的大型高炉效果更加明显。前苏联大型高炉冶炼表明，采用干熄焦炭可使焦比降低 2.3%，高炉生产能力提高 1%～1.5%。

同时在保持原焦炭质量不变的条件下，采用干熄焦可扩大弱黏结性煤在炼焦用煤中的用量，降低炼焦成本。两种熄焦方法焦炭质量指标对比见表 10-4。

表 10-4　干熄焦工艺和湿熄焦工艺焦炭质量指标对比

焦炭质量指标	湿熄焦	干熄焦
水分/%	2～5	0.1～0.3
灰分(干基)/%	10.5	10.4
挥发分/%	0.5	0.41
M_{40}/%	干熄焦比湿熄焦提高 3%～6%	
M_{10}/%	干熄焦比湿熄焦改善 0.3%～0.8%	
筛分组成/%		
>80mm	11.8	8.5
60～80mm	36	34.9
40～60mm	41.1	44.8
25～40mm	8.7	9.5
<25mm	2.4	2.3
平均粒度/mm	65	55
反应后强度(CSR)	干熄焦比湿熄焦提高 4%左右	
真密度/(g/cm³)	1.897	1.908

(3) 减少环境污染　常规的湿熄焦，以规模为年产焦炭 100 万吨焦化厂为例，酚、氰化物、硫化氢、氨等有毒气体的排放量超过 600t，严重污染大气和周边环境。干熄焦则由于采用惰性气体在密闭的干熄槽内冷却红焦，并配备良好有效的除尘设施，基本上不污染环境。

另一方面，干熄焦产生的生产用汽，可避免生产相同数量蒸汽的锅炉烟气对大气的污染，减少 SO_2、CO_2 排放，具有良好的社会效益。两种熄焦污染情况见表 10-5。

表 10-5　干熄焦工艺与湿熄焦工艺污染对比　　单位：kg/h

生产方式	酚	氰化物	硫化物	氨	焦尘	一氧化碳
湿熄焦	33	4.2	7.0	14.0	13.4	21.0
干熄焦	无	无	无	无	7.0	22.3

4. 国外干熄焦工艺的最新技术及发展趋势

随着干熄焦技术的推广应用，干熄焦设备的高效化、大型化成为 20 世纪 80 年代中期以来的发展趋势。建设大型干熄焦装置，具有占地面积小、降低投资和运行费用，生产操作、自动控制、维修与管理简便，劳动生产率高等优点。20 世纪 80 年代中期以来，日本相继开发设计并建成了单槽处理能力分别为 110t/h、150t/h、180t/h、200t/h 以上的大型干熄焦。干熄焦单槽处理能力按焦炉组生产规模确定，以一套配置，不配备备用干熄焦装置，当干熄焦装置检修时，启用湿法熄焦。

干熄焦大型化带来了工艺技术和装备的一系列改进，使干熄焦技术发展到一个新的水平。主要的改进措施如下。

（1）装料装置的改进　提高干熄焦处理能力，不是单纯加高干熄槽高度，而是采取加大直径来增大干熄槽容积，选择合理的高径比 H/D，使投资要经济一些，结构要紧凑一些。但随着干熄槽直径的加大，槽内面料偏析而更加不均匀。针对这个问题，在装料装置溜槽的底口设置一个布料料钟，不仅解决了装料偏析，同时由于布料均匀使冷却气体分布均匀，通过焦层阻力减小，使焦炭冷却速度也较为一致。因此，使冷却气体循环量下降 200～300m^3/t，从而降低了循环系统的动力消耗。

（2）实现连续排焦　前苏联和日本以前的设计，都是采用间歇排焦，即用多道闸门交替开闭或振动给料器与多道闸门组合方式，这种排焦装置的结构和程度控制较复杂，且还造成干熄焦槽内温度压力频繁波动。日本新日铁公司对此进行了改进，采用电磁振动给料器和旋转密阀组合成连续排焦装置。实现了连续不间断排焦，克服了间歇排焦之不足。这种装置结构紧凑，降低排焦设备高度 5m 左右。德国 TOSA 公司采用的是方形干熄槽，冷却室下部设计为多格溜槽，每格装有摆动式排焦装置，通过摆动阀按顺序连续排焦，也解决了间歇排焦温度压力不稳定的问题。

（3）采用旋转接焦方式　采用旋转接焦方式是防止接焦装焦偏析的措施，克服了过去采用矩形焦罐接焦形式的焦粒偏析和装焦布料的不均匀。其优点除此之外有以下四点：

① 圆形焦罐与矩形焦罐相比，在相同有效容积下，重量减轻，圆形焦罐的有效容积比大，为 88%，矩形为 65%；

② 由于重量减轻，提升机能力可降低，节省投资和运行费用；

③ 圆形焦罐受热均匀，使用寿命相对延长；

④ 圆形焦罐接焦均匀，提升机导轨受力平衡，避免了矩形焦罐载荷不均对一边提升导轨的过度磨损。

（4）节能措施　新日铁公司采取在循环风机后，即入炉前增设给水预热器，降低入炉气体温度。德国 TOSA 在干熄槽冷却室安装水冷壁、水冷栅，都是为了提高冷却效率的节能措施，并使吨焦循环气体量下降。采用水冷壁、水冷栅方式，气料比降至每吨焦 1000m^3，吨焦能耗 13kW·h，仅为前苏联干熄焦吨焦能耗的 60%。

（5）锅炉设备　防止干熄焦废热锅炉炉管磨损，是一个关键问题。近年来，采取了许多耐磨耐蚀技术措施，使锅炉故障率大大降低，保证了干熄焦装置的正常安全运行。

（6）提高设备的可靠性　采用无备用干熄焦方式，对设备可靠性、作业率要求更高。日本干熄焦设备可以达到 1.5 年检修一次，作业率达到 98%。干熄焦控制全部采用三电一体化方式，实现了全自动操作。

六、SCOPE21 工艺

伴随着钢铁业成长发展起来的日本焦炭工业，其煤炭利用技术及炼焦炉操作技术堪称世界一流。但是随着炼焦炉的老化，在以后十年中炼焦炉将逐次达到使用寿命。如果不更新现有的炼焦炉，将会导致焦炭大幅度短缺。另外，现行的焦炭生产技术存在着资源制约、环境污染，尤其是作业环境恶劣等问题，因此，简单地重建炼焦炉不能够应对社会发展需要。欧美各国也面临着同样的问题，开发新的焦炭生产技术是世界钢铁业面临的课题。

日本煤炭利用综合中心与日本钢铁联盟从 1994 年到 2003 年，历时 10 年共同开发了“21 世纪新焦炉制造技术（SCOPE21）”。

SCOPE21 工艺是面向 21 世纪，以有效利用煤炭资源、提高生产率以及实现环保节能技术革新的新型工艺，工艺流程示于图 10-12。首先将原料煤干燥分级，粗粒度煤粒与细颗粒煤粉分别被快速加热到 350～400℃，细颗粒煤粉经压制成型后与粗粒煤粉相混合，以改善弱黏结煤的黏结性，实现生产率的大幅度提高及节约能源。其次，预热后的煤粉被装入室式炼焦炉，该炼焦炉由高热传导率的薄壁耐火砖砌筑，在低于通常干馏温度下（中低温干馏）出炉，送入干熄焦的改质燃烧室内进行再加热，以获得所需的焦炭质量，实现生产效率的提高以及环境的改善。

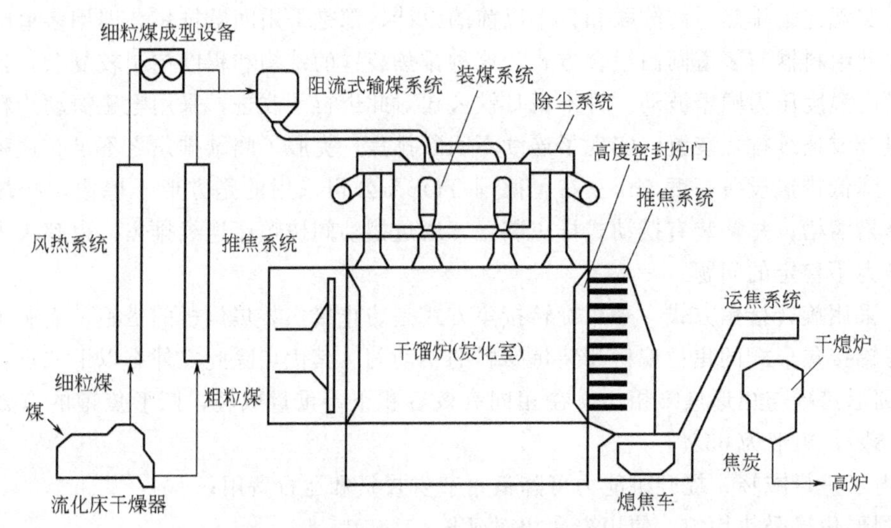

图 10-12　SCOPE21 炼焦工艺流程示意图

（1）焦炭质量　试验煤的质量指标如表 10-6 所示，黏结性煤、弱黏结性煤各 50%的配比。另外，煤炭预处理是在流动床加热到 300℃后，在气流塔将粗粒度煤、细粒度煤一起加热到 380℃。

表 10-6　试验煤的质量指标

煤　　种	质量指标(干基)		流动度 MF /(度/min)	配比/%
	挥发分/%	灰分/%		
煤 A(炼焦煤)	24.6	9.0	2.70	25
煤 B(炼焦煤)	26.3	9.0	1.77	25
煤 C(弱黏煤)	34.6	9.2	1.70	50

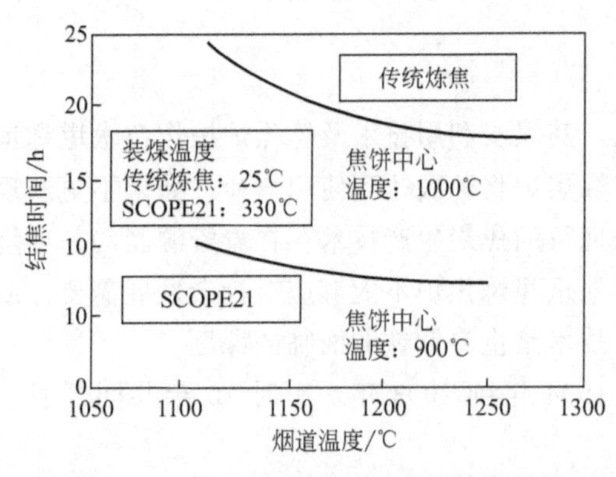

图 10-13　SCOPE21 炼焦工艺的结焦时间

试验所得产品焦炭的平均强度 $DI_{15}^{150}=84.8$，比现行的工艺操作的推测值 82.3 高出 2.5，实现了良好的强度指标，可以确认弱黏煤配入 50%没问题。再加上入炉煤堆密度的提高，实现了快速加热。

（2）生产率　在装入煤的温度 330℃、炉温 1250℃的条件下，通常的湿煤操作，结焦时间需 17.5h，而这种设备只需 7.4h 就能够完成结焦过程，再加上入炉煤堆密度的提高，生产率可提高 2.4 倍，见图 10-13。同时可以确认，不仅能够实现高温、高速干馏，对细颗粒煤部分进行成型操作，可有效促进焦炭强度的提高。

(3) 环境改善　实现了目标炉温1250℃下100×10^{-6}以下的NO_x低浓度排放；与1990年度现行工艺相比，用综合能量评价，SCOPE21工艺能耗降低21%；煤炭预处理工序中增加了电耗，但在干馏炉中煤气燃耗却大大降低。

(4) 设备性能参数　主要设备参数列于表10-7，与现行工艺相比，由于生产效率提高2.4倍，SCOPE21工艺干馏炉炉组从126减少到53个，虽然增加了煤炭预处理设备，但占地面积是以前的一半。

表10-7　4000t/d的商业化炼焦装置主要参数

项目			传统炼焦	SCOPE21炼焦
入炉煤	水分/%		9.0	
	温度/℃		25	330
	型煤添加率/%			30
煤预热/(t/h)	流化床干燥器			240
	热风炉			粗粒度级:160 细粒度级:80
	成型设备			80
热煤输送				插塞式输送机400t/h,2套
干馏	燃烧温度/℃		1250	1250
	结焦时间/h		17.5	7.4
焦炉特点	尺寸/m	高	7.5	7.5
		长	16.0	16.0
		宽	0.45	0.45
	容积/m^3		47.0	47.0
	炭化室墙砖	厚度/mm	100	70
		热传导率/[kJ/(m·h·℃)]	致密砖:7.14	超薄致密砖:9.66
	炉组数		126	53

(5) 经济性　与现行工艺相比，SCOPE21工艺尽管有煤炭预处理设备、环保设施等增加项目，但由于干馏炉设备减少幅度大，设备费约减少16%。SCOPE21工艺尽管由于煤炭预处理中的电力/燃料煤气等的费用增加，但由于弱黏结性煤的大量配合，与现行工艺相比，原料费用降低了，焦炭生产的总成本（流动费+固定费）约降低18%。

总之，SCOPE21工艺是一种适应21世纪要求的炼焦技术。它通过提高装入煤堆密度、急速加热、装入均匀化，实现了50%弱黏煤的配入；与现行工艺相比，生产效率可以提高2.4倍，能耗约降低20%，焦炭生产的总成本（流动费+固定费）约降低18%。

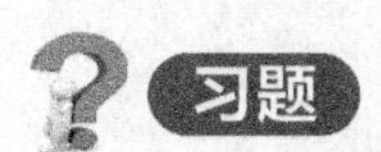

一、填空题

1. 燃烧室根据上升气流和下降气流连接方式的不同，可分为水平火道式和（　　　　）。

2. 我国大型炼焦炉均采用双联式火道。燃烧室中每两个相邻火道连成一对，一个是（　　　　），另一个是下降气流。

3. 四联式火道的燃烧室，立火道被分为四个火道为一组，这种火道的特点是四个火道中的相邻的一对立火道（　　　　），另一对走废气。

4. 炼焦炉加热分为单热式和复热式两种。（　　　　）只能用焦炉煤气加热，（　　　　）既可用焦炉煤气加热也可用高炉煤气等贫煤气加热。

5. 按煤气进入炼焦炉方式的不同，炼焦炉可分为（　　　　）和下喷式。

6. 根据实现高向加热均匀性的方法分类，炼焦炉可采用炉墙不同厚度、（　　　　）、废气循环、分段加热。

7. 按炼焦炉煤料加入方式不同，分为侧装煤式和（　　　　）。

二、判断题

1. 直立火道式炼焦炉根据火道的组合方式不同，可分为两分式、四分式、跨顶式、双联式、四联式火道。（　　）

2. 顶装煤是指捣固炼焦炉在装煤时先将煤料捣固成一定形状的煤饼，然后将煤饼从炉门装入炭化室的方式，这种装煤方式用于捣固炼焦，侧装煤式是指煤料用装煤车从煤塔取煤后在炼焦炉顶部，从装煤孔装入炭化室的装煤方式。（　　）

3. 两分式火道炼焦炉，是燃烧室的火道按机侧、焦侧分成两部分，一侧是上升气流，另一侧是下降气流，在立火道顶部有一水平烟道相连，换向后气流向反方向流动。（　　）

三、简答题

列举国内外先进的炼焦技术。

参考文献

[1] 王晓琴．炼焦工艺．北京：化学工业出版社，2005.
[2] 姚昭章，郑明东．炼焦学．第3版．北京：冶金工业出版社，2005.
[3] 苏宜春．炼焦工艺学．北京：冶金工业出版社，1994.
[4] 陈启文．煤化工工艺．北京：化学工业出版社，2008.
[5] 苏宜春．炼焦工艺学．北京：冶金工业出版社，1994.
[6] 朱银惠．煤化学．北京：化学工业出版社，2004.
[7] 彭建喜，谷丽琴．煤炭及其加工产品检验技术．北京：化学工业出版社，2005.
[8] 陈启文．炼焦工艺．北京：化学工业出版社，2012.
[9] 潘立慧．炼焦新技术．北京：冶金工业出版社，2006.
[10] 李徽，聂础辉．焦炉移动机车联锁及自动走行控制系统．湖南理工学院学报，2007，20（4）.
[11] 杨建华，阚兴东，石熊保．炼焦工艺与设备．北京：化学工业出版社，2012.
[12] 魏松波．炼焦设备检修与维护．北京：冶金工业出版社，2008.
[13] 杨建华，邱全山，王水明，钱虎林，许万国．焦炉管理与维修．北京：化学工业出版社，2014.
[14] 周敏，王泉清，马名杰．焦化工艺学．徐州：中国矿业大学出版社，2011.
[15] 于振东，郑文华．现代焦化技术生产手册．北京：冶金工业出版社，2010.
[16] 李玉林，胡瑞生，白雅琴．煤化工基础．北京：化学工业出版社，2006.